改性磁性壳聚糖的制备及其水处理应用

黄瑶瑶　郑怀礼　尹文浩　申　渝　著

化学工业出版社

·北京·

内容简介

本书共分为7章，主要介绍了水体中污染物质及处理方法、磁性壳聚糖的制备及其水处理效能、磷酸化改性磁性壳聚糖的制备及其水处理效能、阴离子聚合物改性磁性壳聚糖的制备及其水处理效能、DTPA功能化磁性壳聚糖的制备及其水处理效能、阴离子协同作用增强吸附剂对复合污染废水的处理效能等。

本书可供环境工程相关科技人员和工程管理人员阅读参考，也可供高等学校市政工程、环境工程专业师生学习使用。

图书在版编目（CIP）数据

改性磁性壳聚糖的制备及其水处理应用/黄瑶瑶等著.—北京：化学工业出版社，2023.11

ISBN 978-7-122-44053-2

Ⅰ.①改… Ⅱ.①黄… Ⅲ.①废水处理-助剂-研究 Ⅳ.①X703.5

中国国家版本馆CIP数据核字（2023）第160448号

责任编辑：董　琳　　　　文字编辑：王文莉

责任校对：宋　玮　　　　装帧设计：张　辉

出版发行：化学工业出版社（北京市东城区青年湖南街13号　邮政编码100011）

印　　装：北京科印技术咨询服务有限公司数码印刷分部

710mm×1000mm　1/16　印张12　字数245千字　2023年11月北京第1版第1次印刷

购书咨询：010-64518888　　　　售后服务：010-64518899

网　　址：http：//www.cip.com.cn

凡购买本书，如有缺损质量问题，本社销售中心负责调换。

定　　价：85.00元

前言

水是生命之源，是人类赖以生存的基础。但随着人口数量的迅速增长和城市化进程的加快，产生了各种各样的污染物，水环境的污染对人类的生命安全和社会可持续发展造成的危害日益凸显。因此，加强水体中污染物的有效控制迫在眉睫，如何有效去除水环境中典型的有机和无机污染物成为了水环境保护领域研究的重点。吸附法因其具有操作简单、效率高、适应性广等特点，在废水处理领域中被广泛应用。为了应对日益严峻和复杂的水体污染形势，开发吸附能力强、再生性能好、易固液分离、对污染物具有特异性去除作用以及能够协同去除多种类型污染物的吸附剂成为研究的热点。磁吸附技术是一种结合了磁场技术和吸附技术的增强吸附技术，它为传统的吸附处理工艺增加了物理磁场，有利于提高吸附处理的固液分离效率，在废水处理领域表现出独特的性质。

磁性复合吸附剂作为一种新型水处理材料，可以通过外加磁场实现吸附剂的快速固液分离，以缩短分离时间，具有操作简单、运行成本低的优点。近年来，磁性壳聚糖复合材料因兼具表面易功能化和磁性易分离的双重优势，使得其在废水处理领域具有广阔的前景。为了提高磁性壳聚糖吸附剂对水体中污染物的特异性去除性能以及协同去除废水中多种类型的污染物，对壳聚糖表面进行功能化改性引入新的官能团以扩展磁性吸附剂更多的应用十分必要。基于此，本书以增强吸附剂的吸附能力、固液分离能力、再生能力、稳定性、功能性为出发点，选用纳米 Fe_3O_4 作为磁核制备磁性壳聚糖材料，经过磷酸化、自由基引发聚合以及酰胺化在磁性壳聚糖表面引入了活性官能团，成功制备了改性的磁性壳聚糖基吸附剂，用于重金属废水和染料废水的净化。

本书着重介绍改性磁性壳聚糖吸附剂材料的制备方法及其水处理效能，深入研究典型无机污染物和有机污染物的初始浓度、pH 值、吸附时间、温度等因素对其吸附性能的影响规律，探讨了改性磁性壳聚糖吸附剂处理重金属废水、有机染料废水及其组成的复合废水的吸附机理、协同强化作用机制等。全书既具有一定的理论深度，又有实用技术，将进一步推动以壳聚糖及其衍生物为基础的废水处理工艺的可持续发展。

本书共分为 7 章，主要介绍了水体中污染物质的概述及处理方法，磁性壳聚糖的制备及其水处理效能，磷酸化改性磁性壳聚糖的制备及其水处理效能，阴离子聚合物改性磁性壳聚糖的制备及其水处理效能，DTPA 功能化磁性壳聚糖的制备及其水处理效能，阴离子协同作用增强吸附剂对复合污染废水的处理效能以及对本书研究内容的结论与展望。本书系统地探讨了磁性壳聚糖基复合材料用于污染物去除的基本规律，阐述了吸附材料结构控制和性能调控的方法，全面概括了磁性壳聚糖的多种改性方式，深入解析了改性方法、材料性能、污染物去除之间的相互关系，提出了磁性壳聚糖基材料构建及其在水处理应用中有待解决的科学问题。本书既有一定的理论深度，又有实用性，可以进一步推动以磁性物质为基础的水处理工艺的可持续发展。本书可供环境工程相关科技人员和工程管理人员阅读参考，也可供高等学校市政工程、环境工程专业师生学习使用。

本书由黄瑶瑶执笔，郑怀礼统稿。感谢尹文洁和申渝对本书提出的宝贵意见。

本书得到了重庆工商大学智能制造服务国际科技合作基地的资助支持。本书的研究工作得到了重庆大学多方面的支持，一并致谢。

由于著者水平有限，书中不妥之处在所难免，请读者不吝赐教。

著者

2023 年 6 月

目 录

第1章 绪论

1.1 水体污染的概述

近年来，随着城市化和工业化进程的加快，水体污染已经成为普遍存在的污染形式。水体中重金属离子和有机染料分别作为典型的无机和有机污染物，已成为水环境保护领域研究的热点。重金属离子因其在水环境中具有高溶解性、不可生物降解性、生物累积性以及毒性和致癌性，故可能会导致生命体的各种疾病和生理功能的紊乱。染料废水不仅具有明显的色度，阻碍水中光合细菌和水生植物的光合作用导致生态失衡，还具有潜在致癌、致突变的毒性作用。因此，必须加强水体污染控制，采取有效措施改善水环境。

1.1.1 重金属废水的概述

（1）重金属废水的来源与危害

重金属离子总共约有45种，是指摩尔质量在63.5～200.6g/mol之间、密度大于4.5g/cm^{3}的金属元素。尽管钴、铜、铬、铁、镁、锌、硒、锰、镍和钼等重金属被认为是生物化学和生理功能的必需微量元素，但是，如果这些金属的含量超出耐受值，也会对环境和人类健康产生有害影响。而其他的一些重金属，没有已知的生理功能，仍然属于有毒金属，例如汞、铅、镉等。

工业废水是水环境系统中砷、铜、铬、镉、镍、锌、铅和汞等有毒重金属污染的主要来源，这些重金属在水环境中的高溶解度会对所有生物造成严重威胁。由于砷元素对环境污染的形式、毒害人体的病理及毒性特征、中毒后的救治方式等与重金属元素相似，且其常与重金属矿物伴生，故在环境领域常将砷元素归入重金属一类，以便系统性地描述其毒性和防治措施。

另外，在电镀、电解沉积、转化涂层、阳极氧化和清洗、铣削和蚀刻工业中会产生镉、锌、铅、铬、镍、铜、钒、铂、银、锡和钛等重金属。电路板印刷业(PCBs)、木材加工业和制造业等也会产生大量含有锡、铅、镍和砷等重金属废水。同样地，炼油厂转化催化剂的使用会产生含有镍、钒和铬的废水，照相行业会产生大量的高浓度含银废水等。这些含重金属离子的废水都通过直接或间接的方式排入水环境中，由于它们具有高毒性、不可生物降解性以及生物半衰期长等特质，故会带来严重的环境问题。重金属通过各种途径进入人体内，可导致机体的免疫防御能力下降、生理能力受损、营养不良、肌肉萎缩症、不同类型的癌症和多发性硬化症等。

表 1-1 列出了常见重金属来源和世界卫生组织（WHO）建议的废水中重金属离子的安全限量值。

表 1-1 常见重金属离子来源和安全限量值

重金属离子	来源	危害	限定值/(mg/L)
铅(Ⅱ)	管道装置、电缆覆盖物、陶瓷、玻璃、电池、油漆、油、焊接和引线	穿透保护性血脑屏障、智商降低、肾脏损伤、阻碍骨骼生长、行为障碍、共济失调等	0.05
锌(Ⅱ)	焊接、化妆品、颜料、钢铁生产厂、燃煤电厂和镀锌金属管	呼吸系统疾病、金属烟雾热、神经元疾病、前列腺癌、黄斑变性和阳痿	5
铜(Ⅱ)	肥料、制革和光伏电池	肠-胃反射、铜代谢障碍、铜稳态代谢紊乱	1.3
银(Ⅰ)	精炼铜行业、珠宝行业、电镀行业等	银屑病、胃肠炎、神经疾病、精神疲劳、风湿病、软骨打结	0.1
镉(Ⅱ)	造纸、有机化学、化肥、石油加工、炼钢、飞行器制造、染料、金属冶炼	肾毒性、高血压、疲劳、小细胞低色素性贫血、淋巴细胞增多、肺纤维化、动脉粥样硬化	0.005
镍(Ⅱ)	镀镍工业、合金和电池制造	对过敏性人群具有致癌性、脱发和皮肤毒性	0.02
汞(Ⅱ)	火山活动、采矿作业、鞣革和电镀行业等	肾脏损害、水俣病、肢端痛、高血压	0.001
砷(Ⅴ)	含砷防腐剂、杀虫剂、肥料、未经处理的废水释放	对中枢神经系统、外周神经系统、心血管、肺部疾病、胃肠道、泌尿生殖系统、造血系统造成损害、皮肤病、胎儿致畸、厌食、棕色色素沉着、局部水肿和皮肤癌等	0.05
铬(多价态)	皮革工业、鞣制和镀铬工业等	生殖毒性、胚胎毒性、致畸性、诱变性、致癌性、刺激性接触性皮炎等	0.05

为了使废水中的重金属浓度远远低于规定的限值，在将其排放到环境中或在工业重复使用之前，有必要进行有效的处理。

(2) 重金属废水的污染现状

我国自然水体大多为重金属离子共存的复合污染，污染率高达80%。黄河包头段水体主要受到重金属铜、铅、锌和镉离子的污染；湖南凤凰铅锌矿区的地表水主要受到采矿过程中产生的汞、锌、铅等重金属离子的复合污染；香港的城门河、梧桐河、林村河、元朗河等流域也受到镉、铜、铅、锌和铬离子等多种重金属离子的污染；山东省曲阜市大沂河河水受到铜、锌、镉和铅离子的污染；黄浦江上游饮用水源地内干流和支流均受到汞和砷离子的污染。重金属离子不仅对表层水体造成污染，还随附着的悬浮颗粒物沉降至江河湖海的底质沉积物中，并随着环境酸碱性或者温度条件的改变而在水体中释放，给水体带来二次污染。

据研究表明，我国太湖底泥中受到铜、铅和镉离子的污染；苏州河底泥中的铅、镉和汞离子均超标；黄浦江干流表层沉积物也受到镉和铅离子的污染；江苏连云港市区的四条主要河道（蔷薇河、排淡河、盐河和烧香河）的表层底泥受到砷、汞、镉、铜、铬、铅和锌离子的轻度污染。这些河流湖库中的水体及所裹挟的污染物最终将汇入海洋，因此重金属的污染还会严重威胁着海洋水体的生态环境安全。

此外，国外的水体重金属污染问题也比较突出，美国的五大湖（苏必利尔湖、休伦湖、密歇根湖、伊利湖和安大略湖）湖水和底泥受到铅、锌和镉离子的污染，英国港口城市的自然水体、印度恒河河水和底泥、土耳其湿地等均受到了重金属的污染。

近年来，由水体中重金属离子含量超标造成的环境污染事件也有报道，例如：我国台湾沿海地区牡蛎的铜中毒事件，湖南浏阳市湘和化工厂的镉污染事件，浙江湖州德清和台州村民的血铅超标事件；日本九州岛水俣湾发生的汞污染事件，日本富山县镉污染导致的痛痛病事件等。随着重金属污染问题的日益严峻，如何进行有效治理已经成为国内外学者研究和关注的焦点。

1.1.2 染料废水的概述

1.1.2.1 染料废水的来源

根据原料的来源，染料可分为天然染料和合成染料两大类。其中，天然染料具有悠久的应用历史。几千年前，人们已经从天然植物和昆虫等天然材料中制成天然染料，并广泛用于油漆、颜料和纺织等领域。最早的合成染料是由WH Perkins于1856年在寻找治疗疟疾的方法时意外发现的，他发明了一系列合成染料。这些染料具有颜色亮丽、不易褪色等优点，解决了天然染料生产规模小、易残留和种类少等问题，使得人们在生产和生活中对染料日益增长的需求得到了极大满足。从那以后，越来越多的化学合成染料被发现并在工业上广泛使用，因为与天然染料相比，合成染料更便宜，颜色牢度更好。随着纺织工业的快速发展，染料已成为水污染的主要来源之一。

染料废水的主要来源为：纺织工业（54%）、染色行业（21%）、造纸和纸浆行业（10%）、制革和涂料行业（8%）以及染料制造业（7%）。纺织工业是每年使用染料最多的行业，每年大概会消耗10000t各种类型的染料。在纺织工业的各个过程中染料的广泛使用会导致大量染料废水的产生，其排放量占全球环境中现有染料废水的一半以上。例如，大约有85%的染料废水从染色过程中排出。另外，由于用于着色的材料最多只能吸附80%的染料和染料混合物中的化学分子（特别是织物，其吸收染料混合物的能力最多只能达到25%），最终也会导致大量染料废水的产生。此外，橡胶、塑料、制药、食品、化妆品等工业每年也会向自然生态环境中排放染料废水。通常染料废水具有水量大、水质变化大、成分复杂、常含有金属离子、盐度较高以及可生化性较差的特点。这些废水如果不经处理直接排放至环境中，会对生态环境安全造成极大的威胁。

染料的化学结构中有一组称为发色团的物质。发色团是一种有机分子，它通过吸收由原子和电子形成的特定频率的光，使染料呈现不同颜色。例如以偶氮、蒽醌、三芳基甲烷、杂环、靛蓝、亚硝基、硝基和酞菁形式存在的几种染料的发色团。根据染料的发色团结构进行分类，可以将其分为偶氮类染料、蒽醌类染料等。染料通常还根据它们在水环境中溶解时的粒子电荷进行分类，例如阳离子（所有碱性染料）、阴离子（直接、酸性和活性染料）和非离子（分散染料）。此外，也有许多报道讨论了基于化学结构的常见染料类别的分类，包括酸性染料、碱性染料、直接染料、偶氮染料、反应染料、溶剂染料、还原染料、分散染料和硫化染料。然而，无论染料的结构如何，所有合成染料本质上都是有毒的。基于毒性作用的染料分类见表1-2。

表1-2 基于毒性作用的染料分类

染料类型	发色团	描述	毒性作用
酸性染料	偶氮、蒽醌和三芳基甲烷、亚氨基丙酮、硝基、亚硝酸和喹啉	水溶性阴离子化合物	许多用于制造酸性染料的中间体如邻甲苯胺、联苯胺等具有致癌性
偶氮染料	偶氮基	用偶联组分浸渍的纤维，用稳定的重氮盐溶液处理	偶氮染料具有高毒性、诱变和致癌性，并在水生环境中具有高度持久性
碱性染料	菁、二苯甲烷、偶氮、杂蒽	水溶性阳离子染料，弱酸性染料	具有高色度，甚至低于1mg/L的溶液中也具有非常明显的颜色
直接染料	偶氮、酞菁、二苯乙烯、噁嗪	水溶性阴离子化合物，不含媒染剂（铬、铜等金属）	在没有适当保护的情况下处理会刺激皮肤、眼睛和呼吸系统
分散染料	偶氮、蒽醌、苯乙烯、硝基	不溶于水，常采用高温、高压或低温载体法溶解	具有生物积累性，由于具有芳香环结构而不易降解，一些分散染料（单偶氮或蒽醌）会引起生物体的过敏反应
反应染料	偶氮、蒽醌、酞菁、噁嗪	水溶性阴离子化合物	偶氮染料只有在浓度非常高时才有毒性（有效浓度≥100mg/L）
溶剂染料	偶氮、三苯基甲烷、酞菁、噁嗪	典型的水不溶性，可溶于树脂和塑料	刺激和损害皮肤、眼睛和呼吸道，对神经系统有麻醉作用并损害内脏器官（如肝脏和肾脏）

续表

染料类型	发色团	描述	毒性作用
硫化染料	不确定结构	含硫或硫化钠的有机化合物，通常不溶于水，但易溶于苛性钠和硫化钠溶液	90%的硫染料含有硫化钠，硫化钠危害生命、腐蚀污水系统、破坏污水处理系统、有难闻的气味
还原染料	靛蓝类的和蒽醌	水不溶性；古老的染料；具有许多的化学复杂成分	具有高度毒性，可对土壤生态系统中的生物造成潜在损害，并可能产生致癌作用

1.1.2.2 染料废水的危害与污染现状

染料废水中富含多种化学物质，其本质上是有毒的。在工业使用的染料中，偶氮染料是一大类，由于具有氮的双键结构，使得它们具有良好的稳定性，传统的处理技术难以将它们完全去除。由于其毒性和致突变性，偶氮染料根据其种类和浓度对生命体具有不同的急性或慢性毒性作用。如亚甲基蓝作为阳离子染料，它的毒副作用可以使人心率加快、呕吐、胃炎、过敏、皮肤刺激，造成精神障碍，甚至具有致癌性。孔雀石绿（三苯基甲烷染料）也具有致癌性，它会加速肝脏肿瘤的产生。此外，在染料废水中经常伴随着其他含量较高的有毒化学物质，特别是镉、铬、铜、铅和镍等重金属离子。这些重金属会在水生生物中积累，然后通过生物富集作用转移到人体中。长期接触染料化学品可能会导致人体产生严重的健康问题，如癌症、肺气肿、心脏病、肾衰竭和对新陈代谢的负面影响。

合成染料中不仅含有重金属离子，还具有许多使染料形成稳定复合物的芳香结构，使染料具有耐热、抗光氧化性，这些芳香结构的物质会对水生生物产生毒害作用，对水体中的鱼类具有致癌、致畸或致突变的毒副作用，它们还会通过生物积累作用进入人体的生殖系统、肾脏、中枢神经系统、大脑和肝脏产生功能障碍，严重损害人类健康。因此，染料废水的排放不仅对人类和水生动植物造成健康危害，而且会对生态平衡产生不良影响。因此，染料废水排放之前必须进行处理。

1.2 水处理技术概述

废水中重金属与染料的污染是一个普遍存在的问题。这些污染物通常具有不同的成分和性质，会对人类、水生生物和整个生态系统造成健康风险。因此，有必要采取相应的措施清除这些污染物，以防止它们污染地表水和地下水。目前常用的去除水体中染料和重金属污染物的方法主要有离子交换法、膜分离法、化学沉淀法、电化学法、离子浮选以及生物法等。

1.2.1 离子交换法

离子交换法是一种使用能够交换阳离子/阴离子的固体从工业废水中去除污染物

的经典方法。在过去的20年中，已经完成了几种离子交换树脂的性能研究。使用离子交换法的最大优点是可以将污染物消除至十亿分之一的水平。另一个重要优点是可有效清除废水中的阳离子或阴离子。离子交换树脂主要包括合成类和天然类，都具有对重金属离子的交换能力，但是合成树脂比天然树脂具有更高的去除效率和稳定性，可以有效地去除所有的重金属离子。

Ahad课题组研究的热稳定的丙烯酰胺-硫代水杨酸锆（AaZrSs）复合材料对Cd(Ⅱ)有很大的去除潜力，回收率可以达到98%。Bashir课题组研究了用反相胶束法合成的间苯二酚磷酸锆的离子交换树脂，该纳米复合材料具有对Cd(Ⅱ)的高效选择性去除性能，可以有效分离Cd(Ⅱ)/Zn(Ⅱ)、Cd(Ⅱ)/Ni(Ⅱ)等二元混合物中的Cd(Ⅱ)。Rengaraj等研究了阳离子交换树脂IRN77和SKN1从合成冷却水中去除Cr(Ⅵ)的性能，并研究了初始树脂用量、搅拌时间和pH值等参数的影响，结果表明该树脂在最佳pH值为3.5的条件下对水溶液中的Cr(Ⅵ)去除量达到46.34mg/g。然而，离子交换过程需要大量的树脂来处理大量含有较低金属离子浓度的废水，使用成本较高。从而限制了离子交换法在废水处理中的广泛应用。

离子交换法也用于废水中染料的去除，是一种良好的染料废水脱色方法，可以生产高品质的水。但是这种方法只对特定的染料种类有效果。Joseph等采用X射线衍射（XRD）、傅里叶变换红外光谱（FTIR）、热重分析（TGA）和扫描电子显微镜（SEM）等表征方法研究了在常温下制备的磷钼酸铵（APM）微颗粒的组成和形貌，并监测了在不同的染料浓度、pH值和不同染料种类的条件下APM颗粒从染料污染水中去除染料的能力。结果表明，APM可以重复使用多次而不影响其效率，在使用的第16个循环中，APM的去除率仍可以保持在94.6%，而且对pH的敏感性使APM能够逆转阳离子交换过程。

1.2.2 膜分离法

膜过滤可以去除悬浮固体和有机分子，在去除重金属离子方面也具有良好的应用。膜是一种含有纳米级动态元素的复杂结构，目前反渗透膜（RO膜）、超滤膜、纳滤膜和电渗析膜等不同类型的膜已经成功地应用于废水中有毒金属离子的去除。何利斌等采用单级低压反渗透膜工艺对模拟的放射性锶废水进行处理，结果表明该RO膜通过排出产水、回流浓水的运行方式在浓缩倍数为10的条件下对锶离子的去污因素（DF）可以达到734。R. Kavaiya等通过不同浓度的聚乙二醇二丙烯酸酯（PEG-DA）和乙二醇二甲基丙烯酸酯（EGDMA）改性反渗透膜（TFC-RO），增强了对锌、铬、铅等重金属离子的分离效率。但是反渗透过程会产生大量的废液，还会造成膜污染严重且使用过程中需要消耗较高的电力成本，因此限制了它的广泛应用。

L. Pino等采用两种商用螺旋缠绕纳滤膜（NF9和NF270）评估它们去除活性铜矿酸性矿井废水中金属和硫酸盐的能力。结果表明，在低操作压力下（15bar，1bar=10^5Pa），两种膜均具有良好的去除能力（>94%）。Jiang等的研究中提出了一种新型的络合电渗析（CPED）工艺，对废水中的Cr(Ⅲ）的去除可以达到99.4%。在染料废水的处理方面，膜分离法也得到了广泛的应用。在Desa等的研究中，使用了一种复杂的由聚乙二醇纳米粒子（ZnO-PEG）和聚哌嗪酰胺（PPA）紧密包裹氧化锌的超滤膜（UF-PPA）组成的膜光催化反应器（MPR）系统对工业纺织废水（SDWW）的降解。结果表明，MPR体系的最佳操作条件：pH为11，ZnO-PEG纳米颗粒添加量为0.10g/L，工业纺织废水降解量为75%。这种方法在工业纺织废水处理领域有很大的潜力，以确保未来世代的环境清洁。此外，Nyobe等通过在膜载体材料（MSM）上预沉积颗粒活性炭（PAC），在其表面形成一层薄层，建立了连续流过滤膜系统，对稀释后的纺织废水具有良好的去除效果，并对膜污染机理进行了研究。

通过改变预涂膜的厚度，可以调节膜的性能。预涂膜对纺织废水中的大部分污染物具有较好的过滤性能。但是膜处理方法工艺复杂、能量需求高、膜污染大、渗透通量低等这些问题长期制约着这一技术的发展。此外，膜分离法运行维护的高成本也限制了它在工业废水处理中的应用。

1.2.3 化学沉淀法

化学沉淀法是通过添加沉淀剂来去除废水中的离子成分，通过化学反应将可溶化合物转化为不可溶的形式。在此之后，通常还需要一些其他的分离技术，包括混凝或过滤来去除沉淀物。大多数金属离子的氢氧化物都可以形成沉淀，沉淀机理可以概括为：

$$M^{2+}+2OH^{-}=M(OH)_2\downarrow \tag{1-1}$$

式中 M^{2+}——金属离子；

OH^{-}——沉淀剂；

$M(OH)_2$——最终形成的不溶性金属氢氧化物。

Mirbagher在研究中采用NaOH和$Ca(OH)_2$等沉淀剂去除废水中的铜、铬等重金属离子，但是会带来大量的污泥脱水困难的问题。AbiD等使用氧化镁（MgO）代替石灰去除废水中的Fe(Ⅲ)、Cr(Ⅲ)、Cu(Ⅱ)、Pb(Ⅱ)、Ni(Ⅱ）和Cd(Ⅱ）的效果，得到在最佳的MgO投加量下，金属离子的去除率可以超过97%。采用MgO作为沉淀剂，产生的污泥具有颗粒大、密度大、易于沉淀脱水等特点。Wu等采用氢氧化钙作为沉淀剂，研究了反应过程中的pH值、反应的接触时间、沉淀剂的投加量以及金属离子的初始浓度对吸附效率的影响，结果得到当反应体系的pH值为5时，沉淀的效率达到最佳。

从上述研究可以看出，化学沉淀法需要的设备简单且易于操作，但是对于含酸量高的废水处理效果不太好，而且会产生大量的有毒污泥，需要进行化学稳定处理后再进行适当的处理。然而，有些金属盐是不溶于水的，在这种情况下，应加入正确的阴离子以使其沉淀，这可能导致产生高含水量污泥、增加处理过程的费用。另一方面，石灰和二硫化物的沉淀缺乏特异性，对低浓度的金属离子存在去除效果不佳的缺点。

1.2.4 电化学法

电化学法是公认的一种对去除工业废水中的污染物极其有效的处理方法。这种方法需要大量的资金投入和电能消耗，限制了其在水处理领域的普适性。电絮凝过程主要受氧化、还原、混凝和吸附在内的许多物理化学过程控制。作为电化学法的一种，在电絮凝过程中，阴极上氢气的产生有利于絮凝颗粒从水中漂浮出来。目前，该处理方法已经应用于处理废水中的众多污染物，其中对有毒重金属具有较好的去除效果和能力，被认为是高效去除重金属离子的方法之一。

Silva课题组采用电絮凝工艺研究了从饮用水中去除Fe(Ⅱ)和As(Ⅴ)，通过实验结果可以得到As(Ⅴ)的去除不受其他共存污染物的影响，在该过程中As(Ⅴ)可以很快得到去除。在去除染料废水方面，电化学法也得到了广泛的应用。Zazou等采用电化学的组合工艺处理含有活性染料的实际废水。通过对处理效率进行比较，得到在最佳的实验条件下该组合工艺对亚甲基蓝可以达到100%的脱色率、100%的浊度去除率和97%的TOC去除率。Shetti等对典型的偶氮染料刚果红（CR）也采用电化学的方式进行降解去除。Shetti及其团队利用在玻璃碳电极（GCE）上制造的氧化石墨烯（GO）纳米粒子作为处理CR的创新方法，结果发现CR浓度在0.01～0.2mol/L范围内具有线性降解关系。在电絮凝过程中会产生自由活性电子，可用于污染物的去除，不需要额外添加其他的化学试剂，整个过程产生的污泥量少，处理效果稳定，是一种更为环保的技术。但电絮凝过程的运行和投资成本太高，限制了它的发展。

电沉积法是一种从废水中回收重金属离子的清洁技术，具有运行成本低、不产生污泥的优点，已经被广泛使用。Mezine课题组开展了微酸性乙酸铜溶液在掺杂铟的氧化锡衬底上进行氧化铜电沉积的研究。结果表明，电化学沉积电位和Cu(Ⅱ)浓度不同，薄膜的形貌和结构也不同。Mezine课题组还研究了树枝状CuO薄膜形成的最佳条件及其影响因素。除在0.19V、0.1mol/L下电沉积外，其余电沉积膜均呈树枝状，分枝几乎消失，薄膜形貌明显。在0.18V的条件下，形成了具有较高表面覆盖率的树枝状CuO薄膜。XRD测试的结果表明，无论沉积电位和Cu(Ⅱ)浓度如何，CuO膜均优先沿（200）平面生长。

电渗析（ED）可用于通过电能驱动离子交换膜去除水溶性离子，是最近较为经济的技术之一。该方法还具有生产废水量少的优点，除了可以从废水中除去较低浓度的金属离子之外，还可以实现废水的再利用。Semerci等采用电渗析的方式从含磷离子的废水中分离了重金属离子，在pH值为11.6，电导率为2.04mS/cm的情况下，可以促使24.6%的磷离子通过阳极室，对Zn(Ⅱ)、Cu(Ⅱ)和Ni(Ⅱ)的分离效率分别达到64.2%、100%和68.6%。Kirkelund等对城市固体废物焚烧中重金属浸出液进行了电渗析修复，结果得到在pH值低于0时降低了Cd(Ⅱ)、Cu(Ⅱ)、Pb(Ⅱ)和Zn(Ⅱ)的浸出率。Santos等使用ED工艺处理了从混合厌氧生物反应器中进行厌氧生物处理的流出物中的Cr(Ⅵ)，在75min的运行时间中可以有效地去除99%以上的Cr(Ⅵ)。

1.2.5 离子浮选

目前已经报道了各种实验室规模和工业规模的采用离子浮选技术去除废水中金属离子的例子。Bodagh等采用鼠李糖脂生物表面活性剂研究在不同的操作条件下［鼠李糖脂和Cd(Ⅱ)浓度、溶液pH值、曝气率、起泡类型和浓度］从Zn(Ⅱ)和Cu(Ⅱ)共存溶液中分离Cd(Ⅱ)。实验结果发现Cd(Ⅱ)对Zn(Ⅱ)和Cu(Ⅱ)的优越选择性系数分别为36%和48%，吸附过程遵循一级动力学，速率为0.0071min^{-1}，可以最大程度地将Cd(Ⅱ)从Zn(Ⅱ)和Cu(Ⅱ)污染溶液中分离出来。Ahmed使用十二烷基硫酸钠(SDS)和十六烷基三甲基溴化铵(CTAB)分别作为阴离子和阳离子表面活性剂，在最佳操作条件下分别去除了98%和76%的Cu(Ⅱ)。

近年来，人们利用半胱氨酸与辛酰、癸酰和十二烷酰氯反应，实现了对水溶液中低含量的As(Ⅴ)、Hg(Ⅱ)、Pb(Ⅱ)、Cr(Ⅵ)和Cd(Ⅱ)的高水平去除。Hoseinian等还研究了以乙基十六烷基二甲基溴化铵(EHDABr)和SDS为捕收剂、Dowfroth 250和甲基异丁基甲醇(MIBC)为起泡剂对废水中Ni(Ⅱ)和Zn(Ⅱ)的去除。当捕收剂的初始浓度为10mg/L时，去除Ni(Ⅱ)和Zn(Ⅱ)的最佳条件是pH为3、SDS为300mg/L、Downforth 250为90mg/L、气流速率为108mL/h，Zn(Ⅱ)和Ni(Ⅱ)的最佳回收率分别为92%和88%。这种处理方法的优点主要有简单、灵活、能耗低、污泥产量小，在工业应用中还具有选择性。然而，金属离子很难从捕集剂中分离出来，因为它们仍然以络合的形式存在。这限制了离子浮选技术在重金属离子环境污染治理方面的大规模应用。

在染料废水的处理方面，离子浮选技术也得到了一定的应用。Shakir等通过离子浮选从稀水溶液和模拟废水中去除碱性染料［罗丹明B(RB)］和金属离子［钍(TH)］。此外，RB还常用于各种工业产品的染色。来自化学和放射化学实验室以及生物医学和生物研究实验室的废水可能会受到RB和TH的污染。分别使用阴离子表面活性剂［十二烷基硫酸钠(SDS)］和阳离子表面活性剂［十六烷基三甲基溴化铵(CTAB)］作为捕收剂，研究了这些物质在很宽的pH值范围内的离子浮选效果。结果表明分别使用阴离子捕收剂SDS和阳离子捕收剂CTAB可以成功去除RB和TH。除了pH值和捕收剂类型对每种物质去除效率的影响外，对捕收剂和染料浓度、起泡剂量、离子强度、鼓泡时间和外来盐存在的影响也进行了系统的研究，并确定了最佳去除条件。在最佳的实验条件下，RB和TH的去除率分别超过99.5%和99.9%。Shakir等进一步的研究表明，开发的浮选工艺可用于处理染料污染的废水、模拟染色工业和放射化学实验室产生的废水。

1.2.6 生物法

与传统的方法相比，生物法具有成本低廉、操作方便、环保、不产生污泥等优势，是一种以最小成本处理废水的绿色技术，因此生物法在重金属废水处理领域展现出很大的潜力。据研究报道，一些水生的生物被用来富集水中的重金属离子，但是这种方法存在生物驯化周期长的缺点，不适宜处理大规模的重金属废水。

龚倩通过研究发现，同为双壳纲的缢蛏、文蛤、泥蚶在相同条件下于1μg/L的Cd(Ⅱ)海水中生存5d后，Cd(Ⅱ)的富集浓度分别为0.15mg/kg、0.44mg/kg和1.43mg/kg。Chai等在我国每个沿海城市都选择了3种常见的贝类：*C. ariakensis*、*C. farreri*和*S. constricta*，每种选取48个总重量为1kg的贝类样品，对其中的重金属含量进行了测定。结果得到贝类中重金属的种类和含量分别为：Zn(0.63～15.01μg/g)，Cu(0.10～12.91μg/g)，Cd(0.01～0.64μg/g)，As(0.11～0.33μg/g)，Cr(0.07～0.12μg/g)，Pb(0.01～0.03μg/g)。说明水生生物对重金属离子具有生物富集的作用。另外，许多水生植物，包括香蒲、凤眼莲、芦苇和满江红等已被用于去除废水中的有毒金属。然而，工业化的应用还是受到植物生长周期长的限制。

Kumari等研究了在芦苇、宽叶香蒲单独以及组合生长的情况下对废水中重金属的去除情况，结果表明，芦苇对Cu(Ⅱ)、Cd(Ⅱ)、Cr(Ⅱ)、Ni(Ⅱ)、Fe(Ⅱ)、Pb(Ⅱ)和Zn(Ⅱ)的去除效果优于宽叶香蒲，同时植物物种的混种可以提高对重金属的去除率，其去除率分别达到78.07%、60.07%、68.17%、73.87%、80.17%、61.07%和61.07%。此外，少数绿色微藻（包括普通小球藻、迷你小球藻、莱茵衣藻、马尾藻、威氏马尾藻、球藻、扁平螺旋藻等）、大型绿色藻和海生褐藻已成功地用于去除废水中的重金属。重金属一般先进入藻类细胞壁（快速过程），然后进入细胞内部（缓慢过程），从而达到从废水中去除重金属的目的。细菌（坚固芽孢杆菌、根茎库克氏菌、地衣芽孢杆菌等）和真菌（黑曲霉、构巢曲霉、黄曲霉、米根霉等）的壁和外壳表面具有足够的活性官能团，因此也被用于有效地处理重金属污染的废水，但它们都不能作为实际工业废水处理的替代材料。

废水中染料分子也可以通过真菌类、细菌类和藻类等生物的分解和吸收得到去除。不同种类的真菌已被报道用于染料废水的处理。真菌具有生长速度快、生物量大、菌丝光谱宽等特点，比细菌更有效，因此可以利用多种真菌对染料废水进行修复处理。在传统好氧、厌氧和极端缺氧条件下，不同的菌群都可以还原偶氮染料以达到染料脱色的目的。Wang等报道染料在还原过程中而形成的代谢物可以通过好氧或厌氧细菌分解代谢。染料脱色过程中产生的中间产物也可以被细菌产生的其他酶如羟化酶和加氧酶分解。一些研究报告称，藻类物种如小球藻、蓝绿色藻类、马尾藻等能有效地将偶氮染料降解为芳香胺，芳香胺再分解为无机化合物。还有一些研究报道称藻类可以利用偶氮染料作为其生长的碳源和氮源，从而达到去除染料的目的。

1.3 吸附及吸附剂的研究现状

在过去的10年中，有许多的吸附剂得到了开发应用，例如传统的吸附剂木质素、粉煤灰、污泥、高炉渣以及赤泥等工业副产品吸附剂，还有稻壳、废果皮、小麦废料、黏土材料等农业副产品吸附剂以及红藻与微藻等藻类生物吸附剂。自20世纪40

年代引入吸附技术以来，活性炭由于其具有微孔结构、易于表面功能化和对重金属较强的亲和性，因此成为去除废水中重金属最广泛、最受欢迎的吸附剂。然而，活性炭从废水溶液中分离困难，限制了其广泛应用。近年来，各种新型材料的出现也显示出它们在去除污染物方面的竞争力。这些新型材料，主要包括新型纳米材料、碳纳米管吸附剂、石墨烯基吸附剂、金属有机骨架化合物等，具有表面积大、机械强度大、化学惰性高等优异性能。

由于吸附过程常伴随着解吸过程，是一种可逆的过程，因此可以实现吸附剂的再生多次使用，使其成为一种成本效益高、效率高的工艺。目前，用于去除水环境中污染物的吸附剂种类繁多，性质各异，主要可以分为碳材料类吸附剂、天然材料类吸附剂、生物类吸附剂、工农业副产品吸附剂和新型纳米材料吸附剂等。

1.3.1 碳材料

1.3.1.1 活性炭

活性炭由于其微孔结构和易于表面功能化（它们的外表面具有不同的官能团，如羰基、羧基、醌等），常作为有效吸附剂用于水体中污染物的净化。由于煤基活性炭价格昂贵，这促使人们进一步开发和研究更廉价的活性炭，例如可以从各种废料中开发低成本的活性炭材料。Al-Malack等研究了城市有机固体废物制备的活性炭研究其对重金属离子的去除效率，结果表明该活性炭吸附剂对Cd(Ⅱ)和Pb(Ⅱ)的吸附效率可以分别达到78%和94%。Anokhaa等在pH值为2.0的情况下采用稻壳活性炭作为吸附剂研究了对活性红195染料的吸附情况，结果发现，吸附过程可以在最初的10min内去除80%的染料。

活性炭吸附剂在实际废水的处理中存在一定的局限性，如吸附饱和后需要再生，再生后吸附效率降低；解吸时污染物与活性炭分离但未被分解破坏，可能造成二次污染等。因此，其他吸附剂的研究和开发也是很有必要的。

1.3.1.2 石墨烯

石墨烯是由sp^2杂化碳原子组成的单原子层二维（2D）晶体，碳原子通过σ键和π键排列在六角形晶格中，具有独特的机械、化学和物理性质。石墨烯有各种形式，如原石墨烯、氧化石墨烯和还原氧化石墨烯，它们突出的特性包括比表面积大、化学稳定性好、增强的功能位点和表面活性位点等，使得其在废水处理领域得到了广泛的应用。石墨烯的大量离域p电子和可调节的化学性质使其成为比活性炭更适合废水处理的吸附剂。

氧化石墨烯（GO）是石墨烯的氧化形式，源自石墨的化学氧化，由于存在的含氧官能团，让它具有高负电荷密度和亲水性。Robati等研究了孔雀石绿染料（MG）在GO和还原氧化石墨烯上（rGO）吸附的动力学和热力学行为。通过批量吸附实验对初始pH和接触时间等影响参数进行了优化，得到的最佳pH值为3，接触时间为100min。结果表明，当pH值由3提高到9时，GO和rGO对MG的去除率降低。此外，随着温度的升高，对有害 MG 染料的去除率提高，这直接反映了吸附过程的吸热性质。孔蓝石绿染料在氧化石墨烯和还原氧化石墨烯表面的吸附动力学数据拟合良好，符合拟一级动力学模型，卡方统计值（χ^2）较低，相关系数（R^2）较高。

目前，大规模合成石墨烯的新技术仍然是 Hummer's 方法，但缺点是会产生大量酸性废物，导致昂贵的处理和处置问题。因此，探索其他方法来解决这一问题迫在眉睫。

1.3.1.3 碳纳米管

碳纳米管（CNTs）具有表面积大、体积小、圆柱形空心结构和导电性等优点，具有广阔的应用前景。Stafiej 和 Pyrzynska 报道了使用 CNTs 吸附去除金属离子，其去除能力顺序为 Cu(Ⅱ)＞Pb(Ⅱ)＞Co(Ⅱ)＞Zn(Ⅱ)＞Mn(Ⅱ)。在另一项研究中，Liu 等采用涂覆 MnO_2 的氧化多壁碳纳米管（MnO_2/oMWCNTs）有效去除水溶液中的 Cd(Ⅱ)，吸附量为 41.6mg/g。

Mishra 等通过化学气相沉积（CVD）技术合成了多壁碳纳米管（MWNTs），并通过空气氧化和酸处理对其进行了净化。将该多壁碳纳米管用于直接刚果红、活性绿色和金黄色染料的吸附去除，结果表明 MWNTs 对它们的最大吸附容量分别达到 148mg/g、152mg/g 和 141mg/g。然而，虽然目前正在寻找经济的方法来大规模地生产碳纳米管，但是其高成本还是限制了它的大规模应用。

1.3.2 天然材料

来自天然材料的吸附剂成本低，资源丰富，对水环境中的污染物具有显著的吸附能力。

1.3.2.1 黏土矿物

黏土矿物具有高比表面积，优异的化学和物理性质等，常被用来吸附水环境中的多种污染物。廖晓峰等研究了功能化凹凸棒吸附材料的制备及其对重金属废水中 Pb(Ⅱ) 的吸附行为。结果表明功能化之后的凹凸棒吸附剂对 Pb(Ⅱ) 的最大吸附容量可以达到 129.32mg/g，吸附驱动力主要来自吸附材料表面氨基与 Pb(Ⅱ) 之间的配位作用。

黏土矿物吸附剂在染料废水方面也有相应的应用。Largo 等以海泡石黏土矿物为吸附剂，研究其对阳离子（亚甲基蓝）和阴离子染料（直接红-23）的去除效果并进行了动力学模型的拟合。结果表明，在碱性和酸性 pH 范围内，亚甲基蓝和直接红-23 的吸附量均较高。通过对比实验数据采用 Langmuir 拟合计算得到对染料的最大吸附量分别为 124.9mg/g 和 649.37mg/g。

1.3.2.2 沸石

虽然沸石在环境中总是以纳米颗粒的形式存在，但是经过测定表明它们具有较大的比表面积和较高的表面活性，对污染物具有较高的吸附性能。与天然的沸石相比，改性的沸石对水环境中的污染物具有更高的吸附能力。目前很多对沸石进行改性的方法已经被报道并应用于水中重金属和染料的去除。

Deravanesiyan等采用了一种氧化铝纳米颗粒固定沸石的新型吸附剂从水溶液中去除Cr(Ⅲ)和Co(Ⅱ)。结果表明，改性后沸石的去除率分别提高了31.76%和17.2%。Rad等采用聚乙烯醇（PVA）改性的NaX纳米沸石吸附剂，由于其对Cd(Ⅱ)的亲和力高于Ni(Ⅱ)，表现出对水溶液中Cd(Ⅱ)的吸附容量远高于Ni(Ⅱ)。Alver等报道了用六亚甲基二胺（HMDA）改性的沸石去除水溶液中的阴离子染料[即活性红239（RR-239）和活性蓝250（RB-250）]，改性后去除染料的能力得到了大大的提高。但是，沸石作为吸附剂也存在一些不足，例如吸附完成后与液体的分离困难、吸附的特异性差、抗杂质的干扰能力弱等。

1.3.3 生物吸附剂

生物吸附剂如真菌、细菌的生产比其他常规材料便宜。由于对某些污染物的吸收和去除具有高度特异性，因此无须添加任何化学试剂。生物吸附剂在细胞壁上的吸附过程，特别是细菌细胞壁上的吸附过程可以依赖或独立于代谢。通过形成范德华力、静电引力、共价键和沉淀，在表面发生依赖于代谢的生物吸附，这种吸附机制涉及产生ATP能量。另外，生物材料细胞壁上的配体可以固定污染物并允许吸附发生。细胞壁组成、介质条件和污染物的性质是影响生物吸附剂对污染物吸收的因素。生物吸附剂主要有藻类、细菌、真菌和生物炭。

1.3.3.1 真菌

真菌是真核生物，可用作活体或生物质形式的生物吸附剂。真菌的细胞壁结构由90%的多糖组成，具有良好的污染物结合性能，具有多种官能团，如蛋白质、羧基和磷酸盐。它们很容易生长，产生大量的生物量，并且可以在形态和遗传上进行控制。真菌所需的生物吸附过程可以在室温下进行，为水溶液中污染物的去除提供了一种环保且经济可行的解决方案。

1.3.3.2 细菌

细菌是一种环保且廉价的吸附剂，已被用作生物吸附剂，因为其能够在受控条件下生长并能够适应各种环境条件。污染物一般是通过与细菌细胞壁上的反应性官能团结合，如胺、羧基、磷酸盐、硫酸盐和羟基，达到去除污染物的目的。一般来说，由于细菌生物质表面带有更多负电荷的结合位点，阳离子型污染物的生物吸附能力随着pH值的增加而增加。不同种类的细菌已经用于对重金属离子的吸附研究，例如假单胞菌属、肠杆菌属、芽孢杆菌属和微球菌属。这些细菌具有较高的比表面积和大量潜在的化学活性吸附位点（如细胞壁上的磷壁酸），使得它们对污染物具有优异的吸附能力。

Sinha等研究了实验室规模的连续生物反应器，用以去除合成废水中的Hg(Ⅱ)。蜡样芽孢杆菌在第3天对Hg(Ⅱ)的去除量可以达到104.1mg/g。Nguyen等研究了嗜酸硫氧化硫杆菌对水样中硫蓝15（SB15）染料的去除能力。该细菌不仅能将硫化物氧化成硫酸，还能促进细胞附着在硫化物颗粒表面，是一种高效的生物吸附剂。研究结果表明，该细菌对SB15的吸附在pH 8.3和SB15浓度高达2000mg/L的溶液中，生物吸附对染料的脱色率为87.5%。

1.3.3.3 藻类

在生物材料中，藻类作为一种可再生的、无毒的天然生物质，由于其在海洋环境中资源丰富，加工成本相对较低，因此受到越来越多的关注。藻类表面还含有多种官能团，包括氨基、羟基、硫酸盐和羧基，这些官能团都是潜在的污染物结合位点。藻类是自养的，因此与其他微生物吸附剂相比，藻类需要的营养物质少，并且可以产生大量的生物。褐藻因其高的吸附能力而成为优良的生物吸附剂。红藻、绿藻和棕藻在海洋和淡水环境中都很容易获得，目前已被用于吸附研究。

Romera等研究了6种不同藻类对水溶液中Cd(Ⅱ)、Pb(Ⅱ)和Zn(Ⅱ)的吸附能力。微藻生物质也作为吸附剂被广泛研究，因为它们易于生长，以及大量生产。使用海洋大型藻类线形硬毛藻和长茎葡萄蕨藻分别研究了它们对Zn(Ⅱ)、Cu(Ⅱ)和Pb(Ⅱ)、Zn(Ⅱ)、Cd(Ⅱ)、Cu(Ⅱ)的生物吸附。尽管进行了广泛的研究，但藻类在去除重金属方面的实际应用仍然是一个挑战，因为藻类的金属生物吸附选择性很复杂，因此大多数研究都集中在藻类去除单一重金属的能力上。

此外，还有研究报道了藻类在处理染料废水中的应用。小球藻可以用来吸附降解亚甲基蓝染料；根状水囊藻能有效去除水中的酸性红247；蓝绿藻和马尾藻能有效地将偶氮染料降解为芳香胺，芳香胺再分解为小分子有机化合物。

1.3.3.4 生物炭

生物炭具有高孔隙率、大比表面积、高阳离子和阴离子交换能力，能够阻止污染物从水或土壤向生物体的转移，并可通过吸附进一步降低污染物的生物利用度。生物炭已被广泛用于厌氧消化，并在废水处理过程中消除微量金属、病原体和悬浮物。微孔是生物炭中发现的最丰富的孔，有助于提高生物炭的表面积和吸附能力。生物炭吸附的主要途径是通过物理方法将污染物沉降在吸附剂表面，或者填充到生物炭的空隙中，也或者是污染物在吸附剂表层上形成沉淀等，从而达到去除污染物的目的。

含氧官能团的解离导致生物炭表面带负电，从而使得生物炭和阳离子之间产生静电吸引。D. Kołodyńska等研究了用稻草作为前驱体制备的生物炭对Cu(Ⅱ)的去除情况，结果表明，吸附过程的主要机制是吸附剂表面的有效官能团与Cu(Ⅱ)之间的离子交换作用。

综上，生物材料已被证明可有效去除废水中的污染物，其原料经济且易于制备，还可以通过物理和化学活化进行改性，以提高生物材料的比表面积和多孔结构。然而，在大规模应用之前，应该进行更多的原位实验来检测其效率和对环境的影响。

1.3.4 工农业副产品

近年来，利用农业废弃物/工业废弃物及其副产品来处理污染废水已经成为人们关注的焦点。大部分的农业废弃物都含有高碳成分，这使它们具备可以成为吸附剂的条件。此外，广泛分布的生物质生产和制造工业的低成本副产物也使得其成为制备吸附剂的潜在前驱体。

1.3.4.1　工业副产品

工业副产品作为成本最低的吸附剂来源之一，在去除废水污染物的研究中也得到了长足的发展。与商业类吸附剂相比，这些材料具有更高的吸附能力、更高的效率和更低的成本，因此可以作为一种有效的替代吸附剂。目前已经用于废水处理的工业副产品/废物主要有木质素、粉煤灰、高炉矿渣和赤泥等。

（1）木质素

木质素是一种天然聚合物，它最基本的来源是造纸和制浆企业的废纸浆及不含化学物质的木丝。在木质素材料中，它含有许多重要活性官能团，如羟基、酚基、甲氧基、苄醇基、醛基、羧基和磺酸基等，这些官能团能对废水中不同种类的污染物进行捕获吸附。

（2）粉煤灰

粉煤灰是热电厂在煤燃烧过程中产生的飞灰，利用这些粉煤灰作为吸附剂可以实现废物的再利用。S. Montalvo 等利用火电厂固体残渣（粉煤灰）从颗粒粒径的角度研究了其对产甲烷和厌氧可生化性的影响。Koukouzas 等以中试循环流化床燃烧装置中生成的波兰沥青和南非粉煤灰样品为原料，合成了沸石产品（FA）。两种 FAs 在 1mol/L NaOH 溶液中进行水热活化。采用两种不同的 FA/NaOH 溶液比例（50g/L、100g/L）制备了几种沸石材料，并对产物的阳离子交换容量（CEC）、比表面积（SSA）、相对密度（SG）、粒径分布（PSD）、pH 值、微孔和大孔的变化范围等指标进行了评价。然后测试了杂化材料对废水中 Cr(Ⅵ)、Pb(Ⅱ)、Ni(Ⅱ)、Cu(Ⅱ)、Cd(Ⅱ) 和 Zn(Ⅱ) 的吸附能力。

高炉矿渣一般由钢铁加工工业生产。

赤泥是铝土矿在提取氧化铝过程中产生的固体废弃物。利用这些材料作为有效的吸附剂处理污染废水引起了许多研究者的关注。

1.3.4.2　农业副产品

农业和林业活动产生的副产品和残留物主要包括秸秆、渣滓、壳和皮等，也可以作为吸附剂。农业废弃物数量庞大，在污水处理方面具有成本低、来源丰富、回收周期短、化学稳定性好、绿色能源、生态友好等诸多特点。此外，这些材料具有较高的孔隙率和较大的比表面积，可以作为有效的吸附剂去除废水中的有毒重金属和染料。农业副产物的主要成分以木质素和纤维素为主，在它们的表面含有醛、醇、酮、醚、酚和羧基等许多的极性官能团。这些官能团具有去除废水中重金属离子和染料分子的能力，因此，利用农业废弃物作为吸附剂处理水中的污染物是一项很有前景的技术。

1.3.5 新型纳米材料

1.3.5.1 金属有机骨架（MOFs）

金属有机骨架是结晶多孔固体，由带正电荷的金属离子（金属节点）的三维(3D)网络组成，多齿有机分子通过配位键形成笼状结构。由于这种中空且高度有序的结构，MOFs具有非常大的比表面积，范围1000～10000m^2/g，超过了活性炭，在吸附方面具有更大的潜力。大多数MOFs在恶劣条件下也表现出极好的化学稳定性。此外，MOFs可以通过低成本和简单的方法大规模合成。MOFs的可调节理化特性以及高度有序的多孔结构使其成为一种有前途的下一代吸附材料，可有效消除水体中的污染物。

Li等采用由串联单晶到多晶转化的方法制备得到的3D MOFs，实现了对废水中$Cr_2O_7^{2-}$的高效去除（吸附容量207mg/g）。ZIF-8是一种基于MOFs的材料，在水溶液中表现出对As(Ⅴ)的高效去除，吸附量可以达到90.92mg/g。胺和羟基的存在使得As(Ⅴ)和As(Ⅲ)的吸附同时发生。Xiong等研究了核壳结构磁性碳@沸石的咪唑啉骨架-8纳米复合材料选择性吸附刚果红（CR）和Cu(Ⅱ)。研究表明，MOFs基材料Fe_3O_4@Carbon@ZIF-8通过静电作用、氢键、π-π键和离子交换作用与水溶液中的CR和Cu(Ⅱ)通过单分子层的化学吸附，最高的吸附容量可以分别达到806.45mg/g和234.74mg/g，远高于常规吸附剂的吸附量。MOFs和基于MOFs的材料对水体中的污染物表现出极好的吸附能力、快速的吸附动力学和高选择性。然而，目前关于它们的可重复利用性、稳定性以及更经济的配体的报道较少，有待进一步开发与研究。

1.3.5.2 二维过渡金属碳化物（MXenes）

MXenes表面上大量的高活性官能团（羟基、氧、氟等）和亲水性能使其成为许多分子和离子的有效吸附剂。目前，已确认的MXenes的3个不同表达式分别是M_2X、M_3X_2、M_4X_3。然而，目前实验合成的MXenes的数量有限，这已成为一个重要的研究方向。考虑到它们的高效性和高选择性吸附能力，Mxenes材料可以作为一种有潜力的新型吸附剂，用于处理水体中各种类型的污染物。

2014年通过化学剥离和碱化插层生产的$Ti_3C_2(OH/ONa)_xF_{2-x}$ MXenes材料，显示出对Pb(Ⅱ)的高效吸附能力，吸附容量达到140mg/g。阳离子的嵌入往往会增加MXenes层间的距离，从而增强MXense层与表面官能团之间的相互作用。Ying等的研究中制备的$Ti_3C_2T_x$ Mxenes在室温和pH 5的条件下对Cr(Ⅵ)的吸附量达到250mg/g。该吸附剂将Cr(Ⅵ)还原为Cr(Ⅲ)，并同时吸附被还原的Cr(Ⅲ)。Shahzad等的研究中也报道了$Ti_3C_2T_x$。MXenes也是一种有效的Cu(Ⅱ)吸附剂，最大吸附容量为78.45mg/g，可重复使用性是商业活性炭的2.7倍。吸附过程是通过Cu(Ⅱ)与$Ti_3C_2T_x$ MXenes表面末端基团负电荷之间的离子交换和进一步的氧化还原反应完成的。碱处理后的$Ti_3C_2T_x$ Mxenes也表现出对染料的吸附性能。Zheng

等通过热碱性溶液处理扩大了 $Ti_3C_2T_x$ 的层间间距，调控了其表面官能团的类型。在处理过程中，LiOH 使 $Ti_3C_2T_x$ MXenes 的层间距增加了 29%，表面官能团通过—F 转化为了—OH。LiOH-$Ti_3C_2T_x$ 和 NaOH-$Ti_3C_2T_x$ 对亚甲基蓝的吸附速度比其他 MXenes 吸附剂快；NaOH-$Ti_3C_2T_x$ 通过表面吸附和插层吸附共同作用对亚甲基蓝的最高吸附量可达 189mg/g。

1.3.5.3 石墨相氮化碳（g-C_3N_4）

g-C_3N_4 中氮原子上的孤对电子使得材料呈现负电性，能够与金属阳离子反应，有利于废水中污染物的去除。此外，g-C_3N_4 的表面氨基也积极参与对重金属和染料的吸附，这使得 g-C_3N_4 有望成为一种经济有效的吸附剂。Xiao 等采用盐酸胍合成的 g-C_3N_4 研究了其对水中 Cd(Ⅱ)、Pb(Ⅱ) 和 Cr(Ⅵ) 的吸附性能。结果表明在更高的温度下合成的 g-C_3N_4 对金属离子具有更高的吸收能力，这揭示了 g-C_3N_4 的吸热特性。Pb(Ⅱ) 和 Cd(Ⅱ) 主要通过静电作用吸附在 g-C_3N_4 上的三-s-三嗪单元上，而 Cr(Ⅵ) 主要吸附在 g-C_3N_4 的外表面。经过 10 次循环再生后，g-C_3N_4 吸附能力仍能达到最初的 80%。

Shen 等通过一种简单且环保的盐熔法合成制备 g-C_3N_4，以去除水溶液中的 Cu(Ⅱ)、Cd(Ⅱ)、Pb(Ⅱ) 和 Ni(Ⅱ)。g-C_3N_4 对重金属离子表现出比其他吸附剂更高的吸附能力[Pb(Ⅱ) 的吸附容量为 1.36mmol/g，Cu(Ⅱ) 为 2.09mmol/g，Cd(Ⅱ) 为 1.00mmol/g，Ni(Ⅱ) 为 0.64mmol/g]。g-C_3N_4 对 Pb(Ⅱ) 和 Cu(Ⅱ) 的吸附容量在 $pH<5.0$ 时受到离子强度的轻微影响，在 $pH>5.0$ 时随着离子强度的增加而增加，这种现象可以采用球内表面络合机制解释重金属离子与 g-C_3N_4 的含氮和含碳官能团之间的相互作用。

Zhang 等研究了用于高选择性吸收染料和再生的 g-C_3N_4 3D 水凝胶网络吸附剂，它对阳离子染料亚甲基蓝具有较强的吸附能力，最大吸附容量可以达到 402mg/g。

虽然在 g-C_3N_4 合成过程中所使用的前驱体几乎都是无害的，但是 g-C_3N_4 大规模生产仍然是一个挑战。尽管 g-C_3N_4 的合成及其在环境污染治理中的应用存在一定的局限性，但在去除废水中阳离子和阴离子方面仍是一种有前景的吸附剂。为使其在废水处理中得到实际应用，今后可大力发展相应的反应器。

1.3.5.4 纳米金属氧化物（NMOs）

纳米金属氧化物因具有优异的吸附性能、成本低廉、易批量生产、易于改性和制备的特点，被认为是一种很有前途的吸附剂材料。在许多情况下，纳米金属氧化物显示出巨人的潜力，即使污染物浓度很低，也可以将大部分污染物去除至痕量。

近年来的研究表明，许多 NMOs 对重金属表现出良好的吸附能力和选择性能，可以用于对有毒重金属废水的深度去除，以满足日益严格的水处理法规。人们认为金属氧化物和某些特定的多价重金属离子之间会发生还原或氧化反应，例如 Cr(Ⅲ)、Cr(Ⅵ)、As(Ⅲ)、As(Ⅴ)、Sb(Ⅲ)、Sb(Ⅴ) 等，因为它们对吸附位点的亲和力低。参与氧化还原反应的金属氧化物包括 Fe_3O_4、MnO_2、TiO_2 和 CeO_2。这个过程首先通过静电引力形成一个外球面复合体，其次是吸附质和吸附剂之间发生的氧化或还原反应。

金属氧化物吸附重金属的另一个机理是表面沉淀。由于一些未改性的金属氧化物，如 MgO 和 ZnO，很容易被水分子水合产生金属氢氧化物，生成 OH^-，进而与重金属阳离子相互作用，形成不溶性物质。如：Jadhav 等的研究中表明，纳米 Al_2O_3 正电荷表面的电子缺失可以用来吸附砷氧阴离子，对 As(Ⅴ) 的最大吸附容量达到 121mg/g。Li 等的研究表明即使在较低的初始浓度下纳米 Al_2O_3 也具有出色的 As(Ⅴ) 去除能力。Engates 等报道了在 pH 8.0 时，通过比较分配系数（K_d）可以看出纳米二氧化钛比活性炭和其他金属氧化物纳米粒子表现出对重金属离子更好的去除效率。纳米锰氧化物（NMnOs）具有高的氧化还原电位，在中性 pH 下可能具有带负电荷的表面。Xiong 等通过简单溶胶-凝胶法制备的 MgO 纳米颗粒，通过批量吸附实验来检验从水溶液中去除 Cd(Ⅱ) 和 Pb(Ⅱ) 的效率。结果表明 MgO 纳米颗粒对 Cd(Ⅱ) 和 Pb(Ⅱ) 的吸附是一个以化学吸附为主的单分子层吸附过程，最大吸附容量分别为 2294mg/g 和 2614mg/g。

在二元系统中观察到竞争吸附，MgO 纳米颗粒显示对 Pb(Ⅱ) 的优先吸附[Pb(Ⅱ)>Cd(Ⅱ)]。值得注意的是，洗脱实验证实，即使经过 5 次水洗，Cd(Ⅱ) 和 Pb(Ⅱ) 也不会被大量解吸。XRD 和 XPS 测量揭示了 MgO 纳米粒子去除 Cd(Ⅱ) 和 Pb(Ⅱ) 的机制主要涉及 MgO 表面的沉淀和吸附，这是由于 MgO 的活性位点与重金属离子之间的相互作用。脱附性和再生性是避免二次污染的关键，对昂贵的吸附剂进行再利用可以节省成本。金属氧化物一般通过化学再生方式实现回收利用，即在化学溶剂中浸出以解吸各种有机和无机污染物。用于金属氧化物解吸的化学溶剂有酸、螯合剂和有机溶剂等。

一般情况下，重金属离子可通过静电斥力在酸性溶液中进行 pH 依赖性解吸附。例如，Cd(Ⅱ) 在 HCl 溶液中从吸附剂表面解吸。对于离子强度敏感的脱附过程，在 NaCl 和 KCl 盐的作用下进行离子交换过程。重金属离子，如 Pb(Ⅱ)、Cu(Ⅱ)、Cd(Ⅱ) 等，在金属离子与质子化吸附剂表面排斥时，可以使用 HCl 溶液从吸附剂中解吸。另外，金属阳离子螯合剂（硫脲、EDTA 等）也可用于从金属氧化物中解吸重金属而不腐蚀吸附剂。

纳米金属氧化物由于其大的表面积和高的吸附容量，对水中重金属离子具有很强的吸附能力，并且颗粒越小，扩散阻力越小，吸附动力学就会越快。然而，纳米粒子自身容易聚集，造成分散不均匀，影响其对污染物的去除效率。除了传统的 NMOs 外，磁性 NMOs 由于在磁场下易于从水中分离而受到越来越多的关注，这对降低处理成本和提高废水处理的运行效率具有重要的意义。

1.4 磁性复合材料的研究现状

磁性纳米材料（MNPs）是先进纳米材料的主要组成部分，具有相对较大的表面积、良好的生物相容性、较小的毒性和易于分散的能力，利用磁分离技术MNPs可以实现快速磁分离，表现出良好的可重复利用性。因此，MNPs在废水处理中得到了广泛的应用。

一般来说，裸露的MNPs在水介质中容易氧化和团聚，限制了其实际应用。通过对MNPs进行不同的表面功能化改性，能有效地防止其团聚和沉淀。此外，MNPs的表面修饰增强了对特定污染物的选择性，提高了吸附能力和氧化稳定性。除了静电引力和范德华相互作用导致污染物吸附在吸附剂表面之外，功能化改性还引入了复杂的成分、化学结合位点和配体组合，改变了纳米吸附剂表面的电性，有利于污染物吸附在磁性纳米粒子的表面。目前，已经利用聚合物、有机、无机、生物分子、碳质材料等多种材料对MNPs的功能化改性进行了大量的研究。

1.4.1 聚合物改性磁性吸附剂

聚合物已被用于MNPs的表面改性以获得更高的吸附能力，使得功能化改性之后的MNPs具有更好的化学稳定性、较高的机械强度和生物相容性。

Hasanzadeh等报道了甲基丙烯酸缩水甘油-马来酸酐（PGMA-MAn）共聚物制备的磁性纳米复合粒子（MNCPs），实验结果表明这些MNCPs对溶液中的Pb(Ⅱ)和Cd(Ⅱ)具有良好的吸附效果。Zheng等通过采用磺酸改性聚丙烯酰胺磁性复合材料[Fe_3O_4@SiO_2/P（AM-AMPS)]，大大地提高了对结晶紫和亚甲基蓝废水的处理效率，结果表明Fe_3O_4@SiO_2/P(AM-AMPS）具有较广的pH值适应性并且对染料分子的最大吸附容量在25℃时可分别达到2106.37mg/g和1462.34mg/g。

1.4.2 生物分子改性磁性吸附剂

用生物分子对MNPs进行改性，除了增加吸附能力外，还能增强其在环境修复过程中的安全性和环保性。许多研究人员研究了生物分子功能化改性MNPs在重金属离子和染料吸附中的应用。

Verma等研究报道了甘氨酸修饰的Fe_3O_4 NPs(GF-MNPs）以小球的形式包裹在海藻酸盐聚合物中，由于表面的氨基和羧酸根基团的作用对Pb(Ⅱ)表现出优异的去除效率。Belachew等采用天门冬氨酸通过共沉淀法制备了功能化改性的磁性纳米吸附剂L-Asp-Fe_3O_4，在pH为7和温度为25℃的条件下，吸附剂浓度为1m/L时对罗丹明B（RhB）的吸附容量为7.7mg/g。Abdolmaloki等采用三嗪基-β-环糊精（T-β-CD）功能化改性MNPs，得到吸附剂T-β-CD MNPs。该吸附剂对重金属Pb(Ⅱ)、Cu(Ⅱ)、Zn(Ⅱ)和Co(Ⅱ)都表现出极好的吸附性能。这归因于MNPs表面的三嗪基-β-环糊精中存在许多羟基和含氮基团对金属具有较强的螯合作用，并且最大吸附容量的排序为Pb(Ⅱ)>Cu(Ⅱ)>Zn(Ⅱ)>Co(Ⅱ)。这可能是因为T-β-CD MNPs表面的氧和氮基团与金属离子的络合能力不同。

1.4.3 有机分子改性磁性吸附剂

采用有机分子改性磁性吸附剂为络合重金属离子和捕获染料分子提供了各种官能团，大大提高了 MNPs 的吸附能力。Ge 等将 3-氨基丙基三乙氧基硅烷（APTES）修饰的丙烯酸（AA）和巴豆酸（CA）接枝到 Fe_3O_4 NPs 表面，用于去除废水中的重金属离子。由于吸附剂表面的羰基官能团与金属离子的络合容量不同，对金属离子的优先去除顺序为 Pb(Ⅱ)＞Cu(Ⅱ)＞Zn(Ⅱ)＞Cd(Ⅱ)。Song 等也报道了采用聚苯乙烯磺酸和马来酸修饰的磁性胶体纳米晶团簇用于快速高效地去除水溶液中的亚甲基蓝染料。

氨基改性的磁性纳米吸附剂（MNPs-NH_2）也被发现有高效去除重金属离子的能力。Tan 等的研究表明，氨基功能化改性的 Fe_3O_4 NPs 对 Pb(Ⅱ) 具有高效的吸附作用。类似地，Gao 等将螯合配体三乙四胺功能化改性介孔超顺磁 Fe_3O_4 NPs 制备吸附剂，对废水中的 Cu(Ⅱ) 的去除效率可以达到 85%。Zhang 等也报告了采用腐殖酸修饰的 MNPs 制备的 HA-Fe_3O_4 对亚甲基蓝的吸附效果。结果表明，HA-Fe_3O_4 纳米颗粒对亚甲基蓝的吸附量远高于裸 Fe_3O_4 纳米颗粒和 HA 粉末。HA-Fe_3O_4 纳米颗粒在较宽的 pH 范围内保持稳定。

准二级动力学方程能更好地拟合吸附过程，在最初的 7min 之内可以吸附 50% 的亚甲基蓝，亚甲基蓝最大吸附量可达到 0.291mmol/g，吸附饱和的 HA-Fe_3O_4 纳米粒子可以在甲醇和乙酸体积比为 9∶1 的混合物中解吸。

1.4.4 碳质材料改性磁性吸附剂

用石墨烯和活性炭等碳质材料对 MNPs 进行改性也是提高纳米吸附剂吸附效率的有效方法。Danesha 等制备的含有乙二胺四乙酸（EDTA）的磁铁矿氧化石墨烯/月桂酸（LA）纳米复合材料用于吸附 Pb(Ⅱ)。EDTA 较强的配位能力以及氧化石墨烯表面—COOH 和—OH 的存在，增强了它们与金属离子的静电相互作用，提高了吸附性能。Othman 等利用声力学技术合成了氧化石墨烯-磁性氧化铁纳米颗粒(GO-MNP)，并用作吸附剂处理水溶液中的亚甲基蓝染料。结果表明，当 pH 值较高、吸附剂用量较大、接触时间较长时，溶液中亚甲基蓝染料的去除率较高。再生研究表明经过 2 次循环 GO-MNP 的吸附能力略有下降。

在另一项研究中，Liu 等采用活性炭改性的纳米 Fe_3O_4 得到的 Fe_3O_4/AC 作为吸附剂，用于快速有效地去除水溶液中的罗丹明 B（RhB）和甲基橙（MO），实验结果得到吸附剂对 RhB 和 MO 的最大吸附量分别为 182.48mg/g 和 150.35mg/g，是一种具有良好应用前景的可循环利用吸附剂。

1.4.5 无机分子改性磁性吸附剂

无机化合物如二氧化硅也已用于污染物去除应用中 MNPs 的功能化改性。Xu 等成功合成了二氧化硅和谷胱甘肽修饰的纳米吸附剂 Fe_3O_4@SiO_2-GSH MNPs，并将其应用于水溶液中Pb(Ⅱ)的去除。制备的纳米吸附剂粒径较一致，为Pb(Ⅱ)提供了丰富的吸附位点，且具有超顺磁特性，易于被外置磁体去除。Mokadem等将1，2，3-三唑修饰的MNPs(MNP-Trz)和二氧化硅包覆的MNPs用于金属离子的去除，其对金属离子的吸附能力顺序为：Pb(Ⅱ)>Cu(Ⅱ)>Zn(Ⅱ)。在另一项研究中报道，Girginova等使用了涂有二硫代氨基甲酸酯基团修饰的二氧化硅MNPs，该吸附剂对低浓度的Hg(Ⅱ)也具有较好的吸附性能。

碳酸基吸附剂是对MNPs进行改性的另一类有前景的材料。$CaCO_3$是一种经济、无毒、溶解度大的多孔材料，通过促进$CaCO_3$与重金属离子的沉淀反应，对重金属离子的处理效率会得到显著的提高。但因为在它的处理过程中会产生污泥等，使分离困难，制约了其在废水净化中的应用。为了克服这些技术难题，可以将$CaCO_3$与MNPs结合，让吸附剂具有更高的吸附能力并且能够更易从废水中分离。Islam等用水热法合成了介孔针状磁性吸附剂Fe_3O_4@$CaCO_3$，用于去除As(Ⅴ)、Cr(Ⅵ)和Pb(Ⅱ)，比以往报道的任何常规吸附剂对污染物的吸附速率都要快。

1.5 磁性壳聚糖基吸附剂

1.5.1 壳聚糖的简介

壳聚糖是一种天然的多氨基糖，是甲壳素脱乙酰化合成的副产物，由β-(1→4)-2-乙酰氨基-2-脱氧-D-葡萄糖的直链和去乙酰化单元组成。由于壳聚糖的亲水性、生物降解性、生物相容性、无毒、手性、高化学反应性、螯合性以及对环境污染物的高吸附性和亲和力，已被广泛应用于不同环境基质中污染物的修复。

除了以上的特性，壳聚糖还具有来源广泛、价格低廉等优势，使得它被广泛应用于不同的行业，如制药、食品、农业、化妆品行业、药物输送、生物技术、生物医学、工业等。壳聚糖在酸性介质中具有独特的阳离子特性，这使得它对染料和金属离子具有亲和力。此外，由于离子交换和静电吸引作用，壳聚糖可以与染料和金属螯合。因此，壳聚糖受到了科学界的广泛关注，尤其是在水和废水处理领域。

壳聚糖中氨基和羟基的存在可作为活性位点用作吸附剂去除重金属和染料。壳聚糖的氨基可以被阳离子化，然后在酸性介质中通过静电吸引作用对阴离子污染物进行吸附，可以作为一种有效的吸附剂用于处理水环境中的污染物。然而，壳聚糖在较低的pH值条件下容易溶解，无法利用，可以通过采用物理和/或化学的方法对其进行改性，以提高其机械强度和化学强度，例如常用环氧氯丙烷、乙二醛、戊二醛、乙二醇缩水甘油醚和芹菜素等交联剂对壳聚糖进行化学交联。因此，壳聚糖的各种改性材料包括壳聚糖珠、膜和微球，已被报道用于去除水环境中的染料和其他污染物。

Pal研究了用表面活性剂改性壳聚糖珠制备得到的材料（SMCS）吸附去除水中的Pb(Ⅱ)。结果表明，改性后得到的SMCS微球具有不规则的球形，在pH较低的情况下用于去除污染物，是一种有效的能去除Pb(Ⅱ)的吸附剂，最大吸附量为

100.0mg/g。在吸附Pb(Ⅱ)之后的吸附剂还可以用于对结晶紫(CV)和酒黄石(TZ)两种模型染料的去除，Langmuir吸附量分别为97.09mg/g和30.03mg/g。这个研究实现了吸附剂的多重利用和对多种类型污染物的去除，并实现了吸附剂的回收和再利用。

1.5.2 磁性壳聚糖基复合材料的制备

磁性吸附剂是由于在结构中集成了磁性物质而具有磁性特征的吸附剂。磁性成分通常是金属的氧化物，如锰、钴、镍、铜和铁。其中，磁铁矿(Fe_3O_4)因为价格低廉，制备方法简单，是目前使用最多的磁性材料。大多数磁性吸附剂具有超顺磁的特性，即这些颗粒的磁化强度会被外部磁场迅速改变，这使得磁性吸附剂在外加磁场的作用下，可以简单、快速、彻底地分离出来。壳聚糖分子中含有大量的羟基和氨基官能团，它们可以通过螯合作用吸附水环境中的金属离子，对染料分子也具有一定的捕获能力，是一种可用于制备磁性吸附剂的高分子材料。由于在其链中存在羟基和氨基官能团，壳聚糖可以被修饰或功能化以呈现特定的性能。磁性壳聚糖复合材料由于其优异性能引起了全球研究者们的关注，促使人们对这些材料的合成和这些材料在各个科学领域的应用进行了广泛的研究。

目前，磁性壳聚糖材料在生物医学(靶向药物载体、人工肌肉、骨再生、抗癌栓塞、酶基生物燃料电池)、环境(污染物去除、有毒污染物降解)和分析传感(生物传感器、分离、亲和层析、荧光探针)等领域得到了广泛的应用。此外，与其他吸附剂相比，磁性壳聚糖具有高吸附容量和快速吸附速率等优点，即使在低污染物浓度和吸附时间较短的情况下也表现出良好的吸附性能。磁性壳聚糖对污染物具有高效吸附作用，本身价格低廉，还具有环境友好性、可重复使用以及高度可扩展性等优势，常用于废水处理。目前最常用的制备磁性壳聚糖的方法主要有共沉淀法和交联法。

1.5.2.1 共沉淀法

共沉淀合成磁性壳聚糖基吸附剂的方法具有通用性和多样化。首先将定量的具有一定脱乙酰化程度的壳聚糖粉末分散溶解到一定浓度的弱酸性溶液中，形成均一的溶液，然后加入一定量的磁性颗粒到上述壳聚糖分散液中，使壳聚糖粉末和磁性颗粒形成分散均匀的混合物，最后通过各种方式将该混合物加入到碱性溶液中以实现共沉淀。

壳聚糖在碱液中沉淀的同时会将磁性颗粒包裹在内部，使得壳聚糖拥有磁性。这些粒子可以呈现一个被壳聚糖壳层包裹的单一磁芯(core-shell)或包裹在聚合物基体中的多磁芯(multi-core)，将这种以壳聚糖为“壳”且磁性物质为“核”的结构称为壳核结构。壳核结构的形成是非常理想的，因为壳聚糖链中存在极性基团，不仅可以使固体表面功能化，而且还可以保护磁芯不被降解。

1.5.2.2 交联法

常用的一种交联法是水/油(W/O)乳液交联技术，该方法是将分散有磁性粒子的壳聚糖溶液乳化成分散相后再进行交联。具体的操作步骤为：先将壳聚糖粉末溶解在弱酸性的有机酸水溶液中，搅拌形成均一溶液，然后加入磁性颗粒，制备分散均匀的磁性壳聚糖混合物，接着将该溶液滴入由环己烷和乳化剂组成的 W/O 乳液中，可以得到分散性良好、形态规则、粒径分布窄的磁性壳聚糖微球。但是在反应的过程中由于交联剂的加入会消耗掉一部分壳聚糖骨架上的氨基官能团，这会导致其对污染物吸附效率的降低。为了提高磁性壳聚糖吸附剂对污染物的吸附能力，实现对某些污染物的选择性吸附，可以通过在壳聚糖表面进行改性或者接枝新的官能团来实现。

众所周知，重金属离子可以通过螯合作用、离子交换作用或者氢键作用吸附到含有羧基和氨基官能团的树脂上，因此可以采用丙烯酸、硫脲、二亚乙基三胺等化学试剂对磁性壳聚糖进行改性。L. M. Zhou 等利用硫脲对磁性壳聚糖的表面进行修饰，得到磁性吸附剂 TMCS，并研究了 TMCS 对金属离子 Hg(Ⅱ)、Ni(Ⅱ) 和 Cu(Ⅱ) 的吸附性能。类似地，为了实现对水环境中染料分子的有效去除，可以根据染料的性质，相应地选择有利的单体，对磁性壳聚糖进行不同的表面改性，以期实现对染料的高效率去除。

1.5.3　磁性壳聚糖基吸附剂在水处理中的应用

壳聚糖表面的易功能化使得它可以通过各种简单的物理或化学方法进行修饰，从而产生壳聚糖衍生物得到功能化改性的磁性壳聚糖材料。也可以在合成得到的磁性壳聚糖表面直接进行功能化改性，得到性质各异的磁性壳聚糖基吸附剂，以期实现对水体中重金属与染料的去除。

1.5.3.1　重金属污染物的去除

由于重金属离子在水环境中有高溶解度、高毒性和难降解性，故会对所有生物造成严重威胁。磁性壳聚糖基吸附材料在捕获重金属离子之后可以通过外加磁场实现快速的固液分离，因此，受到众多研究者的关注。

Wang 等采用三亚乙基四胺改性的 Fe_3O_4/SiO_2/壳聚糖中空磁性纳米复合材料 (Fe_3O_4/SiO_2/CS-TETA) 实现了对 Cr(Ⅵ) 的快速吸附，在实验最初的 15min 的时间内就可以达到吸附平衡，对 Cr(Ⅵ) 的吸附量高达 254.6mg/g，明显优于大多数同类吸附剂。Huang 等采用磷酸化改性的磁性壳聚糖吸附剂实现了对 Pb(Ⅱ) 的选择性吸附，其选择性分配系数可以达到 0.75L/g。Zheng 等采用阴离子聚丙烯酰胺改性壳聚糖磁性复合纳米粒子制备了新型磁性吸附剂 FS@CS-PAA，通过吸附剂与金属离子的静电作用、氢键作用、阳离子交换作用和螯合作用实现了对溶液中重金属离子 Cu(Ⅱ) 和 Ni(Ⅱ) 在较宽 pH 值范围内的吸附去除。

1.5.3.2　染料污染物的去除

染料废水排放到水环境中，不仅因其高色度会影响水体观感，其高毒性还会对生命体产生致突变、致癌和致畸的效应（即“三致”效应），因此染料废水的有效处理也至关重要。Zheng 等采用［2-(甲基丙烯氧基）乙基］三甲基氯化铵溶液改性的磁性壳聚糖实现了对食用染料食品黄色 3 和酸性黄色 23 的快速捕获，其最大的吸附容量可以分别达到 833.33mg/g 和 666.67mg/g。Huang 等通过采用酰胺化反应制备了二亚乙基三胺五醋酸改性的磁性壳聚糖吸附剂，实现了对水溶液中的阴离子染料甲基蓝的去除。Xu 等通过自由基聚合法制备了聚（2-丙烯酰氨基-2-甲基丙烷磺酸）接枝改性的磁性壳聚糖微球（PMCMs)，可有效去除亚甲基蓝染料。该吸附剂利用外加磁铁可以很容易地分离出磁性吸附剂微球，并在处理过程结束后通过解吸有效地实现吸附剂的再生。

1.6 本章小结

人口数量的增长和工业生产的迅速发展，大大地增加了生活用水和生产用水的需求，也带来了极大的水体污染问题，水安全已成为人们关注的主要问题。由重金属和染料导致的水体污染问题已经引起了科学界的关注。水环境中重金属污染大多为多金属离子共存，成分复杂，资源化处置困难。因此，从重金属废水中选择性分离回收有价值的金属对于环境保护和资源循环利用意义重大。

近年来，随着印染工业的快速发展，重金属和染料造成的复杂水污染问题日益严重。由于在染色过程中通常使用重金属离子作为高效媒染剂，重金属离子会不可避免地随着不断排放的染色废水进入天然水体。废水中这两类有害污染物的化学、物理或生物特性的差异使得同时处理重金属和染料面临巨大挑战。因此，有必要开发一种绿色、高效的方法以实现重金属废水中金属离子的选择性分离回收，以及复合污染水体中金属离子和染料的同时去除，并且在染料存在情况下通过协同作用增强金属离子的选择性分离。

吸附法因其简单、灵活、无毒、能耗低、处理效果稳定且不易造成二次污染的特点，使其在水处理中具有广阔的应用前景。目前，已经报道了一系列用于净化水体中污染物的吸附材料。壳聚糖是一种生物聚合物，表面含有大量的氨基和羟基官能团，可以与废水中众多的污染物发生作用，也易于进行化学修饰而引入功能化基团，是一种理想的水处理剂，但也存在化学稳定性差、固液分离困难等问题，限制了其实际应用。磁性纳米材料具有磁性易分离的优点，可以在磁场的作用下实现快速的固液分离。将壳聚糖和磁性材料结合起来制备得到的磁性壳聚糖吸附剂兼具表面功能化和易磁分离的优点，但是也存在对污染物吸附容量低的缺点，使得对其进行不同程度的功能化修饰以扩展磁性壳聚糖吸附剂的更多应用领域十分必要。在磁性壳聚糖表面通过化学修饰引入功能化基团，从而实现对废水中不同种类污染物的去除，对解决目前复杂的水污染问题，保护水资源以及实现资源的循环利用具有重要的现实意义。

第2章 磁性壳聚糖的制备及其水处理效能研究

2.1 概述

近年来，由于人类活动和工业化进程的加快，水体污染已经成为普遍存在的污染形式之一。不同的工业生产过程会产生不同类型的重金属废水，造成复杂的重金属污染问题。从重金属废水中选择性分离回收有价值的金属对水资源保护和实现资源的循环利用意义重大。银［Ag(Ⅰ)］作为最常见的贵金属，已经被广泛地应用于医疗、电镀、照相、化工等诸多行业。然而，水体中过量的Ag(Ⅰ)不仅会造成资源的浪费，还会在生物体中积累，危害人体健康。因此，有必要开发一种可靠、经济、有效的技术来对银离子进行富集和分离。

吸附法因具有操作简单、灵活性高、处理效果好、工艺简单的优点得到了广泛的应用和研究。目前，已经报道了一系列用于净化水体中污染物的吸附材料。壳聚糖具有成本低、可生物降解、无毒等特性，对多种类型的污染物都具有优异的吸附性能，在废水处理中引起了广泛关注。在壳聚糖的结构中含有大量的羟基和氨基官能团，可以通过氢键和螯合作用与污染物相互作用。但是，壳聚糖在酸性条件下容易溶解，化学稳定性和力学性能差，使用传统的过滤或离心分离很难将其与处理过的液体分离。

磁性壳聚糖复合材料的制备不仅提高了复合材料易于磁性分离的性能，还保留了壳聚糖表面多羟基和氨基官能团的优点，可作为一种有效的吸附剂用于水处理。然而，磁性纳米粒子的磁核在酸性条件下易被酸腐蚀，造成铁离子的二次污染并导致磁分离性能的降低。因此，对磁核进行二氧化硅惰性涂层的包覆用来改善其耐酸性和稳定性是非常有必要的。

本章针对含银废水，采用纳米Fe_3O_4作为磁核，并对其进行二氧化硅惰性涂层的包覆，采用反相乳液法制备的磁性壳聚糖材料（Fe_3O_4@SiO_2@Chitosan）作为吸附剂，研究其对废水中 Ag(Ⅰ) 的处理情况。以未包覆二氧化硅的磁性壳聚糖吸附剂 (Fe_3O_4@Chitosan) 和未交联壳聚糖的磁性纳米材料 (Fe_3O_4@SiO_2 和 Fe_3O_4) 作为实验对照组，探究了交联壳聚糖前后吸附剂对多金属离子混合废水中 Ag(Ⅰ) 的选择性吸附情况，研究了包覆二氧化硅前后吸附剂的稳定性情况。此外，还研究了吸附剂 Fe_3O_4@SiO_2@Chitosan 和 Fe_3O_4@SiO_2 在 Ag(Ⅰ) 的单金属污染体系中不同 pH 值、不同银离子的初始浓度、不同反应温度、不同接触时间下对 Ag(Ⅰ) 的吸附效果，并对所制备的吸附剂的再生循环情况进行了评估。此外，根据实验结果以及表征测试结果讨论了磁性吸附剂对银离子的吸附机理。

2.2 实验内容与方法

2.2.1 实验试剂与仪器

2.2.1.1 主要试剂

硝酸银 ($AgNO_3$，分析纯)、硝酸铅 [$Pb(NO_3)_2$，分析纯]、硝酸钴 (六水) [$Co(NO_3)_2 \cdot 6H_2O$，分析纯]、硝酸锌 (六水) [$Zn(NO_3)_2 \cdot 6H_2O$，分析纯]、硝酸锶 [$Sr(NO_3)_2$，分析纯]、硝酸镍 (六水) [$Ni(NO_3)_2 \cdot 6H_2O$，分析纯]、硝酸镉 (四水) [$Cd(NO_3)_2 \cdot 4H_2O$，分析纯]、硫脲 (CH_4N_2S，分析纯)、硝酸 (HNO_3，分析纯)、氢氧化钠 (NaOH，分析纯)、无水乙醇 (C_2H_6O，分析纯)、四氧化三铁 (Fe_3O_4，50nm)、壳聚糖 (脱乙酰度 95%)、正硅酸乙酯 ($C_8H_{20}O_4Si$，分析纯)、氨水 [$NH_3(aq)$，10%]、环己烷 (C_6H_{12}，分析纯)、司盘 80 (Span-80，分析纯)、戊二醛 ($C_5H_8O_2$，分析纯)、多元素混合标准溶液 (100μg/mL，包含 Ag、Cd、Co、Cr、Cu、Ga、In、K、Li、Mg、Na、Ni、Pb、Se、Sr、Zn、Fe 等)。

2.2.1.2 主要仪器

SPECTRO GENESIS 型电感耦合等离子体原子发射光谱仪 (ICP-OES)、RW20 数显型 IKA 悬臂搅拌器、FA2004 型舜宇恒平仪器、PHS-3C 型 pH 计、B15-1 型恒温磁力搅拌器、KQ-500VDE 型双频数控超声波清洗器、SHA-C 型水浴振荡器、DHG-9140A 型电热恒温鼓风干燥箱、B15-1 型恒温磁力搅拌器、Nicolet iS50 型傅里叶变换红外光谱仪 (FTIR)、SU8010 型场发射扫描电镜 (SEM)、DMAX/2C 型 X 射线衍射仪 (XRD)、ESCALAB250Xi 型 X 射线光电子能谱仪 (XPS)、Quadrasorb 2MP 型比表面积和孔径分析仪 (BET)、STA449F3 型热重分析仪 (TGA) 以及 PPMS Dyna-Cool 9 型振动磁强计 (VSM)。

2.2.2 磁性壳聚糖的制备

首先采用 Stöber 法对纳米 Fe_3O_4 进行表面二氧化硅的包覆，得到 Fe_3O_4@SiO_2 (FFO@Sil)，然后采用反相乳液法制备磁性吸附剂 Fe_3O_4@SiO_2@CS (FFO@Sil@

Chi）和未包覆二氧化硅的吸附剂 Fe_3O_4@CS（FFO@Chi），合成路径如图 2-1 所示。

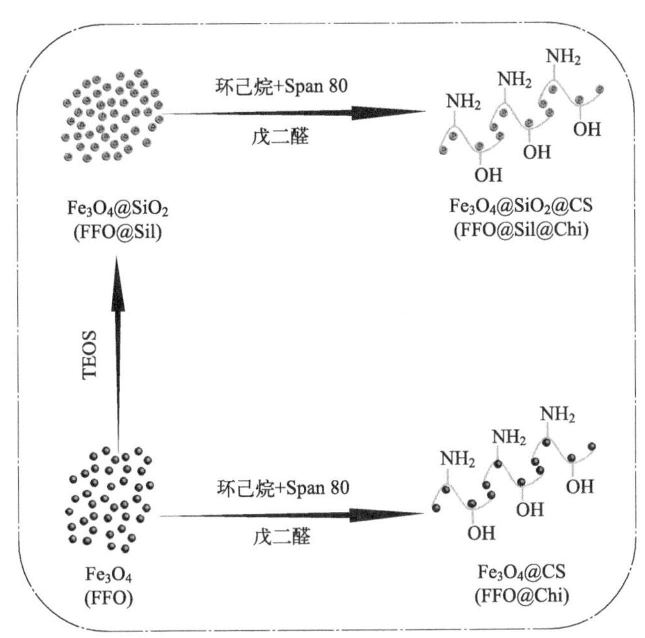

图 2-1 FFO@Sil@Chi 和 FFO@Chi 的合成示意图

2.2.2.1 Fe_3O_4@SiO_2（FFO@Sil）的制备

采用 Stöber 法对四氧化三铁表面进行二氧化硅惰性涂层的包覆制备 Fe_3O_4@SiO_2（FFO@Sil）磁性微粒以提高磁核的分散性和耐酸性。准确地称取 3.0g 的 Fe_3O_4，将其分散到装有 500mL 无水乙醇的三颈烧瓶中，超声分散 10min，使 Fe_3O_4 均匀地分散在乙醇溶液中。然后在水浴 25℃下以 500r/min 连续搅拌 30min 后，依次加入 13mL 氨水和 200mL 去离子水，搅拌 30min 至混合均匀，最后将 22.5mL 正硅酸乙酯（TEOS）逐滴加入上述分散液中。将该混合物在室温下连续搅拌 8h 后静置，通过外置磁铁进行固液分离，将得到的黑色固体用乙醇和去离子水洗涤数次。最后，将所得固体颗粒在 50℃下真空干燥，得到 FFO@Sil 备用。

2.2.2.2 磁性壳聚糖吸附剂的制备

采用戊二醛化学交联法合成了具有核壳型结构的磁性吸附剂 FFO@Sil@Chi，其中壳聚糖（Chi）和 FFO@Sil 的质量比控制为 $m_{Chi}:m_{FFO@Sil}=1:1$。具体的制备过程如下。

首先准确称取 3.20g 壳聚糖粉末，将其溶解在 240mL 乙酸溶液（质量分数 2%）中，机械搅拌 4h 至透明、均一的状态，然后称取 3.20g 的 FFO@Sil 微粒添加到混合物中，并在室温（25℃）下再次搅拌 6h，获得混合均匀的黏稠液体。与此同时，在 IKA 机械搅拌器上固定 1000mL 的三颈烧瓶，向其中加入 400mL 的环己烷，调节搅拌器的转速为 600r/min，搅拌 10min 后加入 2.6mL Span-80，然后持续搅拌 1h 至混合物呈糊状。在搅拌器的快速搅动下，将混合均匀的壳聚糖-FFO@Sil 混合物在玻璃棒的引流下缓慢加入该三颈瓶中，使得该混合物在环己烷-Span-80 中迅速成为小球，在 25℃的水浴中持续搅拌 3h。

将水浴加热到 50℃后，滴加 2mL 戊二醛溶液（质量分数 50%）到该烧瓶中。搅拌 1h 后，停止搅拌，静置并冷却到室温，然后用磁铁收集所得的固体，用乙醇和去离子水反复洗涤。最后，将得到的磁性壳聚糖复合微粒（FFO@Sil@Chi）真空冷冻干燥至恒重，保存在干燥器中备用。为了比较二氧化硅惰性涂层对磁核是否存在有效的保护作用，在上述相同实验条件下合成了未对磁核进行二氧化硅包覆的具有核壳结构的磁性吸附剂 FFO@Chi。

2.2.3 磁性壳聚糖的表征

（1）扫描电镜测试分析（SEM）

首先使用 Emitech 溅射离子镀膜仪对适量的 FFO、FFO@Sil、FFO@Chi 以及 FFO@Sil@Chi 样品喷金 40s，用日本日立公司的 SU8010 型扫描电镜观察并拍摄样品的表面形貌，加速电压为 20kV。

（2）傅里叶红外光谱（FTIR）

采用 ATR 法，通过赛默飞世尔科技（中国）有限公司的 Nicolet iS50 型红外仪器记录壳聚糖粉末、FFO、FFO@Sil、FFO@Chi 以及 FFO@Sil@Chi 样品在 500～4000cm^{-1} 的红外吸收光谱。

（3）X 射线光电子能谱（XPS）

XPS 分析仪采用赛默飞世尔科技公司的 ESCALAB250Xi，$Al\text{-}K_{\alpha}$ 射线作为激发源测试壳聚糖粉末、FFO、FFO@Sil、FFO@Chi 以及 FFO@Sil@Chi 样品的表面光电子能谱。测试条件为：真空度小于 5×10^{-6}Pa，电子能量分辨率小于等于 1.20eV，灵敏度大于等于 10000s^{-1}，扫描范围为 1200～0eV，扫描次数为 8，扫描间隔为 1eV。

（4）X 射线衍射（XRD）

使用日本 Rigaku 公司的 DMAX/2C 型 X 射线衍射仪（陶瓷 X 射线管，X 射线发生器最大输出功率 3kW，最大管压 60kV，微型探测器数目大于 100 个）对壳聚糖粉末、FFO、FFO@Sil、FFO@Chi 以及 FFO@Sil@Chi 样品进行分析，扫描方式是 q/q 方式，扫描速度 5(°)/min。

（5）比表面积和孔径分析（BET）

比表面积和孔径分析采用美国 Quantachhrome 公司的 Quadrasorb 2MP 型仪器在 77K 时测定。用 Brunauer-Emmett-Teller（BET）计算比表面积，用 Barrett-Joyner-Halenda(BJH) 模型分析孔参数。

（6）热重分析（TGA）

通过德国 Netzsch 公司的 STA449F3 热分析仪在氮气作为保护气体的氛围下，保持升温速度 10℃/min，分析范围为 30～900℃，分析样品的热损失情况。

(7) 饱和磁化强度分析(VSM)

采用美国 Quantum Design 公司的 PPMS DynaCool 9 型仪器,通过高温综合物性测量系统(PPMS)中的振动样品磁强计(VSM)在室温下对样品的磁特性进行测定,测试范围为$-20000\sim20000$Oe(1Oe=1000/4πA/m),频率为12Hz。

2.2.4 表征结果与讨论

2.2.4.1 磁性吸附剂的结构、组成和形态分析

(1) 扫描电子显微镜测试分析(SEM)

SEM 表征图像可以看出所制备的磁性吸附剂 FFO、FFO@Sil、FFO@Chi 和 FFO@Sil@Chi 之间的微观形态和表面形貌的差异。SEM 表征分析见图 2-2。

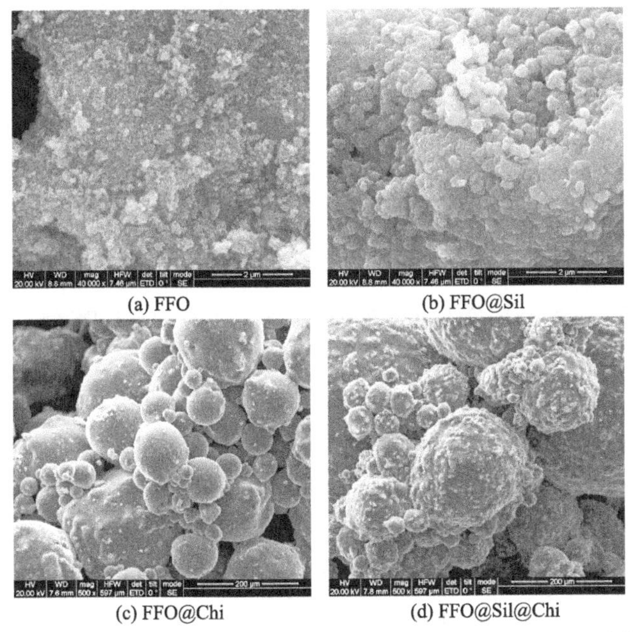

图 2-2 FFO、FFO@Sil、FFO@Chi 和 FFO@Sil@Chi 的 SEM 表征分析

从图 2-2(a) 中可以看出 FFO 纳米粒子粒径小并呈现出球形结构,但是其团聚现象严重。通过 Stöber 法在表面包覆上二氧化硅后,也表现出不规则的形状,FFO@Sil 颗粒粒径变大[图 2-2(b)]。通过交联反应将壳聚糖交联到 FFO 和 FFO@Sil 表面后,得到的 FFO@Chi[图 2-2(c)]和 FFO@Sil@Chi[图 2-2(d)]的粒径明显增大并且表现出核壳结构。FFO@Chi 的表面比较光滑,而 FFO@Sil@Chi 的表面比较粗糙。

(2) 傅里叶红外(FTIR)光谱

为了确定所制备的磁性吸附剂表面的化学键及官能团的变化,对制备过程中所得的材料以及壳聚糖粉末进行了 FTIR 光谱测试。FTIR 表征分析如图 2-3 所示。

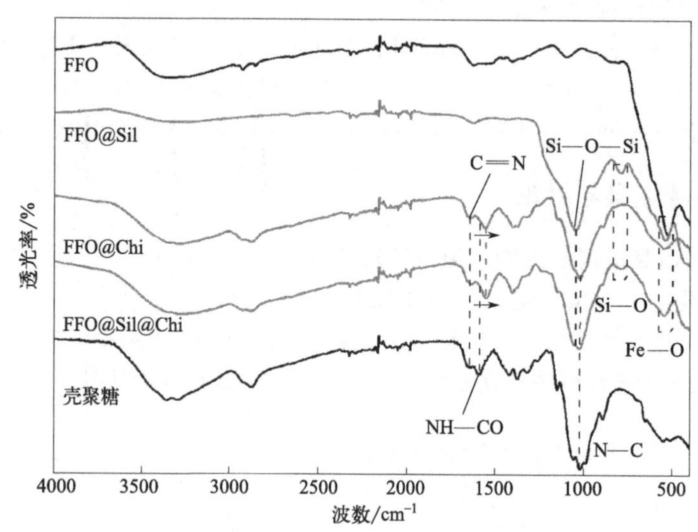

图 2-3 壳聚糖、FFO、FFO@Sil、FFO@Chi 和 FFO@Sil@Chi 的 FTIR 表征分析

在所有磁性材料上都可以观察到位于 $550cm^{-1}$ 附近归属于 Fe_3O_4 中的 Fe—O 键的伸缩振动的特征吸收峰。对磁核进行二氧化硅惰性涂层包覆之后得到的 FFO@Sil 磁性微粒分别在 $1059cm^{-1}$ 和 $799cm^{-1}$ 处出现了 Si—O—Si 的反对称伸缩振动和 Si—O 的对称伸缩振动峰。这种现象也可以在 FFO@Sil@Chi 的 FTIR 光谱上观察到，这表明二氧化硅惰性涂层已经成功地包覆在磁核表面。壳聚糖（Chi）的 FTIR 光谱在 $3354cm^{-1}$（O—H 伸缩振动）、$2872cm^{-1}$（C—H 伸缩振动）、$1641cm^{-1}$（酰胺Ⅰ）、$1592cm^{-1}$（酰胺Ⅱ）、$1377cm^{-1}$（C—H_3 对称角变形）和 $1023cm^{-1}$（N—C 伸缩振动）均出现了特征峰。对于 FFO@Chi 和 FFO@Sil@Chi 而言，$1640cm^{-1}$ 处的峰是壳聚糖氨基与戊二醛之间通过席夫碱反应形成的 C═N 的特征峰。交联反应后，壳聚糖上 $1591cm^{-1}$ 处的官能团向低波数移动，这也说明壳聚糖通过希夫碱反应成功地包覆在了 FFO 和 FFO@Sil 表面。

（3）X 射线光电子能谱（XPS）

为了进一步验证磁性材料表面的元素分布，对 FFO@Sil、FFO@Chi 和 FFO@Sil@Chi 进行了 XPS 表征分析（图 2-4）。

从图 2-4 中的 XPS 全谱图中可以看出，制备所得到的磁性吸附剂中都含有 Fe、O 和 C 元素。Si 2s 和 Si 2p 出现在 FFO@Sil 和 FFO@Sil@Chi 的全谱图中，表明二氧化硅惰性涂层成功包覆在磁核表面，而 N 1s 出现在 FFO@Chi 和 FFO@Sil@Chi 上表明壳聚糖成功交联在其表面。这些结果都说明成功地制备了所需的磁性吸附剂。

（4）X 射线衍射（XRD）

FFO、FFO@Sil、FFO@Chi 和 FFO@Sil@Chi 的 XRD 图谱如图 2-5 所示。

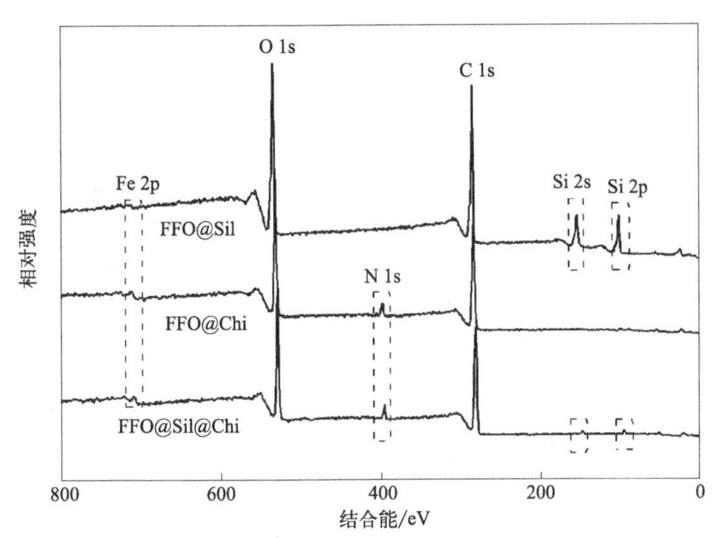

图 2-4　FFO@Sil、FFO@Chi 和 FFO@Sil@Chi 的 XPS 表征分析

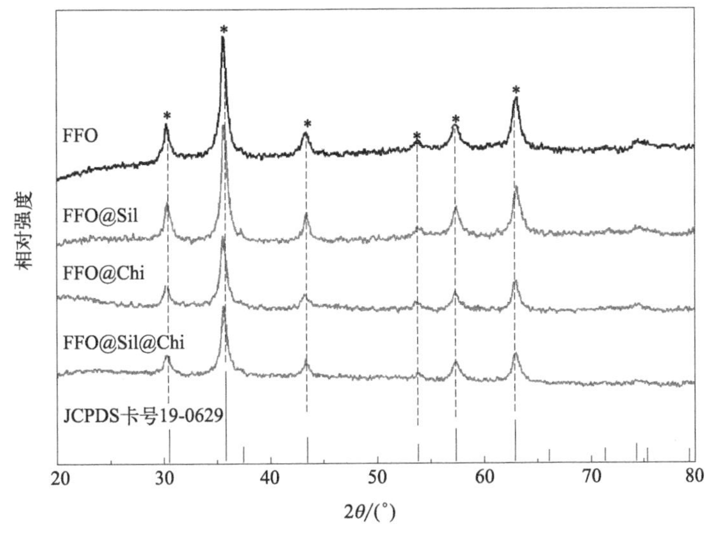

图 2-5　FFO、FFO@Sil、FFO@Chi 和 FFO@Sil@Chi 的 XRD 表征分析

从图中可以看出吸附剂的 2θ 特征峰分别位于 30.4°、35.8°、43.4°、53.9°、57.5° 和 63.1°处，它们也分别对应于 JCPDS 卡号 19-0629 中 Fe_3O_4 晶体结构中的（220）、（311）、（400）、（422）、（511）和（440）平面衍射峰，这表明在制备吸附剂的各个过程中，Fe_3O_4 仍然保持了它的晶相。

（5）比表面积和孔径分析（BET）

图 2-6 展示了吸附剂 FFO、FFO@Sil、FFO@Chi 和 FFO@Sil@Chi 的 N_2 吸附-解吸等温线。

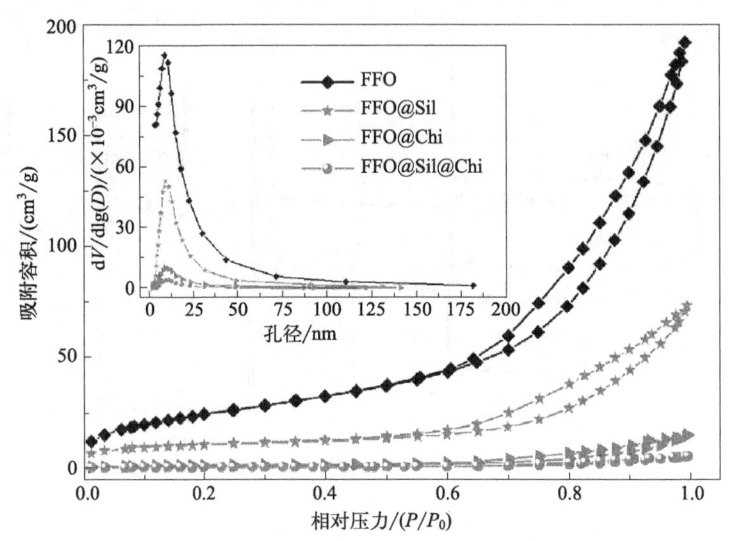

图 2-6 FFO、FFO@Sil、FFO@Chi 和 FFO@Sil@Chi 的 N_2 吸附脱附分析

根据国际纯粹与应用化学联合会（IUPAC）分类，4 种吸附剂的等温线均为Ⅳ型等温线，4 种吸附剂的 BET 表面积分别为 90.87m^2/g、35.97m^2/g、5.24m^2/g 和 2.69m^2/g。

2.2.4.2 吸附剂的磁性和热稳定性

（1）热重分析（TGA）

FFO、FFO@Sil、FFO@Chi 和 FFO@Sil@Chi 的 TGA 分析如图 2-7 所示。

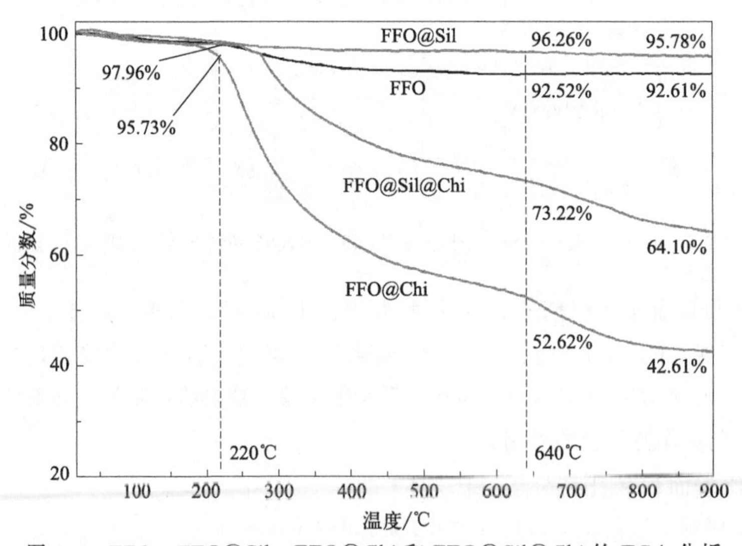

图 2-7 FFO、FFO@Sil、FFO@Chi 和 FFO@Sil@Chi 的 TGA 分析

对吸附剂 FFO、FFO@Sil、FFO@Chi 和 FFO@Sil@Chi 进行了热重分析的测试，以探究磁性材料的热稳定性。FFO 和 FFO@Sil 由于结合水和结晶水的蒸发，在整个温度范围内分别损失了 7.4%和 4.2%的质量，表现出良好的热稳定性。而吸附剂 FFO@Sil@Chi 和 FFO@Chi 的质量总损失分别达到 35.9%和 57.4%。在 220℃以下由于吸附剂表面的吸收或结合水的蒸发导致初始质量损失分别为 2.04%和 4.27%；在 220～640℃范围内的第二阶段由吸附剂表面的有机层分解导致质量损失分别达到了 24.74%和 43.11%。640～900℃的最后阶段，由于最不稳定的官能团的分解分别产生 9.12%和 10.01%的质量损失。

这些结果表明磁性壳聚糖吸附剂成功制备且在实验条件下具有良好的热稳定性，同时说明各吸附剂表面有机层含量不一致。

(2) 饱和磁化强度分析（VSM）

通过在室温下对磁性能的测量进一步分析了样品的饱和磁化强度，以评估吸附剂的磁分离性能。FFO、FFO@Sil、FFO@Chi 和 FFO@Sil@Chi 的 VSM 分析如图 2-8 所示。

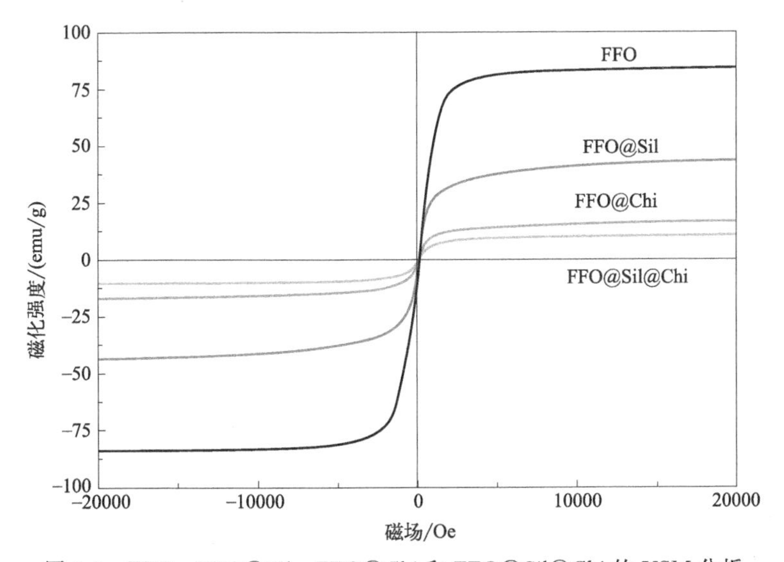

图 2-8　FFO、FFO@Sil、FFO@Chi 和 FFO@Sil@Chi 的 VSM 分析

FFO、FFO@Sil、FFO@Chi 和 FFO@Sil@Chi 的磁滞回线显示为“S”形。FFO 的饱和磁化值为 84.1emu/g(1emu/g=1A·m^2/kg)，由于一些非磁性物质层的引入，FFO@Sil、FFO@Chi 和 FFO@Sil@Chi 的饱和磁化值分别降低至 43.7emu/g、16.7emu/g 和 10.7emu/g。在施加外部磁场的情况下，这些磁性材料也可以在短时间内轻松快速地从水溶液中分离出来。这有利于获取污染物之后的吸附剂的分离和再生实验的开展。

2.3 磁性壳聚糖对银离子的选择性吸附性能研究

2.3.1 实验部分

2.3.1.1 实验中所用溶液的配置

（1）多金属离子混合体系和银离子单一体系溶液的配置

采用多种金属离子的固体盐［$AgNO_3$、$Pb(NO_3)_2$、$Cu(NO_3)_2 \cdot 6H_2O$、$Zn(NO_3)_2 \cdot 6H_2O$、$Sr(NO_3)_2$、$Ni(NO_3)_2 \cdot 6H_2O$ 和 $Cd(NO_3)_2 \cdot 4H_2O$］配置各种金属离子初始浓度分别为1000mg/L的混合储备液，备用。在开展吸附实验时配置pH值分别为1.0、2.0、3.0、4.0、5.0和6.0的实验所需浓度的多金属离子混合溶液。同时，也配置浓度为1000mg/L的银离子单金属离子储备液，在实验中稀释至所需浓度用于实验。

（2）金属离子标准溶液的配制

购置的多金属离子的ICP标准溶液的浓度为100mg/L，在实验测试时需要配置浓度梯度为0.1mg/L、1.0mg/L、2.0mg/L、5.0mg/L和10.0mg/L的标准溶液用作标准曲线的测定。在ICP-OES中测得浓度为0.1mg/L、1.0mg/L、2.0mg/L、5.0mg/L和10.0mg/L的标准曲线（$R^2>0.999$），以备后期使用。

2.3.1.2 竞争吸附实验

为考察吸附剂FFO@Sil@Chi、FFO@Chi、FFO@Sil和FFO对金属离子的吸附性能，首先开展了静态吸附实验探索了吸附剂对多金属离子混合溶液中Ag(Ⅰ)、Pb(Ⅱ)、Cu(Ⅱ)、Zn(Ⅱ)、Sr(Ⅱ)、Ni(Ⅱ)以及Cd(Ⅱ)的吸附效果。准确称取20mg的4种磁性吸附剂，分别置于50mL具塞锥形瓶中，然后分别加入20mL不同pH值的7种金属离子的混合溶液（各金属的浓度均为100mg/L），在恒温水浴振荡器中以25℃和150r/min的条件下反应至吸附达到平衡后，磁分离吸附剂，取上清液并用0.45μm的水系滤头过滤，然后采用ICP-OES测定溶液中各个金属离子的浓度。实验中每组吸附实验重复3次，其平均值作为该组实验的最终结果值，计算标准差作为实验中结果的误差。

磁性壳聚糖吸附剂对金属离子的吸附量（q_e，mg/g）通过式(2-1)计算：

$$q_e=\frac{(C_0-C_e)V}{m} \tag{2-1}$$

式中 C_0——吸附前水溶液中金属离子的质量浓度，mg/L；

C_e——吸附平衡时溶液中金属离子的质量浓度，mg/L；

m——吸附剂的质量，g；

V——含金属离子废水的体积，L。

为了进一步考察在多金属离子混合体系或者复合废水中所制备的磁性吸附剂对某种金属离子的选择性吸附能力，引入选择性系数进行定量分析，通过式(2-2)计算：

$$S_{银}=\frac{q_{金属}}{q_{总}}\times 100\% \tag{2-2}$$

式中 $q_{金属}$——多金属离子体系下某种金属离子的吸附量，mg/g；

$q_{总}$——多金属离子体系下所有金属离子吸附量的总和，mg/g。

2.3.2 结果与讨论

实际工业废水中往往是多种金属离子共存的情况，研究特定金属离子在多金属离子环境中的选择性吸附具有重要意义和应用价值。为了评估所制备的磁性吸附剂的选择性性能，在含有 Ag(Ⅰ)、Cu(Ⅱ)、Pb(Ⅱ)、Zn(Ⅱ)、Ni(Ⅱ)、Co(Ⅱ)、Sr(Ⅱ)和 Cd(Ⅱ) 的不同 pH 值（1.0～6.0）的多金属离子溶液中开展了竞争性吸附实验。从图 2-9 中可以看出，吸附剂 FFO@Sil@Chi 和 FFO@Chi 在整个实验的 pH 范围内都表现出对 Ag(Ⅰ) 优异的选择性吸附性能。

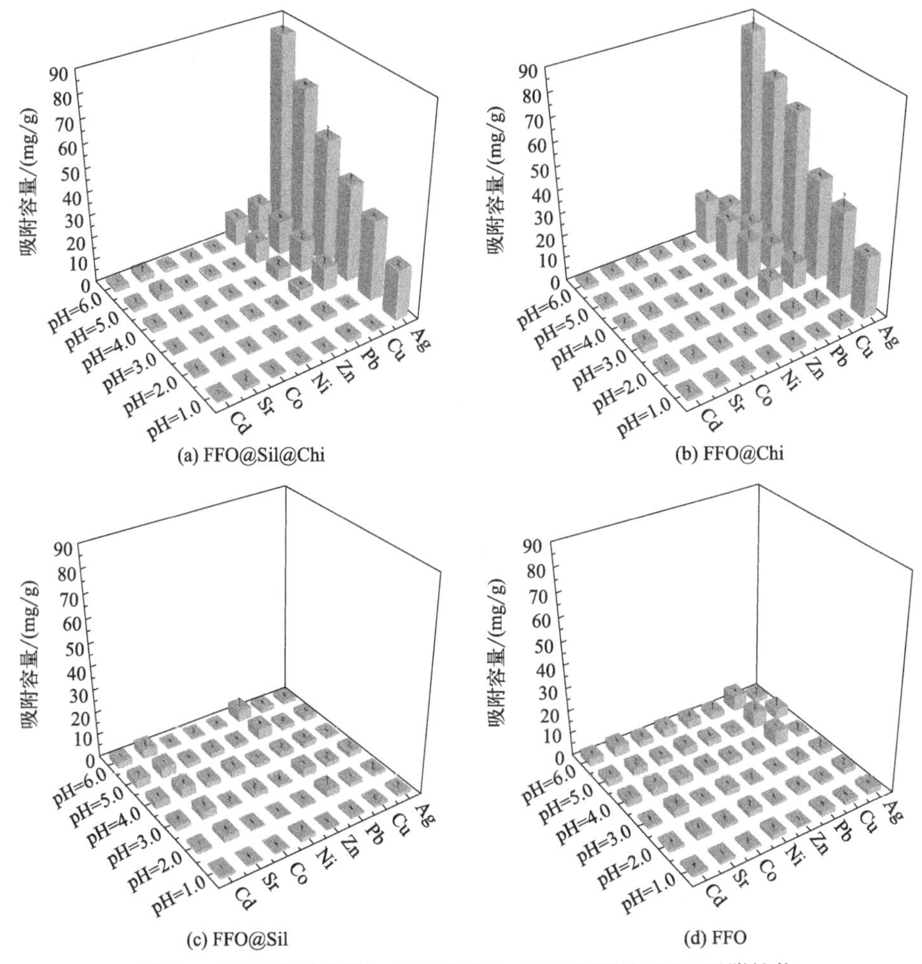

图 2-9 FFO@Sil@Chi、FFO@Chi、FFO@Sil 和 FFO 吸附性能

随着 pH 值从 1.0 增加到 6.0，FFO@Sil@Chi 表面的质子化程度降低，其对 Ag(Ⅰ) 的选择性吸附容量从 2.12mg/g 逐渐增加到 85.86mg/g。吸附剂 FFO@Chi 在 pH 6.0 也保持对银离子的高选择性吸附能力，其选择性吸附容量达到 86.14mg/g。然而，这两种核壳型吸附剂对多金属离子溶液中其他竞争金属离子［Cu(Ⅱ)、Pb(Ⅱ)、Zn(Ⅱ)、Ni(Ⅱ)、Co(Ⅱ)、Sr(Ⅱ) 和 Cd(Ⅱ)］的吸附能力在整个酸度范围内保持较低水平，在 0～15mg/g 范围内。另外，FFO 和 FFO@Sil 在整个酸度范围内对所有金属离子几乎没有吸附能力。造成这一结果的主要原因是在吸附剂制备的过程中，交联反应成功将壳聚糖引入 FFO@Sil 和 FFO 表面，使得核壳吸附剂 FFO@Sil@Chi 和 FFO@Chi 表面富含许多氨基官能团，其与 Ag(Ⅰ) 具有很强的亲和力，这有利于吸附剂对多金属离子溶液中 Ag(Ⅰ) 的选择性吸附。基于软硬酸碱 (SHAB) 理论，氨基中的氮原子上的自由孤对电子适合与银离子配位形成络合物以实现捕获溶液中 Ag(Ⅰ) 的目的，而吸附剂 FFO@Sil 和 FFO 表面缺乏用于获取污染物的有效官能团，所以对金属离子几乎没有去除能力。

通过计算 Ag(Ⅰ) 的选择性系数 (S_{Ag}) 值可以更清晰地表达出吸附剂在多金属离子混合溶液中对 Ag(Ⅰ) 的选择性效力和程度。不同的 pH 值条件下各个吸附剂对 Ag(Ⅰ) 的 S_{Ag} 值如图 2-10 所示。

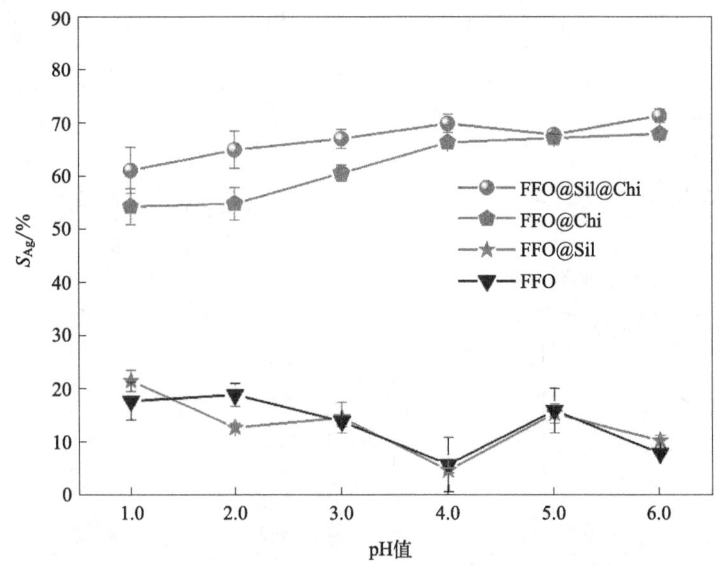

图 2-10 磁性吸附剂在不同 pH 值的多金属离子混合溶液中对 Ag(Ⅰ) 的选择性系数 (S_{Ag})

结果表明，FFO@Sil@Chi 和 FFO@Chi 吸附 Ag(Ⅰ) 的 S_{Ag} 值远大于 FFO@Sil 和 FFO，表明壳聚糖骨架上的官能团更易于与 Ag(Ⅰ) 相互作用。此外，FFO@Sil@Chi 和 FFO@Chi 对 Ag(Ⅰ) 的 S_{Ag} 值在 1.0～6.0 的 pH 范围内都维持较高的水平，说明

吸附剂 FFO@Sil@Chi 和 FFO@Chi 对 Ag(Ⅰ) 有较稳定的高选择性，其 S_{Ag} 值几乎不受溶液 pH 值变化的影响。

此外，溶液的 pH 值对磁性吸附剂的稳定性也有相当大的影响（图 2-11）。

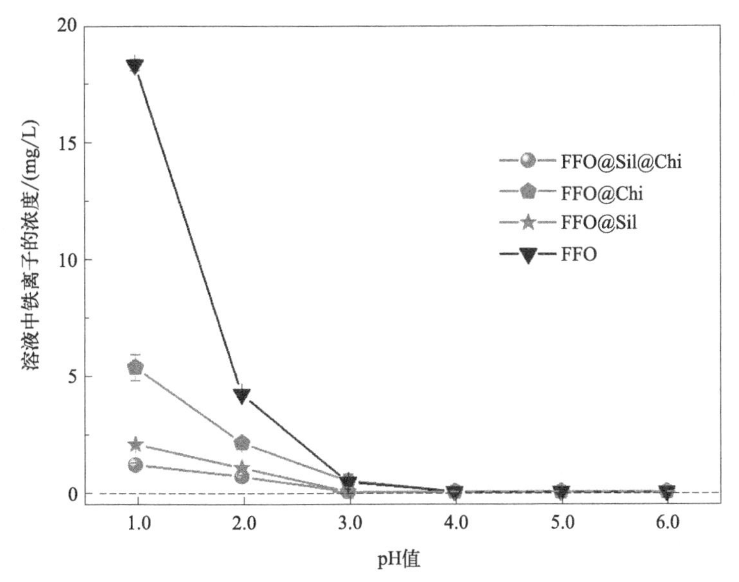

图 2-11　溶液 pH 值对磁性吸附剂中铁离子浸出的影响

从图 2-11 可以看出，在 pH 1.0 时 FFO@Sil@Chi、FFO@Chi、FFO@Sil 和 FFO 中的铁离子浸出量达到最大值分别为 1.16mg/L、5.32mg/L、2.04mg/L 和 18.27mg/L。当溶液的 pH 值逐渐增加并大于 3.0 时，吸附剂几乎没有铁离子浸出（ICP-OES 未检出）。根据 S_{Ag} 的分析得出在 pH 3.0～6.0 时，吸附剂 FFO@Sil@Chi 和 FFO@Chi 对 Ag(Ⅰ) 的选择性吸附能力也保持在较高水平，说明多金属离子混合溶液中吸附剂对 Ag(Ⅰ) 的高选择性不仅与表面的官能团有关，溶液的酸度也通过影响吸附剂的稳定性从而对吸附剂的选择性吸附性能有一定程度的影响。

综上分析可以看出，对磁核进行二氧化硅惰性涂层的包覆之后吸附剂的吸附性能并没有受到影响，反而提高了吸附剂的耐酸性，所以在后续的实验中，选择采用磁性吸附剂 FFO@Sil@Chi 和 FFO@Sil 来研究其对 Ag(Ⅰ) 的单一体系的吸附性能。

2.4　磁性吸附剂对银离子的吸附性能研究

2.4.1　实验部分

2.4.1.1　溶液 pH 值的影响

首先，研究溶液的不同 pH 值对吸附剂吸附 Ag(Ⅰ) 的效果的影响。取用含银离子的储备液，经过稀释配置得到不同 pH 值（1.0～6.0）的初始浓度为 100mg/L 的银离子单金属液体，用于不同初始溶液 pH 值的实验。

2.4.1.2 等温实验和热力学实验

不同 Ag(Ⅰ) 的初始浓度对吸附实验结果的影响在 pH 值为 6.0、银离子初始浓度范围为 50～500mg/L 的银离子单一溶液中进行，其实验结果用于拟合不同等温线模型以探索吸附机理。同时开展了在不同温度条件下（25℃、35℃和 45℃）的热力学实验的研究。

(1) 吸附等温线

吸附等温线是指在一定温度下溶质分子在两相界面上进行吸附过程达到平衡时它们在两相中浓度之间的关系曲线。在吸附污染物的研究体系中，吸附等温线反映的是吸附剂的表面性质和其与污染物相互作用的过程。在分析过程中，常作为评判吸附剂吸附性能的重要依据，在实际应用中，依据不同实验数据和假设条件，需要建立不同的吸附等温线模型。为了探究平衡吸附条件下吸附质平衡浓度（液相）和吸附剂吸附容量（固相）之间吸附质的分布，本研究采用 Langmuir 和 Freundlich 两种典型的吸附等温模型来拟合这些实验数据。

① Langmuir 吸附等温模型

Langmuir 吸附等温模型假设吸附剂表面的活性位点是均匀的、等效的，吸附过程为单层吸附。具体为：a. 吸附剂表面的吸附位点数目是固定数量的，所有的吸附位点相互独立且具有相同的活性；b. 吸附过程是可逆的，吸附与脱附过程保持动态平衡；c. 活性位点一旦被吸附质占据，该位点就不再参与吸附过程；d. 吸附质之间没有相互作用。其线性方程如式(2-3) 所示：

$$\frac{C_e}{q_e}=\frac{C_e}{q_m}+\frac{1}{K_L q_m} \tag{2-3}$$

式中 C_e——吸附平衡时溶液中吸附质的残余浓度，mg/L；

q_e——吸附平衡时吸附质在吸附剂表面的吸附量，mg/g；

q_m——吸附剂表面覆盖单层吸附质的单位吸附量，即饱和吸附量，mg/g；

K_L——Langmuir 吸附常数，反映了结合位点的亲和性，L/mg。

② Freundlich 吸附等温模型

与 Langmuir 吸附等温模型不同，Freundlich 吸附等温模型是一种经验模型，认为固体表面活性位点分布总是不均匀的，因此会在活性较高的部位优先发生吸附，表现为吸附热随表面覆盖度的减小而增大，主要用于描述多相表面上的多层吸附。其线性方程如式(2-4) 所示：

$$\ln q_e=\frac{1}{n}\ln C_e+\ln K_F \tag{2-4}$$

式中 q_e——吸附质的平衡吸附量，mg/g；

C_e——吸附质的平衡浓度，mg/L；

K_F——与 Freundlich 模型吸附容量相关的常数，$mg^{1-1/n} \cdot L^{1/n}/g$。

（2）吸附热力学

随着吸附实验的进行，液体环境中的吸附质通过扩散转移到吸附剂的表面上，这一过程使得体系的自由能、焓值与熵值也发生改变。吸附热力学通过计算三个热力学参数，即标准熵变［$\Delta S^{\ominus}$，J/(mol·K)］、标准吉布斯自由能变化（$\Delta G^{\ominus}$，kJ/mol）和标准焓变（$\Delta H^{\ominus}$，kJ/mol）来了解吸附行为是属于放热还是吸热过程，确定吸附过程能否自发进行，判断吸附剂与液相界面的随机性是增加还是降低，对探究吸附机理具有重要意义。其计算方程式如下所示。

吉布斯自由能变化（$\Delta G^{\ominus}$）可由式(2-5) 求得：

$$\Delta G^{\ominus} = -RT\ln K^{\ominus} \tag{2-5}$$

式中　$K^{\ominus}$——朗缪尔常数，可以通过绘制 $\ln K_d$ 与 C_e 来计算；

T——热力学温度，K；

R——摩尔气体常数，8.314J/(mol·K)。

标准焓变（$\Delta H^{\ominus}$）和标准熵变（$\Delta S^{\ominus}$）由式(2-6) 计算：

$$\ln K^{\ominus} = \frac{\Delta S^{\ominus}}{R} - \frac{\Delta H^{\ominus}}{RT} \tag{2-6}$$

式中　$\Delta H^{\ominus}$——与 $\ln K^{\ominus}$ 对 $1/T$ 绘图的斜率相关，kJ/mol；

$\Delta S^{\ominus}$——与 $\ln K^{\ominus}$ 对 $1/T$ 绘图的截距相关，J/(mol·K)。

2.4.1.3　吸附动力学实验

不同的反应时间对吸附实验结果的影响是在 0～480min 的时间内完成的。实验中设定银离子溶液的最初 pH 值为 6.0，初始浓度为 100mg/L，在不同的反应时间点取样，测定反应过程中不同吸附反应时间点吸附剂对银离子的吸附容量，以此来确定吸附达到平衡所用的时间，并通过对实验结果进行动力学模型的拟合来研究吸附动力学。

吸附动力学研究的是吸附容量随时间的变化关系，对确定吸附过程所需最佳接触时间和确定平衡时间起着重要作用。利用合适的动力学模型可以进一步了解吸附剂与吸附质之间潜在的相互作用机制。在固液静态吸附实验中，常采用四个广泛使用的动力学模型，即拟一级动力学模型（PFO）、拟二级动力学模型（PSO）、Elovich 模型和粒子内扩散模型，对动力学实验数据进行分析。

（1）拟一级动力学模型

拟一级动力学模型（PFO）是以膜扩散理论为基础描述固体吸附剂从溶液中吸附溶解性吸附质的经典模型之一。PFO 假设整个吸附过程符合一级反应动力学，吸附受到扩散阶段控制，吸附速率主要由溶液中溶质的浓度决定，其线性形式如式(2-7) 所示：

$$\ln(q_e - q_t) = \ln q_e - K_1 t \tag{2-7}$$

式中　q_e——平衡时吸附量，mg/g；

q_t——时间 t 时吸附量，mg/g；

K_1——吸附的拟一级速率常数，min^{-1}。

(2) 拟二级动力学模型

与拟一级动力学模型相比，拟二级动力学模型（PSO）可以更好地揭示整个接触时间内的吸附行为。PSO模型表明吸附质和吸附剂之间的化学相互作用是吸附过程中的限速步骤，其吸附过程符合二级反应动力学，其线性形式如式(2-8)所示：

$$\frac{t}{q_t}=\frac{1}{K_2q_e^2}+\frac{t}{q_e} \tag{2-8}$$

式中 K_2——吸附的拟二级速率常数，g/(mg·min)；

q_e——平衡时吸附的溶质量，mg/g；

q_t——时间 t 时吸附的溶质量，mg/g。

(3) Elovich动力学模型

Elovich动力学模型主要应用于化学吸附的实验数据分析。其方程形式如式(2-9)所示：

$$q_t=A+B\ln t \tag{2-9}$$

式中 A——Elovich常数；

B——Elovich常数；

q_t——时间 t 时吸附的溶质量，mg/g。

(4) 粒子内扩散模型

粒子内扩散模型假设颗粒内扩散是唯一的限速步骤，该模型可以用于识别反应途径、分析吸附机理以及预测速率控制步骤。其线性形式如式(2-10) 所示：

$$q_t=K_it^{1/2}+C \tag{2-10}$$

式中 K_i——颗粒内扩散速率常数，$g/(mg \cdot min^{1/2})$；

C——取决于边界层厚度的常数，C 值越大说明对极限边界层的影响越大，mg/g。

2.4.1.4 磁性壳聚糖的再生实验

将20mg磁性吸附剂（FFO@Sil@Chi）加入20mL pH值为6.0的初始浓度为100mg/L的银离子溶液中，快速振荡8h。磁分离回收银离子负载的FFO@Sil@Chi，然后加入20mL的解吸剂［0.01mol/L硫脲-HNO_3（pH 4.0)］，继续振荡8h使其解吸完全，以期实现吸附剂的再生。用超纯水将再生后的吸附剂洗涤至中性，用于下一次的吸附实验。在相同的实验条件下吸附-脱附循环重复5次，考察吸附剂FFO@Sil@Chi的循环再生效果。

2.4.2 结果与讨论

2.4.2.1 溶液初始pH值对吸附的影响

溶液初始pH值对磁性吸附剂的稳定性以及Ag(Ⅰ）的形态起着至关重要的作

用。研究中考虑到 Ag(Ⅰ) 的溶解度，在初始 pH 值为 1.0～6.0 的范围内研究吸附剂 FFO@Sil@Chi 和 FFO@Sil 对 Ag(Ⅰ) 的吸附性能（图 2-12）。

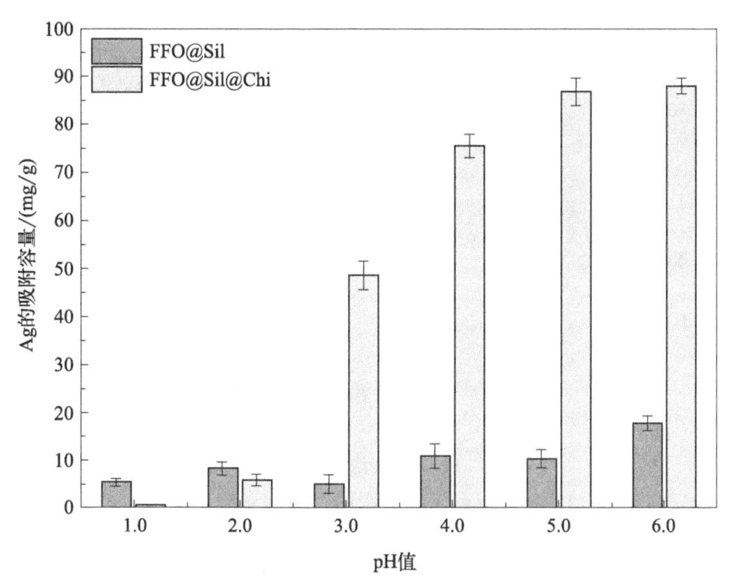

图 2-12　溶液 pH 值对 Ag(Ⅰ) 吸附的影响

从图 2-12 中可以看出，随着溶液的 pH 值从 1.0 增加到 3.0，吸附剂表面官能团的去质子化作用增强，与污染物竞争吸附位点的 H^+ 减少，FFO@Sil@Chi 对 Ag(Ⅰ) 的吸附能力从 0.50mg/g 迅速增加到 48.55mg/g；当 pH≥4.0 时，吸附量保持在较高水平，在 pH=6.0 时达到最大值为 88.00mg/g。从吸附容量随溶液 pH 值的显著变化可以得出 FFO@Sil@Chi 对 Ag(Ⅰ) 的吸附行为表现出明显的 pH 响应性。另外，FFO@Sil 表面缺乏有效的活性官能团来获取污染物，因此在整个酸度范围内对 Ag(Ⅰ) 几乎没有吸附能力。为了方便地比较吸附剂的吸附能力，在后续的实验中选择了溶液的 pH 值为 6.0 作为最佳的吸附 pH 值。

2.4.2.2　吸附等温线的研究

在 50～500mg/L 的 Ag(Ⅰ) 初始浓度范围内研究了不同的 Ag(Ⅰ) 初始浓度对 FFO@Sil@Chi 和 FFO@Sil 吸附银离子结果的影响。从图 2-13 可以看出，随着 Ag(I) 初始浓度的增加，FFO@Sil@Chi 对 Ag(Ⅰ) 的吸附容量迅速增加，这是因为高浓度的污染物可以提供更高的驱动力来促进离子从溶液扩散到吸附剂表面。随着初始浓度的进一步增加，吸附达到平衡，FFO@Sil@Chi 对 Ag(Ⅰ) 的最大吸附容量在 25℃ 时达到 98.36mg/g。FFO@Sil 由于表面没有可以捕获 Ag(Ⅰ) 的有效活性官能团，使得其在整个浓度范围内对 Ag(Ⅰ) 几乎都没有吸附能力。

采用 Langmuir 和 Freundlich 吸附等温模型对 FFO@Sil@Chi 吸附 Ag(Ⅰ) 的过程进行了拟合，相应模型的参数如表 2-1 所示。

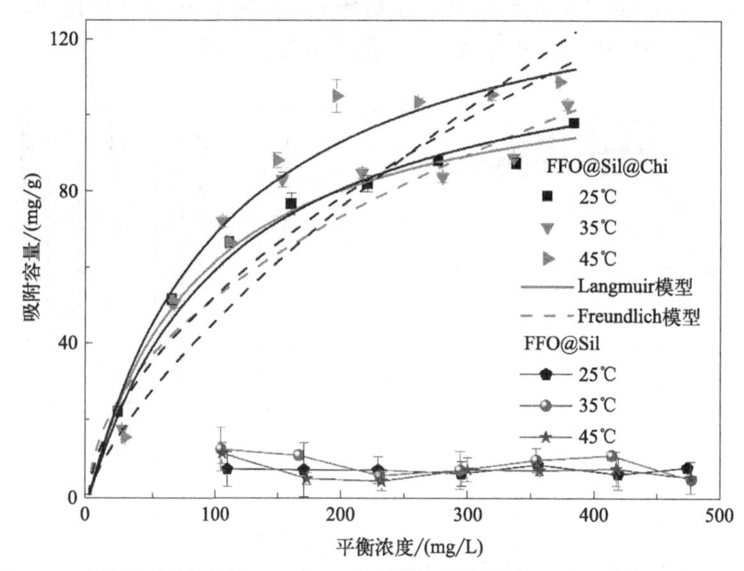

图 2-13 不同初始浓度的 Ag(Ⅰ) 对吸附结果的影响以及吸附等温线的拟合

表 2-1 FFO@Sil@Chi 吸附 Ag(Ⅰ) 的 Langmuir 和 Freundlich 吸附等温模型拟合的参数

吸附剂	温度/℃	Langmuir 模型			Freundlich 模型		
		K_L/(L/mg)	q_m/(mg/g)	R^2	K_F/($mg^{1-1/n}\cdot L^{1/n}$/g)	$1/n$	R^2
FFO@Sil@Chi	25	0.0112	114.93	0.988	5.30	0.4962	0.922
	35	0.0088	116.28	0.939	3.63	0.5801	0.858
	45	0.0090	126.58	0.970	1.87	0.7283	0.888

从表 2-1 中可以看出，Langmuir 吸附等温模型计算得到的相关系数值（R^2）在 25℃下为 0.988，在 35℃下为 0.939，在 45℃下为 0.970，都比较接近 1.0 并且都高于 Freundlich 吸附等温模型，这表明 Langmuir 吸附等温模型能够更好地描述 FFO@Sil@Chi 对 Ag(Ⅰ) 的吸附过程。在 25℃时，FFO@Sil@Chi 对 Ag(Ⅰ) 的最大吸附容量值（q_m）可以通过 Langmuir 吸附等温模型拟合计算得到其值为 114.93mg/g，更接近实验值。因此，可以得出吸附剂 FFO@Sil@Chi 对 Ag(Ⅰ) 的吸附过程是单层吸附过程，它主要受吸附剂表面有限的吸附位点的数量控制。

2.4.2.3 吸附热力学的研究

通过改变恒温水浴振荡器的温度研究了在 25℃、35℃和 45℃下对吸附剂吸附污染物性能的影响。从图 2-13 中可以看到 Ag(Ⅰ) 在 FFO@Sil@Chi 上的吸附容量随着反应温度的升高而增加，说明高温环境更有利于污染物在吸附剂上的吸附。采用式(2-5) 和式(2-6) 计算 FFO@Sil@Chi 对 Ag(Ⅰ) 吸附的标准吉布斯自由能变化（$\Delta G^\ominus$，kJ/mol)、标准熵变［$\Delta S^\ominus$，J/(mol·K)］和标准焓变（$\Delta H^\ominus$，kJ/mol)，得到结果如表 2-2 所示。

表 2-2 FFO@Sil@Chi 吸附 Ag(Ⅰ) 的热力学参数

吸附剂	$\Delta G^{\ominus}$/(kJ/mol)			$\Delta H^{\ominus}$/(kJ/mol)	$\Delta S^{\ominus}$/[kJ/(mol·K)]
	25℃	35℃	45℃		
FFO@Sil@Chi	−13.74	−13.81	−14.83	2.67	0.055

从表中可以看出，在所研究的温度下吸附剂吸附 Ag(Ⅰ) 的 $\Delta G^{\ominus}$ 值均为负值，这表明污染物的吸附是可行且自发的过程。此外，$\Delta H^{\ominus}$ 和 $\Delta S^{\ominus}$ 值为正，说明反应是一个吸热的过程，吸附过程中吸附剂-溶液界面的随机性增加。

2.4.2.4 吸附动力学的研究

吸附速率是吸附材料实际应用中不容忽视的因素，在实验中通过在不同的反应时间点取样得到 FFO@Sil@Chi 在不同接触时间下对 Ag(Ⅰ) 的不同吸附容量，将该实验数据用来分析吸附动力学有助于更好地理解 Ag(Ⅰ) 在吸附剂 FFO@Sil@Chi 上的去除过程。从图 2-14 中可以看出，FFO@Sil@Chi 对污染物的吸附可以分为前期的快速阶段和后期的缓慢阶段。在反应开始后的 60min 内 FFO@Sil@Chi 对 Ag(Ⅰ) 吸附量快速增加，主要是在此阶段吸附剂表面有相当多的自由结合活性位点可用于捕获水溶液中的 Ag(Ⅰ)。随着时间的逐渐增加，FFO@Sil@Chi 表面的众多吸附位点逐渐被消耗占据，吸附速率逐渐减慢，最终在 200min 达到初步平衡，最大吸附容量在吸附平衡时达到 81.60mg/g。

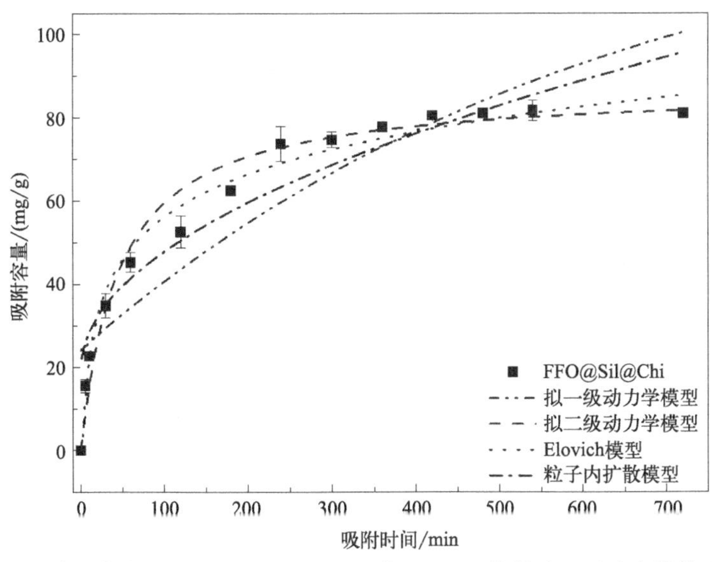

图 2-14 不同吸附时间对 FFO@Sil@Chi 吸附 Ag(Ⅰ) 的影响以及动力学模型的拟合

本研究中选取 4 种典型的动力学模型包括拟一级动力学 (PFO)、拟二级动力学 (PSO)、Elovich 方程和粒子内扩散模型 [式(2-7)～式(2-10)] 对实验数据拟合，分析 FFO@Sil@Chi 吸附处理 Ag(Ⅰ) 的速度规律和吸附机制。从拟合结果表 2-3 中可以看出 PSO 的相关系数 R^2 可以达到 0.995，远高于其他的动力学模型拟合结果，并且由 PSO 得出的平衡吸附量为 86.96mg/g，与实验数值更相符。此外，由 PSO 拟合出的曲线与实验的数据点更为契合，因此说明 Ag(Ⅰ) 在 FFO@Sil@Chi 上的吸附动力学过程更适合用拟二级动力学模型来描述。根据 PSO 模型的假设，FFO@Sil@Chi 对 Ag(Ⅰ) 吸附过程中化学吸附起着限速的作用。

表 2-3 磁性壳聚糖吸附剂吸附 Ag(Ⅰ) 的 PFO、PSO、Elovich 方程和粒子内扩散模型参数

动力学模型	参数	FFO@Sil@Chi
实验数据	q_{exp}/(mg/g)	81.59
拟一级动力学模型	q_{e1}/(mg/g)	57.14
	K_1/min^{-1}	0.0074
	R^2	0.931
拟二级动力学模型	q_{e2}/(mg/g)	86.96
	K_2/[g/(mg·min)]	0.0002
	R^2	0.995
Elovich	A	12.1760
	B	14.8090
	R^2	0.908
粒子内扩散模型	K_i/[g/(mg·min$^{1/2}$)]	2.8393
	C	19.3120
	R^2	0.914

2.4.2.5 吸附剂的可重复利用性能研究

吸附剂的可重复利用性能被视为实际应用的关键经济指标。研究中采用 pH 4.0 的 0.01mol/L 硫脲-HNO_3 混合溶液作为 Ag(Ⅰ) 的解吸剂，开展了 5 个吸附-解吸循环实验用来评估 FFO@Sil@Chi 的可重复利用性。从图 2-15 可以看出，FFO@Sil@Chi 对 Ag(Ⅰ) 的吸附性能随着循环次数的增加而降低，主要原因可能是吸附剂上吸附位点在解吸的过程中不能完全解吸造成活性位点的部分损失；吸附-解吸循环洗涤步骤中吸附剂的损失也会导致吸附容量的下降。

此外，从图 2-15 的右侧坐标可以看出，随着循环次数的增加，体系中来自吸附剂浸出的铁离子的量从第 1 个循环的 0.06mg/L 增加到第 5 个循环的 0.91mg/L，即循环次数增加的过程中会造成吸附剂结构的破坏，从而降低吸附剂的性能。5 个吸附-解吸循环实验后，吸附剂对 Ag(Ⅰ) 的吸附容量依然可以达到 67.72mg/g，表明合成的 FFO@Sil@Chi 具有良好的再生性能，可作为一种高效、快速的分离吸附剂用于 Ag(Ⅰ) 的去除和富集。

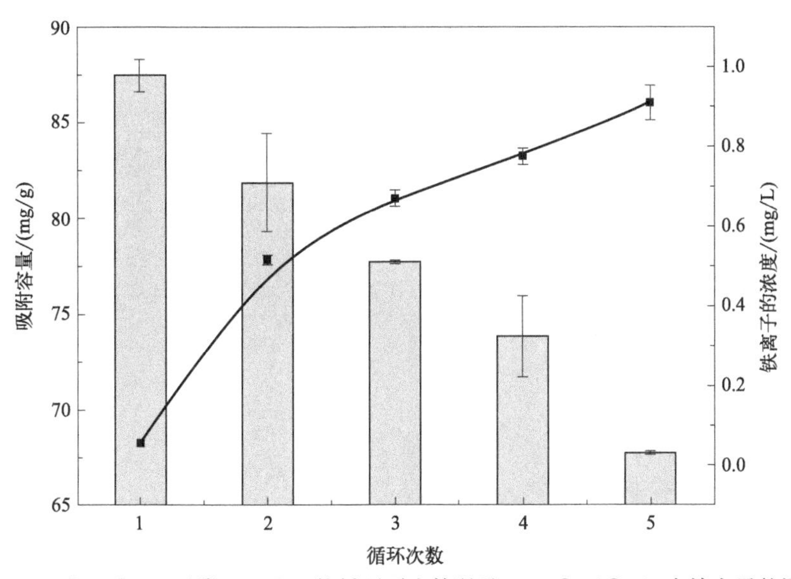

图 2-15　FFO@Sil@Chi 吸附 Ag(Ⅰ) 的循环再生情况及 FFO@Sil@Chi 中铁离子的浸出情况

2.4.3　吸附机理的探讨

为了研究吸附过程的机理，对吸附 Ag (Ⅰ) 前后的 FFO@Sil@Chi 样品进行了 EDS、FTIR 和 XPS 表征分析。首先通过吸附前后的 EDS 图（图 2-16）可以看出，吸附剂 FFO@Sil@Chi 的主要构成元素是 C、N、O、Si 和 Fe，而吸附 Ag (Ⅰ) 后，在 FFO@Sil@Chi+Ag 上还检测到了 Ag 元素，说明 FFO@Sil@Chi 成功地捕获了溶液中的银离子。

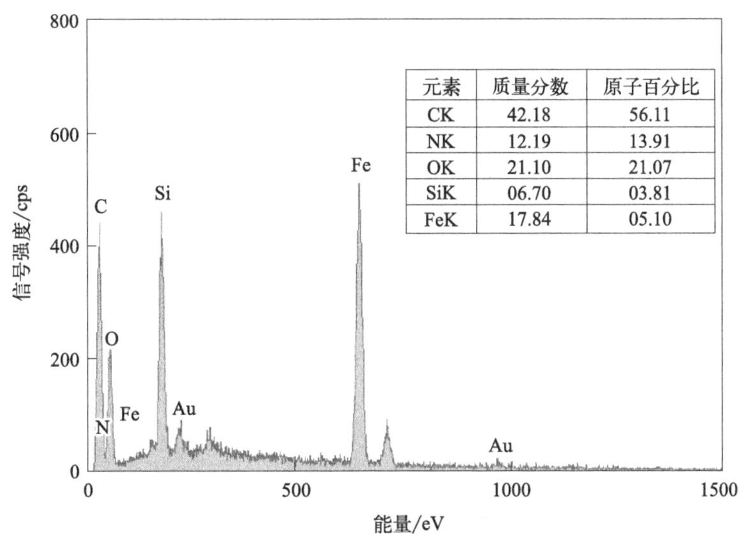

元素	质量分数	原子百分比
CK	42.18	56.11
NK	12.19	13.91
OK	21.10	21.07
SiK	06.70	03.81
FeK	17.84	05.10

(a) FFO@Sil@Chi的EDS分析

图 2-16

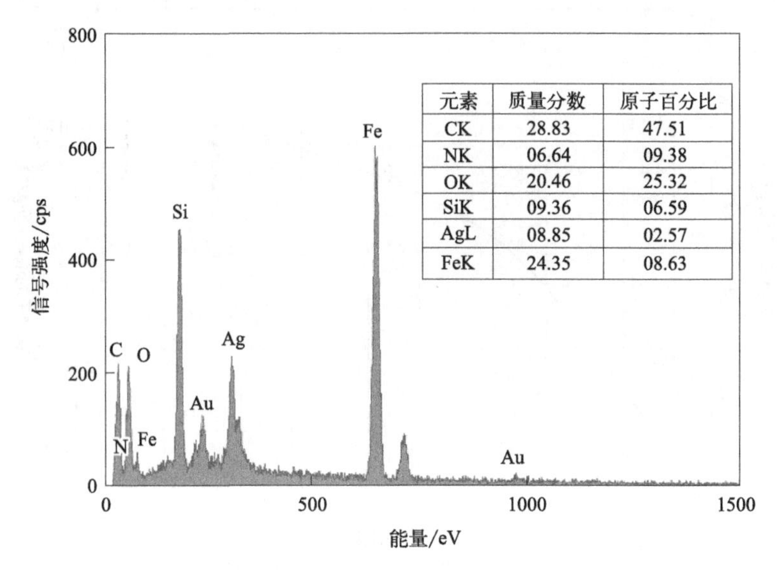

元素	质量分数	原子百分比
CK	28.83	47.51
NK	06.64	09.38
OK	20.46	25.32
SiK	09.36	06.59
AgL	08.85	02.57
FeK	24.35	08.63

(b) FFO@Sil@Chi吸附Ag(Ⅰ)后的EDS分析

图 2-16 FFO@Sil@Chi 吸附 Ag(Ⅰ) 前后的 EDS 分析

另外，也通过 FTIR 光谱分析 FFO@Sil@Chi 吸附 Ag(Ⅰ) 前后表面官能团的变化阐明了 Ag(Ⅰ) 的去除机制。FTIR 结果如图 2-17 所示，FFO@Sil@Chi 吸附 Ag(Ⅰ) 后在 1700～800cm^{-1} 范围内发生明显变化，在 1555cm^{-1} 和 1399cm^{-1} 的特征峰消失，并在 824cm^{-1} 处观察到一个新的属于 Ag(Ⅰ) 的峰，表明 FFO@Sil@Chi 成功捕获了溶液中的Ag(Ⅰ)。

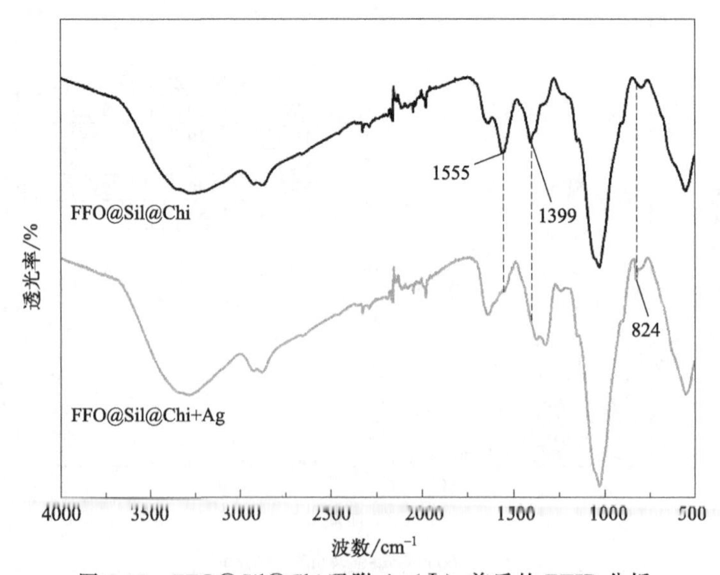

图 2-17 FFO@Sil@Chi 吸附 Ag(Ⅰ) 前后的 FTIR 分析

从 XPS 全谱图中［图 2-18(a)］可以看出，吸附剂吸附污染物前的元素主要是 C、N、O、Si 和 Fe。吸附 Ag(Ⅰ) 后，在 FFO@Sil@Chi＋Ag 中可以清楚地看到 Ag 3d 的峰。这与 EDS 的分析结果一致。FFO@Sil@Chi 吸附污染物后 Ag 3d 的高分辨率 XPS 光谱如图 2-18(b) 所示，表明 FFO@Sil@Chi 成功捕获了溶液中的 Ag(Ⅰ)。

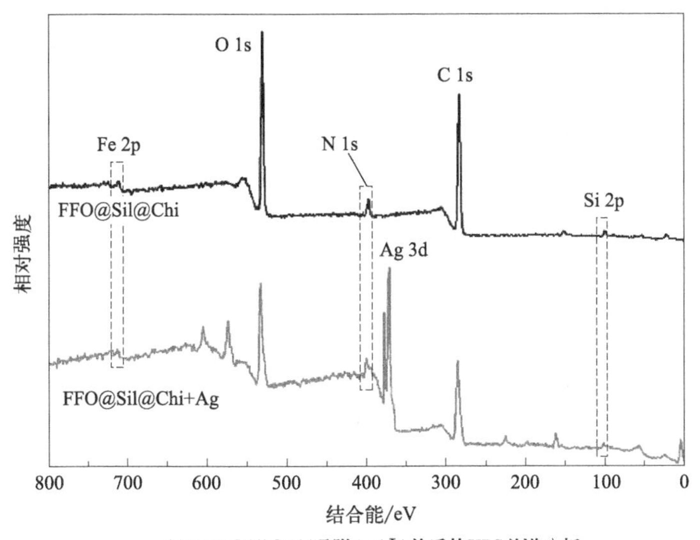

(a) FFO@Sil@Chi吸附Ag(Ⅰ)前后的XPS总谱分析

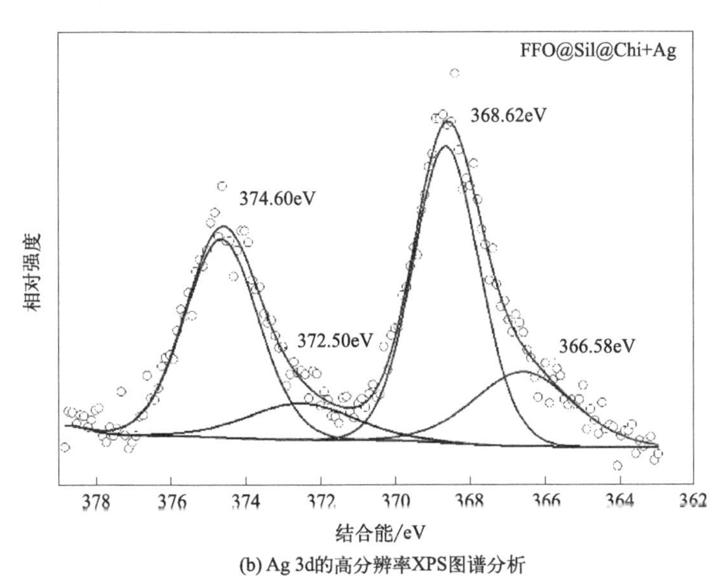

(b) Ag 3d的高分辨率XPS图谱分析

图 2-18　FFO@Sil@Chi 吸附 Ag(Ⅰ) 前后的 XPS 总谱分析和 Ag 3d 高分辨图谱

在图 2-19 中，FFO@Sil@Chi 的 O 1s 高分辨率光谱被解卷积为两个不对称峰，分别位于 533.60eV 和 532.38eV，对应于吸附剂表面的 C—O 和 Si—O—Si。捕获 Ag(Ⅰ) 后，C—O 的结合能转移到 533.91eV，并在 531.17eV 处出现新峰，表明吸附剂表面的含氧官能团（羟基）参与了吸附过程。

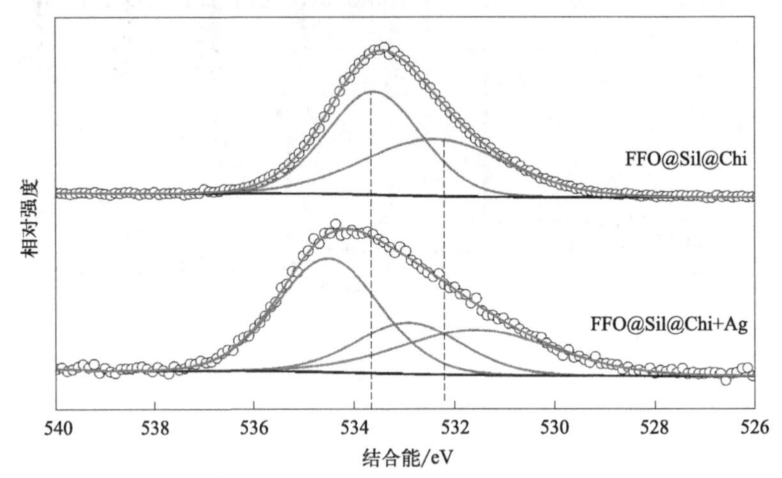

图 2-19　FFO@Sil@Chi 吸附 Ag(Ⅰ) 前后的 XPS O 1s 的高分辨率 XPS 光谱

此外，图 2-20 中 N 1s 高分辨率光谱显示了 FFO@Sil@Chi 中三种化学类型的氮物质，其中 402.88eV 的峰可归属于—NH_3^+，而 400.13eV 和 393.98eV 的峰分别属于—NH/—NH_2 和 N—C。在 Ag(Ⅰ) 吸附后，与上述特征峰相比，三种类型的氮物质略微向更高的结合能移动，这是因为 N 和 Ag(Ⅰ) 之间共享的电子对键占据了最初属于 N 原子的孤对电子。这些结果验证了吸附剂表面含 O 和 N 的官能团都参与了污染物的吸附过程。

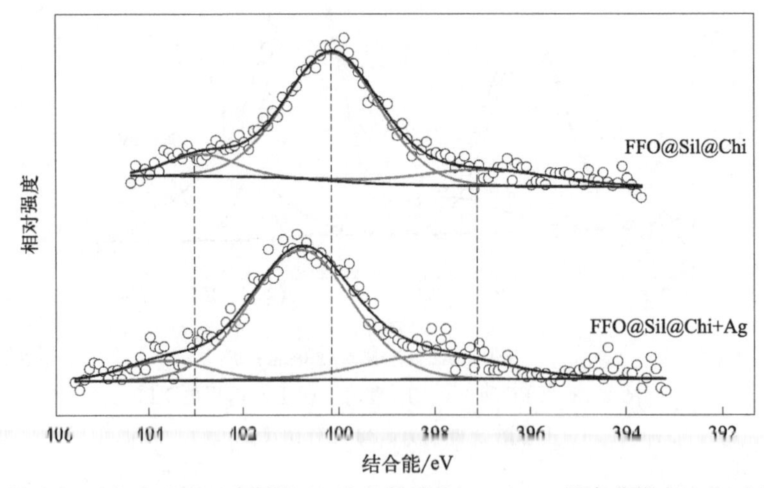

图 2-20　FFO@Sil@Chi 吸附 Ag(Ⅰ) 前后的 XPS N 1s 的高分辨率 XPS 光谱

根据上述分析结果，在银离子单金属溶液中，Ag(Ⅰ) 通过与吸附剂 FFO@Sil@Chi 表面的官能团（—OH 和—NH_2 基团）形成共价金属络合物从而捕获银离子以达到去除目的。

2.5 本章小结

① 本章通过 Stöber 法成功地对磁核（Fe_3O_4）表面进行了二氧化硅惰性涂层的包覆，得到了二氧化硅包裹的磁性吸附剂（FFO@Sil），又通过反相乳液法成功地制备了核壳型二氧化硅包覆的磁性壳聚糖吸附剂（FFO@Sil@Chi）。采用一系列的表征手段对 FFO@Sil@Chi、FFO@Chi、FFO@Sil 和 FFO 的形貌结构、化学成分、晶形结构、热稳定性以及磁性性能进行了全面的分析。

SEM 结果表明 FFO@Sil@Chi 和 FFO@Chi 具有核壳结构。FTIR 图谱中出现了 Fe_3O_4、SiO_2 以及壳聚糖的特征吸收峰，说明 FFO@Sil@Chi 和 FFO@Chi 被成功合成。XPS 的分析再次证明了二氧化硅的成功包覆及磁性吸附剂表面壳聚糖的存在。XRD 的分析表明合成过程中的各个操作并没有改变吸附剂中 Fe_3O_4 的晶体结构。磁滞回线显示所制备的吸附剂具有超顺磁性，非磁性物质 SiO_2 以及壳聚糖层的引入虽然降低了它的饱和磁化强度，但吸附剂仍然可以在外加磁场的作用下实现吸附剂的快速分离。TGA 的分析表明吸附剂都具有较好的热稳定性，尤其包裹二氧化硅之后的吸附剂具有更好的耐热性。

② 研究了四种吸附剂（FFO@Sil@Chi、FFO@Chi、FFO@Sil 和 FFO）在含有 Ag(Ⅰ)、Cu(Ⅱ)、Pb(Ⅱ)、Zn(Ⅱ)、Ni(Ⅱ)、Sr(Ⅱ) 和 Cd(Ⅱ) 共存的多金属离子混合溶液中对各个金属离子的吸附性能。该竞争性实验中 FFO@Sil@Chi 和 FFO@Chi 表现出对 Ag(Ⅰ) 优异的选择性吸附性能，选择性吸附容量在 pH 6.0 时分别达到 85.86mg/g 和 86.14mg/g。FFO@Sil@Chi 和 FFO@Chi 吸附 Ag(Ⅰ) 的选择性系数 S_{Ag} 值在 1.0～6.0 的 pH 范围内均在 60%～70%，说明溶液的 pH 值对 S_{Ag} 几乎没有影响。然而，吸附剂 FFO@Sil 和 FFO 对溶液中的金属几乎都没有吸附容量，这是由于它们表面缺乏有效的官能团，无法获取溶液中的污染物。另一方面，酸处理表明 FFO@Chi 在 pH1.0 时的 Fe 浸出浓度达到 5.23mg/L，而 FFO@Sil@Chi 几乎没有铁浸出，表明二氧化硅壳保护层可以提高吸附剂的耐酸性。所以选定吸附剂 FFO@Sil@Chi 和 FFO@Sil 用于研究其对银离子单金属体系中 Ag(Ⅰ) 的吸附性能。

③ 在银离子的单金属污染体系中研究了在不同的实验条件下 FFO@Sil@Chi 和 FFO@Sil 对 Ag(Ⅰ) 的吸附效果。pH 值影响的实验结果表明 Ag(Ⅰ) 在 FFO@Sil 和 FFO@Sil@Chi 上的吸附具有 pH 响应性，FFO@Sil@Chi 对 Ag(Ⅰ) 的吸附容量随着 pH 值的增加而增加并在 pH 6.0 的时候达到最大值 88.00mg/g，远远大于吸附剂 FFO@Sil 的吸附量。Langmuir 吸附等温模型可以更好地描述 FFO@Sil@Chi 对 Ag(Ⅰ) 的吸附过程，最大吸附容量在 25℃、35℃ 和 45℃ 分别达到 114.93mg/g、

116.28mg/g 和 126.58mg/g，远远高于几乎没有吸附容量的吸附剂 FFO@Sil。

吸附热力学的研究表明 FFO@Sil@Chi 对 Ag(Ⅰ) 的吸附是一个自发、吸热和有序的过程。此外，吸附动力学实验表明 FFO@Sil@Chi 对 Ag(Ⅰ) 的吸附可以在 200min 内达到初步的平衡，PSO 为最佳适配的动力学模型，说明该吸附过程受化学吸附过程控制。在 5 个吸附-解吸循环后，FFO@Sil@Chi 对 Ag(Ⅰ) 的吸附容量依旧可以达到 67.72mg/g，说明该吸附剂具备再生性能，可以作为一种高效、快速的分离吸附剂，用于 Ag(Ⅰ) 的去除和富集。为了进一步探究吸附机理，对吸附 Ag(Ⅰ) 前后的吸附剂进行了一系列的表征测试，分析结果表明 FFO@Sil@Chi 对银离子的高效去除主要是通过其表面的—OH 和—NH_2 官能团与 Ag(Ⅰ) 形成了共价金属络合物。

第3章 磷酸化改性磁性壳聚糖的制备及其水处理效能研究

3.1 概述

在第2章中，制备的磁性壳聚糖材料通过其表面的羟基和氨基官能团捕获了溶液中的Ag(Ⅰ)，并实现了对多金属离子混合废水中贵金属Ag(Ⅰ)的选择性吸附。然而该废水中共存的铅离子［Pb(Ⅱ)］作为一种原子量最大的非放射性金属元素是最常见的对环境危害较大的重金属之一。即使在非常低的浓度下，Pb(Ⅱ)也会对生物体造成严重的健康危害，例如肾脏损伤、行为障碍等，世界卫生组织（WHO）将其列为强污染物。但是铅离子广泛应用于军事、原子能技术、化工等领域，也是一种重要的可再生回收利用的有色金属原料。因此，通过调控磁性壳聚糖材料表面的活性官能团实现对废水中Pb(Ⅱ)的选择性分离回收也具有重要的现实意义。

众所周知，Pb-P复合物的形成是一种稳定的去除水中Pb(Ⅱ)的方法。磷酸盐基团具有路易斯碱性性质，被认为是一类重要的螯合基团，对Pb(Ⅱ)具有优异的螯合性能。因此，许多磷酸化材料被应用于去除Pb(Ⅱ)，如磷酸化纤维素微球吸附剂、磷酸盐修饰的有序介孔碳和磷酸盐修饰的面包酵母等。为提高磁性壳聚糖吸附剂对Pb(Ⅱ)的吸附性能，可以通过磷酸化改性将丰富的磷酸基引入到磁性壳聚糖的表面为吸附剂提供更多的活性位点，从而为Pb(Ⅱ)的分离提供潜在的解决方案。H_3PO_4作为一种常见的无机酸，具有成本低、环境友好等优点，可作为磁性壳聚糖的磷酸基来源，改善铅离子与吸附剂的配位作用。

本章的研究中以*N*,*N*-二甲基甲酰胺（DMF）溶剂作为反应试剂，利用H_3PO_4/尿素反应路线成功制备了磷酸化改性的磁性壳聚糖吸附剂（Fe_3O_4@SiO_2@CS-P和Fe_3O_4@CS-P）。将吸附剂应用于多金属离子混合溶液中Pb(Ⅱ)的选择性吸附研究，通过选择性系数和分配系数的计算考察了在多金属离子体系中Fe_3O_4@SiO_2@CS-P

和 Fe_3O_4@CS-P 对 Pb(Ⅱ) 的选择性吸附能力。在 Pb(Ⅱ) 的单金属体系中，研究了吸附剂在不同的实验条件下对 Pb(Ⅱ) 的吸附性能，并对吸附剂的再生循环性能进行了评价。通过 XPS 和 FTIR 的表征分析了磷酸化磁性壳聚糖吸附剂去除溶液中 Pb(Ⅱ) 的主要机理。这为开发一系列新型、耐酸、可重复使用和快速分离的新型磁性材料用于高效选择性地从水溶液中捕获 Pb(Ⅱ) 提供了广阔的前景。

3.2 实验内容与方法

3.2.1 主要试剂与仪器

3.2.1.1 主要试剂

磷酸（H_3PO_4，分析纯）、*N*,*N*-二甲基甲酰胺（C_3H_7NO，分析纯）、硝酸银（$AgNO_3$，分析纯）、硝酸铅 [$Pb(NO_3)_2$，分析纯]、硝酸钴（六水）[$Co(NO_3)_2 \cdot 6H_2O$，分析纯]、硝酸锌（六水）[$Zn(NO_3)_2 \cdot 6H_2O$，分析纯]、硝酸锶 [$Sr(NO_3)_2$，分析纯]、硝酸镍（六水）[$Ni(NO_3)_2 \cdot 6H_2O$，分析纯]、硝酸镉（四水）[$Cd(NO_3)_2 \cdot 4H_2O$，分析纯]、硫脲（CH_4N_2S，分析纯）、硝酸（HNO_3，分析纯）、氢氧化钠（NaOH，分析纯）、无水乙醇（C_2H_6O，分析纯）、四氧化三铁（Fe_3O_4，50nm）、壳聚糖（脱乙酰度 95%）、正硅酸乙酯（$C_8H_{20}O_4Si$，分析纯）、氨水 [NH_3(aq)，10%]、环己烷（C_6H_{12}，分析纯）、司盘 80（Span-80，分析纯）、戊二醛（$C_5H_8O_2$，分析纯）、多元素混合标准溶液（100μg/mL，包含 Ag、Cd、Co、Cr、Cu、Ga、In、K、Li、Mg、Na、Ni、Pb、Se、Sr、Zn、Fe 等）。

3.2.1.2 主要仪器

SPECTRO GENESIS 型电感耦合等离子体原子发射光谱仪（ICP-OES）、Nicolet iS50 型傅里叶变换红外光谱仪（FTIR）、SU8010 型场发射扫描电镜（SEM）、DMAX/2C 型 X 射线衍射仪（XRD）、ESCALAB250Xi 型射线光电子能谱仪（XPS）、Quadrasorb 2MP 型比表面积和孔径分析仪、STA449F3 型热重分析仪（TGA）、PPMS DynaCool 9 型振动磁强计（VSM）、DHG-9140A 型电热恒温鼓风干燥箱、RW20 数显型 IKA 悬臂搅拌器、FA2004 型舜宇恒平仪器、PHS-3C 型 pH 计、B15-1 型恒温磁力搅拌器、KQ-500VDE 型双频数控超声波清洗器、SHA-C 型水浴振荡器。

3.2.2 磷酸化改性磁性壳聚糖吸附剂的制备

采用 2.2.2 相同的方法制备了 Fe_3O_4@SiO_2、Fe_3O_4@CS（FC）和 Fe_3O_4@SiO_2@CS（FSC），采用 H_3PO_4/尿素反应路线在以 DMF 溶剂作为反应试剂的条件下对吸附剂 Fe_3O_4@CS 和 Fe_3O_4@SiO_2@CS 的表面进行了磷酸化改性，得到了 Fe_3O_4@CS-P（FC-P）和 Fe_3O_4@SiO_2@CS-P（FSC-P）两种磷酸化改性磁性吸附剂，以期实现对水溶液中 Pb(Ⅱ) 的捕获。其中 FSC-P 的主要的合成路线见图 3-1 所示。

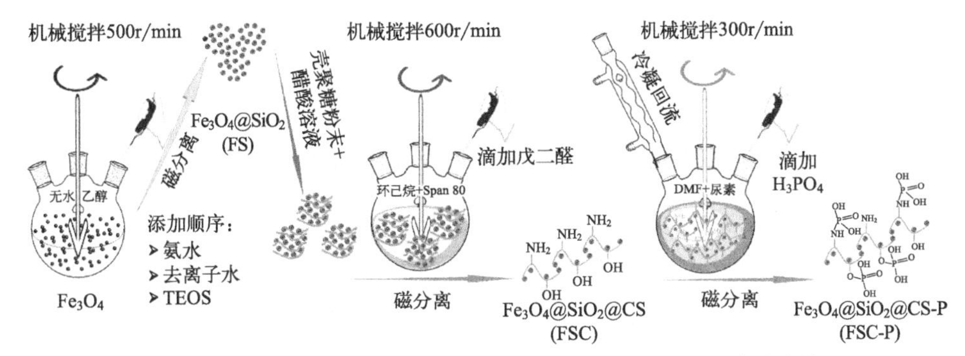

图 3-1 磷酸化改性壳聚糖包覆磁性二氧化硅纳米粒子的合成路线

3.2.2.1 Fe_3O_4@SiO_2 的制备

对磁核进行二氧化硅惰性涂层包覆的具体合成步骤与 2.2.2.1 中描述的方法一致。

3.2.2.2 磁性壳聚糖纳米颗粒的制备

FSC 磁性纳米颗粒通过反相乳液交联反应合成。具体合成过程如下。首先采用机械搅拌将含有 80mL 2%（质量分数）的乙酸溶液和 1.60g 壳聚糖粉末的混合物搅拌至均一溶液。然后，将 1.60g 的 FS 微粒加入混合物中，并在室温（25℃）下搅拌 6h。同时，在配备机械搅拌器的三颈烧瓶中混合 200mL 环己烷和 1.3mL 的 Span-80，搅拌约 1h 至混合物呈黏稠状后，在 600r/min 的条件下将所得磁性壳聚糖悬浮液逐滴加入烧瓶中，搅拌混合 3h。随后，采用水浴锅加热到 50℃后，在搅拌的状态下，滴加 1mL 的戊二醛溶液（质量分数 50%）到三颈烧瓶的混合液中，反应 60min。最后，反应结束后将得到的固体磁性壳聚糖复合微粒用乙醇和蒸馏水反复洗涤数次，真空冷冻干燥至恒重，记为 Fe_3O_4@SiO_2@CS（FSC），备用。为了比较，还在上述相同条件下制备了没有二氧化硅包覆的磁性吸附剂 Fe_3O_4@CS（FC）。

3.2.2.3 磷酸化改性磁性壳聚糖吸附剂的制备

磷酸化改性吸附剂（Fe_3O_4@SiO_2@CS-P，FSC-P）具体的合成步骤为：称取 0.8g 的 FSC 和 8.0g 的尿素加入盛有 100mL 二甲基甲酰胺（DMF）溶液的 250mL 三颈烧瓶中。然后将上述烧瓶置于油浴锅中，在 100℃下搅拌 1h 后滴加 2.0mL 85.0% 的 H_3PO_4 溶液，搅拌均匀后升温至 135℃，加热回流 6h，使反应顺利进行。结束反应后，将三颈烧瓶中的黑色固体产物倒入烧杯中自然冷却至室温，再将所得物质分别用去离子水和乙醇洗涤 3 次，最后用蒸馏水洗涤至中性，干燥（50℃）至恒重，备用。另一种磁核未覆盖二氧化硅的磷酸化改性磁性吸附剂（Fe_3O_4@CS-P，FC-P）也在上述相同的实验条件下制备。

3.2.3 磷酸化改性磁性壳聚糖吸附剂的表征

采用 SEM、FTIR、XPS、XRD、比表面积和孔径分析、TGA 以及 VSM 方法对制备磷酸化改性磁性壳聚糖吸附剂过程中的壳聚糖粉末、Fe_3O_4、Fe_3O_4@SiO_2、FC、FSC、FC-P 和 FSC-P 样品进行表征测试以研究各种材料的物理化学性质。各种表征方法使用的仪器及其各项参数与 2.2.3 中描述的一致。

3.2.4 磷酸化改性磁性壳聚糖吸附铅离子的实验内容

3.2.4.1 竞争吸附实验

吸附剂对 Pb(Ⅱ) 的选择性吸附实验在含有其他竞争金属离子［Zn(Ⅱ)、Cu(Ⅱ)、Ag(Ⅰ)、Sr(Ⅱ)、Cd(Ⅱ) 和 Ni(Ⅱ)］的多金属离子共存混合溶液中进行。配置 pH 值分别为 1.0、2.0、3.0、4.0、5.0 和 6.0 且各金属离子的浓度为 100mg/L 的多金属离子混合溶液，用以研究不同 pH 值对吸附剂吸附各个金属离子吸附性能的影响。实验过程为：将 20mg 吸附剂和 20mL 所需 pH 值的多金属离子混合溶液放入 50mL 具塞锥形瓶中，在 25℃ 150r/min 的恒温水浴振荡器中，反应 8h。吸附完成后，对吸附剂进行磁分离，用 ICP-OES 测量溶液中各金属离子的浓度。所有实验进行 3 次，取平均值作为最终结果，计算标准差作为实验中结果的误差。

本章中的磁性吸附剂对各金属离子的吸附容量通过式(2-1) 计算，对铅离子的选择性吸附性能采用选择性系数进行定量分析，其计算采用式(2-2) 计算。

吸附剂对金属离子的分配系数（K_d，L/g）通过式(3-1) 计算：

$$K_d=\frac{(C_0-C_e)V_L}{mC_e} \tag{3-1}$$

式中 m——磁性吸附剂的重量，g；

V_L——溶液的体积，L；

C_0——金属离子的初始浓度的质量浓度，mg/L；

C_e——吸附达到平衡时金属离子的质量浓度，mg/L。

3.2.4.2 铅离子单金属体系吸附实验

在不同 pH（1.0、2.0、3.0、4.0、5.0 和 6.0）、不同铅初始浓度（50～400mg/L）、不同温度（25℃、35℃和 45℃）和不同吸附时间（0～480min）下研究了所制备的吸附剂 FSC-P、FC-P、FSC 和 FC 对 Pb(Ⅱ) 的吸附性能。实验将 20mg 制备好的吸附剂和 20mL（控制吸附剂浓度为 1g/L）各 pH 值下的 Pb(Ⅱ) 溶液加入 50mL 具塞锥形瓶中，在 150r/min 的恒温水浴振荡器中反应至吸附达到平衡。通过磁分离从水溶液中分离负载金属吸附剂和溶液（固液分离），并通过 ICP-OES 分析计算吸附前后溶液中 Pb(Ⅱ) 的浓度。所有实验均平行做三组，然后取其平均值作为最终的实验结果，计算标准差作为实验中结果的误差，吸附容量通过式(2-1) 计算。

3.2.4.3 吸附剂的再生实验

在 25℃下，将 20mg 磷酸化改性的磁性吸附剂（FSC-P）加入 20mL pH 值为 6.0

的初始浓度为 100mg/L 的铅离子溶液中，快速振荡 8h。磁分离回收铅离子负载的 FSC-P，然后加入 20mL 的解吸剂（1.0mmol/L EDTA 溶液），继续振荡 8h 使其解吸完全，以期实现吸附剂的再生。用超纯水将再生后的吸附剂洗涤至中性，用于下一次的吸附实验。在相同的实验条件下吸附-脱附循环重复 5 次，考察吸附剂 FSC-P 的循环再生效果。

3.3 结果与讨论

3.3.1 表征结果分析

3.3.1.1 SEM 和 EDS 分析

从图 3-2 中可以看出通过反相乳液法所制备得到的磁性吸附剂 FC，呈现不规则的形状，由许多团簇组成，FSC 微球表面与 FC 相似，看起来很粗糙。然而，通过磷酸化反应制备得到的两种磷酸化改性吸附剂 FC-P 和 FSC-P，表面相对来说光滑，其中 FSC-P 的表面有很多褶皱。

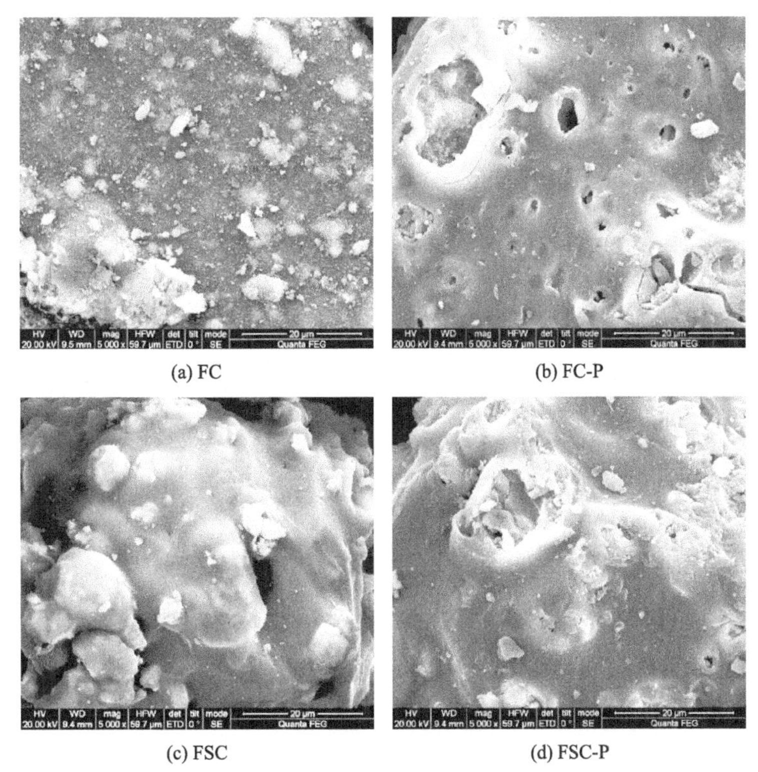

(a) FC　(b) FC-P　(c) FSC　(d) FSC-P

图 3-2　FC、FC-P、FSC 和 FSC-P 的 SEM 图像

此外，对各个吸附剂的表面元素进行了测定，如图 3-3 所示。

根据各个材料的 EDS 光谱分析结果可以看出 FSC 和 FSC-P 上出现 Si 的信号，表明二氧化硅惰性涂层成功地包覆在 Fe_3O_4 颗粒表面。还可以发现，P 元素分布在吸附剂 FC-P 和 FSC-P 上，表明表面壳聚糖磷酸化改性成功。

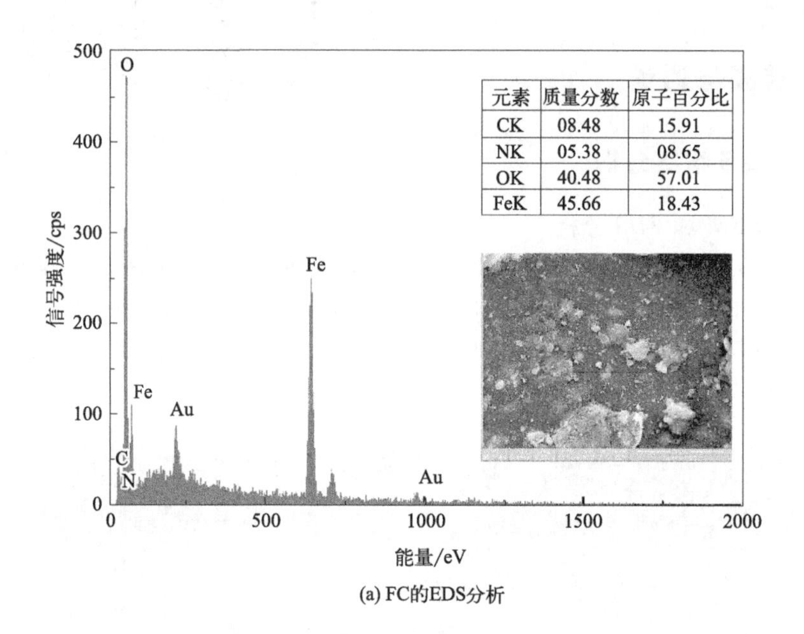

(a) FC的EDS分析

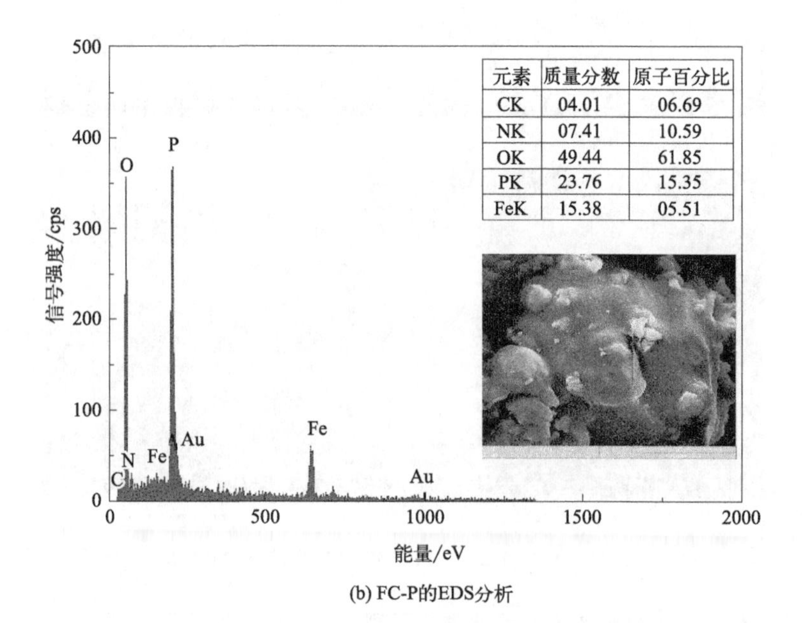

(b) FC-P的EDS分析

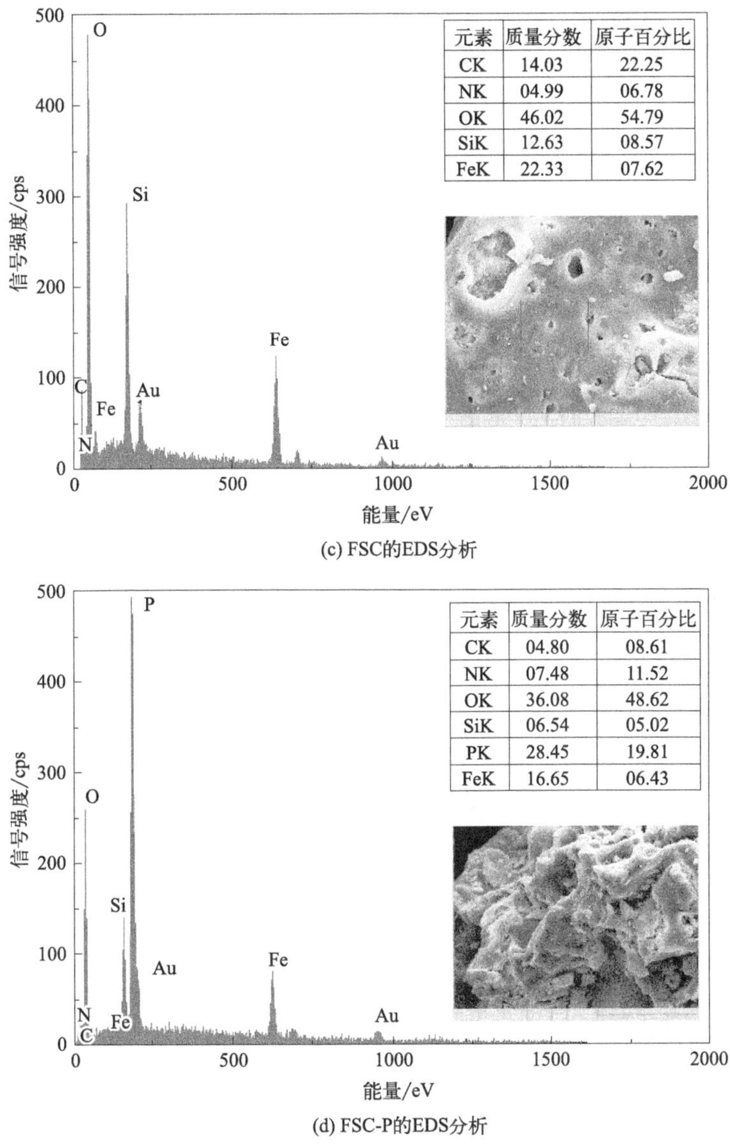

(c) FSC的EDS分析

(d) FSC-P的EDS分析

图 3-3　FC、FC-P、FSC 和 FSC-P 的 EDS 分析

3.3.1.2　FTIR 分析

为了阐明磁性壳聚糖纳米粒子复合材料中的壳聚糖、磷酸在 DMF 作为溶剂的情况下与壳聚糖之间的相互作用，对 CS、FS、FC、FSC、FC-P 和 FSC-P 进行了 FTIR 图谱表征的分析，其结果如图 3-4 所示。

在壳聚糖的 FTIR 中，—OH 基团的特征峰位于 3200～3400cm^{-1} 处；1641cm^{-1} 和 1589cm^{-1} 处的振动拉伸峰是壳聚糖分子的氨基官能团。在 FS、FC、FSC、FC-P 和 FSC-P 的谱图中，Fe—O 键的拉伸振动特征吸收峰在 544cm^{-1} 左右，说明了磁核

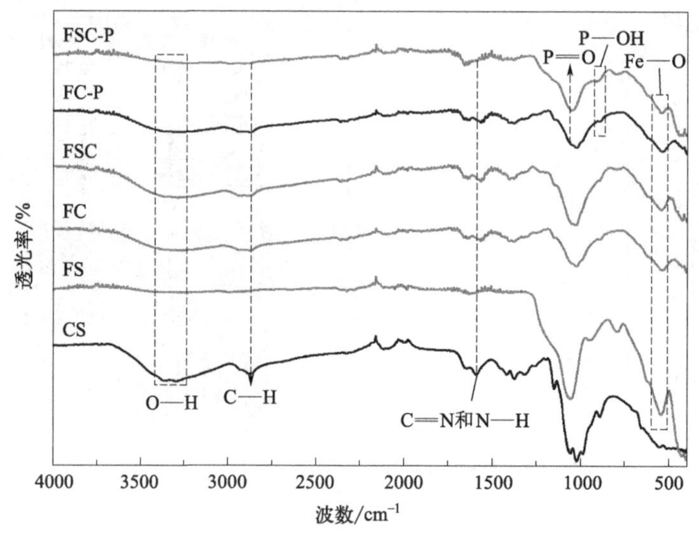

图 3-4 壳聚糖、FS、FC、FSC、FC-P 和 FSC-P 的 FTIR 表征分析

成功嵌入。出现在 FS、FSC 和 FSC-P 光谱中 $1058cm^{-1}$ 处的强吸收峰是 Si—O—Si 振动峰，这证明了二氧化硅层成功覆盖在磁核 Fe_3O_4 上。对于 FC、FSC、FC-P 和 FSC-P 而言，其特征峰与壳聚糖的特征峰非常相似，但有一些峰（例如酰胺带Ⅰ和Ⅱ）被减弱了。在磷酸化改性后的吸附剂 FC-P 和 FSC-P 上 $1713cm^{-1}$ 处的新峰对应于 C═O 拉伸振动，$918cm^{-1}$ 和 $1053cm^{-1}$ 处的特征峰分别对应于 P—OH 和 P═O 的拉伸振动峰，这些结果表明对吸附剂表面壳聚糖的磷酸化改性成功，制备了磷酸化吸附剂。

通过单独对比 FSC 和 FSC-P 的 FTIR 光谱可以更详细地揭示关于磁性吸附剂表面的壳聚糖骨架上氨基和羟基官能团与 H_3PO_4 的官能团之间反应的机制。在图 3-5 中，

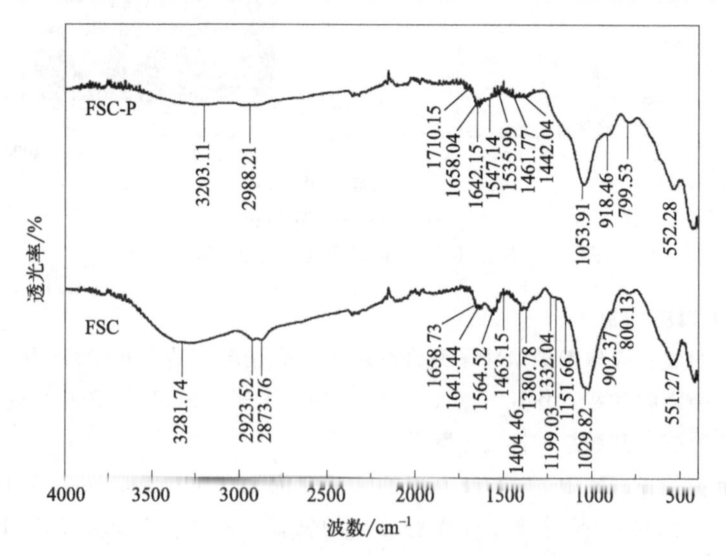

图 3-5 FSC 和 FSC-P 的 FTIR 表征对比分析结果

FSC 的光谱在 1641.4cm^{-1} 处显示了酰胺Ⅰ的特征峰，在 1564.5cm^{-1} 处的强峰是氨基中的 N—H 伸缩振动峰，其与酰胺Ⅱ在 1589.3cm^{-1}（酰胺基团中的 N—H 变形）重合。

在 1380.8cm^{-1} 和 1332.0cm^{-1} 处的峰可能分别属于—CH_2—OH 和—CH—OH 中的 O—H 变形。对于 FSC-P，磷酸化作用导致在 1053.1cm^{-1} 和 918.0cm^{-1} 处出现肩峰，这可能分别来自于 H_3PO_4 的 P═O 拉伸和 P—OH 基团。此外，FSC 在 1564.5cm^{-1}（氨基的 N—H 变形）处的峰强度急剧下降，在 1463.2cm^{-1} 处的 C—N 拉伸红移至 1442.0cm^{-1}。FSC-P 光谱中 1547.5cm^{-1} 处新出现的峰可能源于氨基在 1564.5cm^{-1} 处发生 N—H 变形的红移。这些结论表明氨基与磷酸基团之间形成的是化学键而不是离子键，即氨基的一个氢原子被磷酸基团取代，新形成了 N—P 键。同时，羟基在 1380.8cm^{-1} 和 1332.0cm^{-1} 处的特征峰减弱，但是这不能确定壳聚糖骨架上的羟基是否与磷酸基团发生了反应。因此，还应采用其他的表征方法来进一步确定吸附剂的合成机理。

3.3.1.3 XPS 分析

通过 XPS 分析可以进一步确定所获得的吸附剂的元素组成，结果如图 3-6 所示。与 FC 的 XPS 全谱相比，FSC 和 FSC-P 上出现明显的 Si 2p 峰表明在磁芯的表面上成功形成了二氧化硅惰性保护层。另外，FC-P 和 FSC-P 的 P 2p 峰表明已在 FC 和 FSC 表面成功接枝了活性磷酸基团，这与 EDS 分析的结果一致。

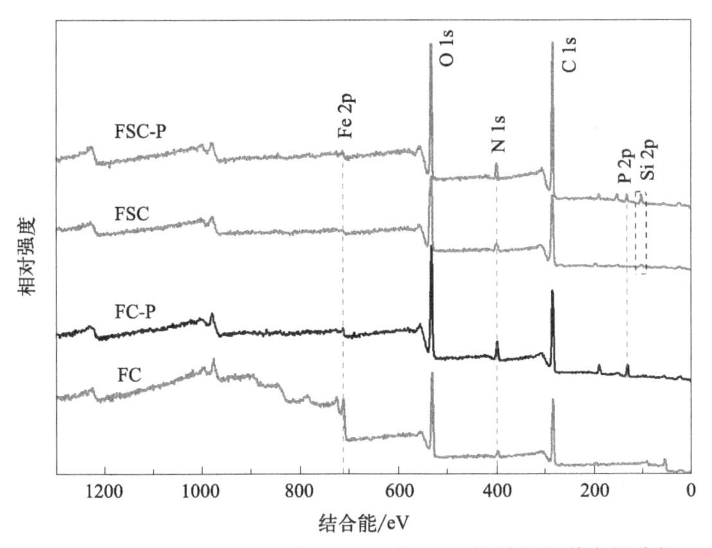

图 3-6 FC、FC-P、FSC 和 FSC-P 的 XPS 能谱的全谱表征分析

FSC 和 FSC-P 的 N 1s 和 O 1s 高分辨 XPS 对比分析可以更详细地揭示关于磁性吸附剂表面的壳聚糖骨架上氨基/羟基和磷酸官能团之间相互作用的机制。在图 3-7(a) FSC 的 N 1s 光谱中可以看出，403.8eV、400.9eV 和 398.0eV 的峰分别分配给—NH_3^+、N—C 和—NH/—NH_2。

在磷酸化改性之后，FSC-P 中—NH_3^+、N—C 和—NH/—NH_2 都略微移至较低

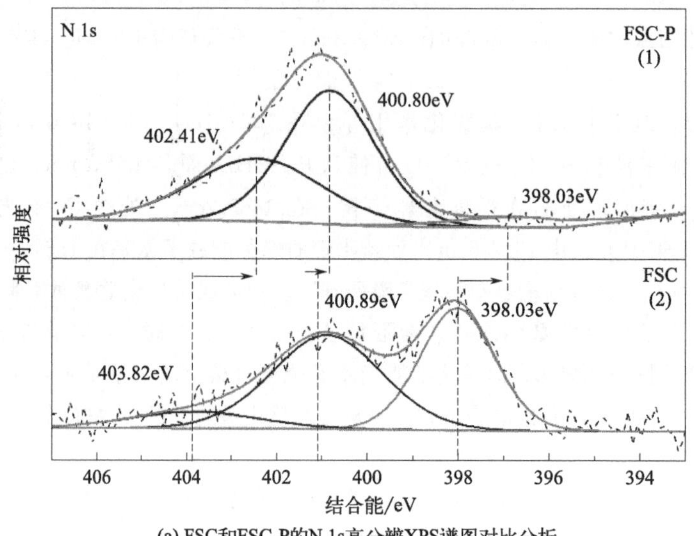

(a) FSC和FSC-P的N 1s高分辨XPS谱图对比分析

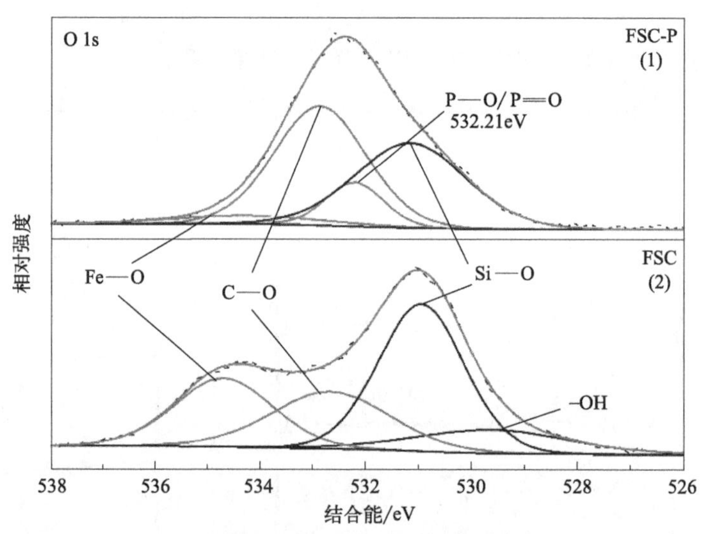

(b) FSC和FSC-P的O 1s高分辨XPS谱图对比分析

图 3-7 FSC 和 FSC-P 的 N 1s 和 O 1s 的高分辨率 XPS 光谱对比分析

的结合能处。这些结果表明，在磷酸化过程中，添加的 H_3PO_4 与壳聚糖表面上的氨基中的N原子发生了反应。磷酸化后FSC-P的O 1s光谱［图 3-7(b)］在 532.2eV 中显示出归因于 P═O/P—O 基团的强峰，这表明磷酸成功接枝到 FSC 的表面。上述结果表明，主要是磁性吸附剂表面壳聚糖骨架上的氨基官能团参与了磷酸化改性的过程。

3.3.1.4 XRD 分析

为了研究合成材料的晶体结构，分析测定了 Fe_3O_4、FS、FSC、FS-P 和 FSC-P 的 XRD图谱，测试结果如图 3-8 所示。

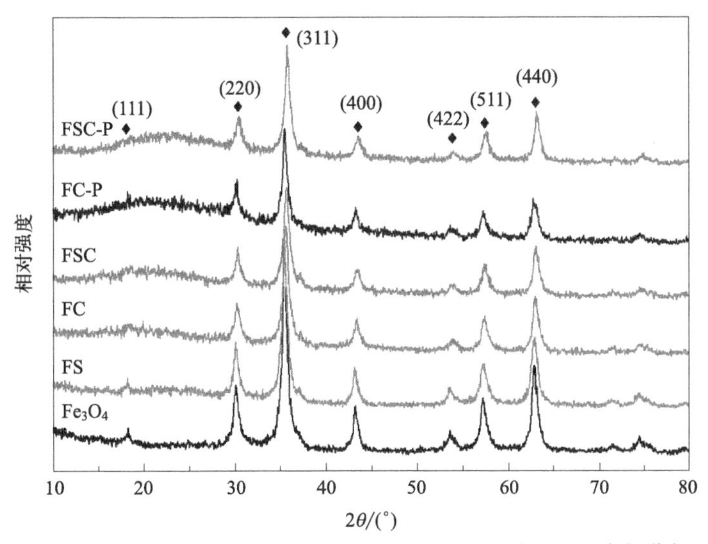

图 3-8　Fe_3O_4、FS、FC、FSC、FC-P 和 FSC-P 的 XRD 表征分析

对于 Fe_3O_4，位于 18.5°、30.3°、35.7°、43.3°、53.7°、57.4°和 62.8°处的尖锐衍射峰，分别与立方氧化铁的 (111)、(220)、(311)、(400)、(422)、(511) 和 (440) 的晶面衍射峰相对应。对于磁性吸附剂 FS、FSC、FS-P 和 FSC-P，其特征峰与 Fe_3O_4 磁性纳米粒子保持高度一致，说明加入 SiO_2 和其他涂层对纳米颗粒的晶体结构几乎没有影响。此外，在 FSC 和 FSC-P 的 XRD 图谱中没有观察到与 SiO_2 和有机物涂层相关的衍射峰，说明它们的结构是无定形的。

3.3.1.5　比表面积和孔径分析

N_2 吸附-解吸等温线和相应的 Bareett-Joyner-Halenda 孔径分布曲线如图 3-9 所示。

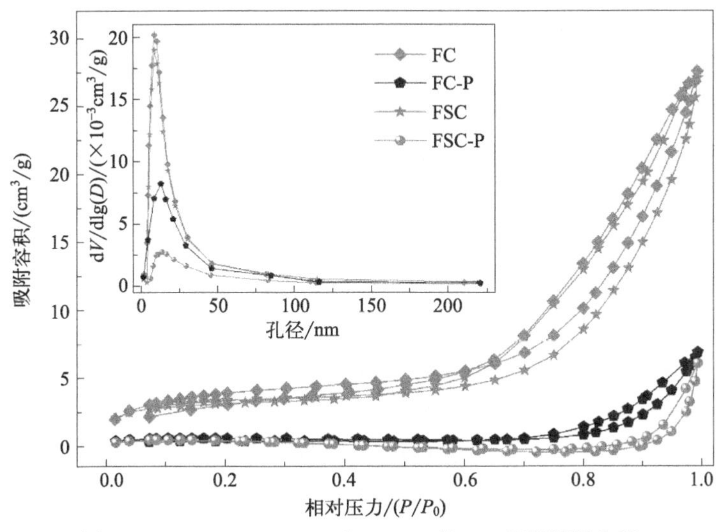

图 3-9　FC、FC-P、FSC 和 FSC-P 的 N_2 吸附脱附分析

FC、FC-P、FSC 和 FSC-P 的 Brunauer-Emmett-extrer 表面积分别为 $13.4m^2/g$、$1.7m^2/g$、$11.0m^2/g$ 和 $1.3m^2/g$，孔径分布分别为 9.3nm、13.5nm、9.3nm 和 13.7nm。

3.3.1.6 热重分析

如图 3-10 所示，对 FC、FC-P、FSC 和 FSC-P 进行了热重曲线（TGA）的分析。

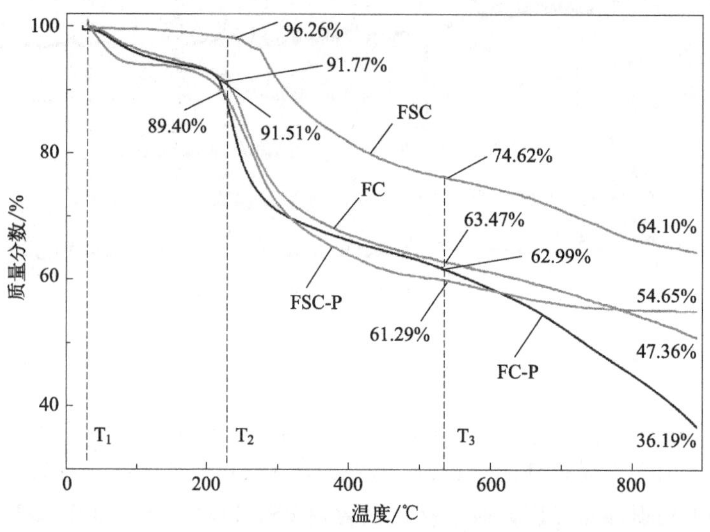

图 3-10 FC、FC-P、FSC 和 FSC-P 的 TGA 分析

在室温到 230℃的第一温度阶段，四种材料的质量损失范围在 3.7%～10.6%，这是由于吸附剂表面物理吸附的水或/和表面上的结构水损失。230～530℃温度范围内是吸附材料损失的第二阶段，在这个阶段材料的质量损失达到 21.6%～28.5%，这主要是由于吸附剂表面的有机物分子的分解。在接下来的第三阶段，由于二氧化硅涂层的保护，FSC 和 FSC-P 的质量损失非常小，分别为 10.5%和 6.6%，而 FC 和 FC-P 分别达到 16.1%和 26.8%。这些结果表明磷酸基团成功接枝到磁核的表面上并且吸附剂在实验温度下具有良好的热稳定性。

3.3.1.7 磁性能分析

由振动样品磁强计在－20000～20000 Oe 的磁场中对 Fe_3O_4、FS、FC、FSC、FC-P 和 FSC-P 的磁性性能进行分析，结果如图 3-11 所示。

从图中可以看到所有的曲线都是对称分布的，没有明显的磁滞现象，说明所有样品都具有超顺磁性。Fe_3O_4 具有优异的磁性，其饱和磁化值为 84.7emu/g。当经过二氧化硅的包裹并通过壳聚糖交联以及磷酸化改性后，FS、FC、FSC、FC-P 和 FSC-P 的饱和磁化分别降低至 41.4emu/g、20.0emu/g、19.2emu/g、10.7emu/g 和 10.3emu/g。这是由于在磁核表面覆盖的非铁磁聚合物的含量增加，导致吸附剂磁性性能急剧下降。但是这些制备的吸附剂在外部磁场的引导下仍然可以进行良好的磁分离。

因此，当添加外部磁场时，FSC-P 可以在短时间内从水溶液中快速地分离出来

（图 3-11）。

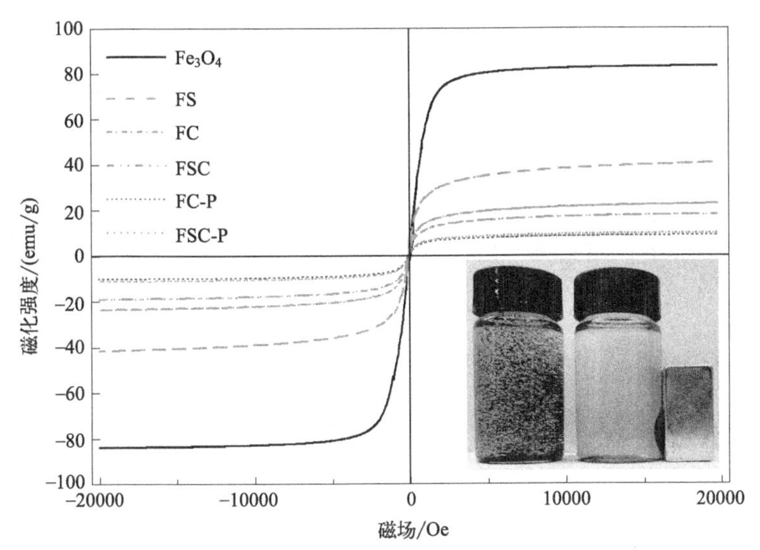

图 3-11　Fe_3O_4、FS、FC、FSC、FC-P 和 FSC-P 的 VSM 分析

3.3.2　磷酸化改性磁性壳聚糖对重金属废水处理性能研究

在工业化和现代化进程中，铅锌矿开采过程中产生的废水是铅离子排入水环境的主要来源之一。因此，迫切需要对铅尾矿废水中的铅离子进行科学分离和回收，这使得在实际废水的铅吸附过程中通常含有许多其他竞争性金属离子。因此，在含有 Pb(Ⅱ) 和其他六种共存离子 [Zn(Ⅱ)、Cu(Ⅱ)、Ag(Ⅰ)、Sr(Ⅱ)、Cd(Ⅱ) 和 Ni(Ⅱ)] 的多金属离子混合溶液中研究吸附剂 FSC-P、FC-P、FSC 和 FC 对 Pb(Ⅱ) 的选择性分离能力非常有必要。首先考察溶液的不同 pH 值对吸附效果的影响，FSC-P、FC-P、FSC 和 FC 的吸附结果见图 3-12。

从图 3-12 中可以看出四种吸附剂对多金属离子混合溶液中的 Pb(Ⅱ)、Zn(Ⅱ)、Cu(Ⅱ)、Ag(Ⅰ)、Sr(Ⅱ)、Cd(Ⅱ) 和 Ni(Ⅱ) 的吸附容量都随着 pH 值的增加而增加。这可以解释为溶液中 H^+ 的量随着 pH 值的增加而减少，从而降低了吸附剂的表面质子化程度，因此在高 pH 值下，吸附剂的吸附能力得到提高。此外，随着溶液的 pH 值从 1.0 增加到 6.0，FSC-P 对多金属离子混合溶液中的 Pb(Ⅱ) 具有高选择性亲和力，吸附容量从 1.3mg/g 不断增加到 75.4mg/g，高于 FC-P（从 1.2mg/g 增加到 69.0mg/g），远高于 FSC（从 1.5mg/g 增加到 11.2mg/g）和 FC（从 1.2mg/g 增加到 7.5mg/g）。相反，FSC 和 FC 具有显著的 Ag(Ⅰ) 去除能力，这意味着 FSC 和 FC 对模拟混合废水中 Ag(Ⅰ) 具有高选择性，在 pH 6.0 时其对 Ag(Ⅰ) 的吸附容量可以分别达到 75.1mg/g 和 66.5mg/g。这意味着吸附剂的磷酸化改性过程不仅提高了 Pb(Ⅱ) 的吸附性能，而且改变了选择性吸附的金属类型 [磷酸化之前：选择性吸附

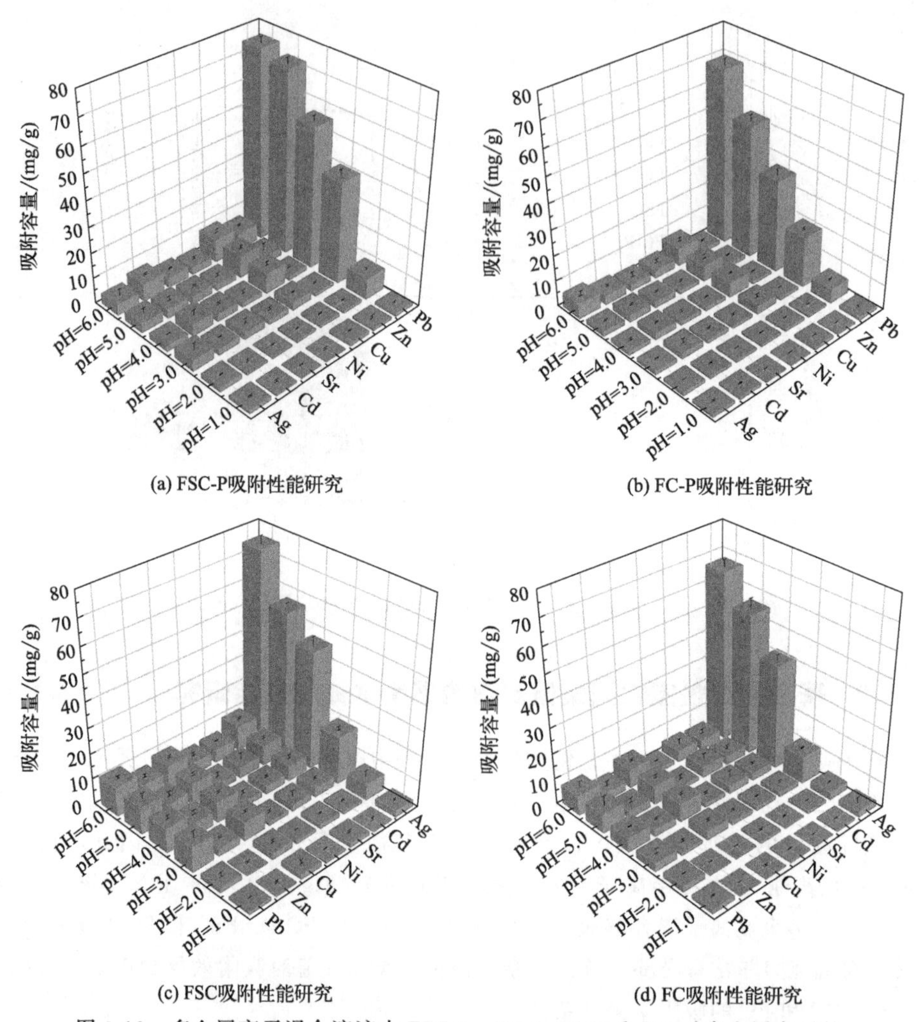

(a) FSC-P吸附性能研究

(b) FC-P吸附性能研究

(c) FSC吸附性能研究

(d) FC吸附性能研究

图 3-12 多金属离子混合溶液中 FSC-P、FC-P、FSC 和 FC 对多金属离子的吸附量和对 Pb(Ⅱ) 的选择性吸附性能

Ag(Ⅰ)；磷酸化之后：选择性吸附 Pb(Ⅱ)]。FSC-P 和 FC-P 对 Pb(Ⅱ) 的高效选择性吸附主要是由于吸附剂表面配备了活性磷酸基团。

吸附剂对多金属离子混合溶液中 Pb(Ⅱ) 的分配系数（K_d，L/g）和 Pb(Ⅱ) 的选择性（S_{Pb}）计算结果见图 3-13。

在 pH 6.0 时，吸附剂 FSC-P 在 Pb(Ⅱ)、Zn(Ⅱ)、Cu(Ⅱ)、Ag(Ⅰ)、Sr(Ⅱ)、Cd(Ⅱ) 和 Ni(Ⅱ) 混合的溶液中对 Pb(Ⅱ) 的 K_d 值（0.75L/g）和 S_{Pb} 值（77.4%）分别远高于 FSC 对 Pb(Ⅱ) 的 K_d 值（0.10L/g）和 S_{Pb} 值（9.26%）。类似地，吸附剂 FC-P 的 K_d 值和 S_{Pb} 值（分别为 0.68L/g 和 76.28%）也远高于吸附剂 FC（分别为 0.11L/g 和 8.03%）。在多金属离子混合溶液中吸附剂 FSC-P 对 Pb(Ⅱ) 的 K_d 值

分别是 Zn(Ⅱ)、Cu(Ⅱ)、Ag(Ⅰ)、Sr(Ⅱ)、Cd(Ⅱ) 和 Ni(Ⅱ) 的 11.6、10.8、18.0、19.4、11.0 和 26.7 倍。FSC-P 对 Pb(Ⅱ) 具有更好的吸附性能的一个重要原因是其表面引入了活性磷酸基团。磷酸盐基团具有路易斯碱性，被认为是一种重要的螯合基团，可以与具有路易斯酸性质的重金属阳离子相互作用。因此，磷酸化的磁性壳聚糖吸附剂表面丰富的磷酸基团的存在为络合引入了更多的活性位点，使其成为处理金属离子废水中 Pb(Ⅱ) 的高效吸附剂。

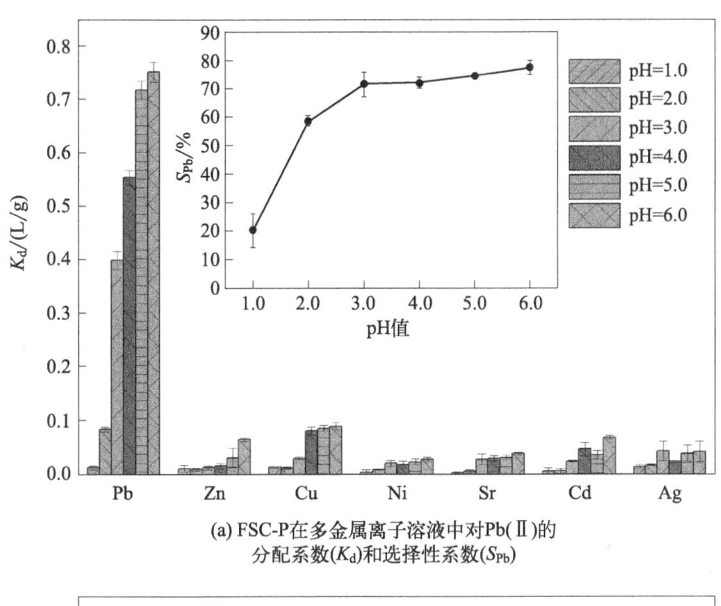

(a) FSC-P在多金属离子溶液中对Pb(Ⅱ)的分配系数(K_d)和选择性系数(S_{Pb})

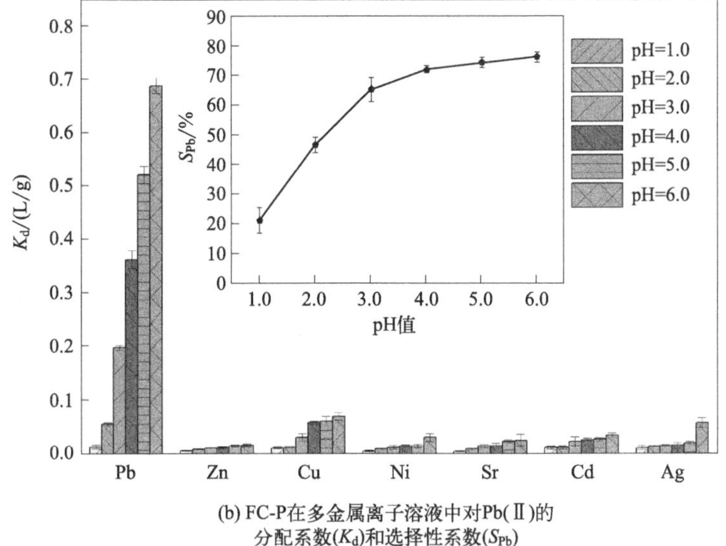

(b) FC-P在多金属离子溶液中对Pb(Ⅱ)的分配系数(K_d)和选择性系数(S_{Pb})

图 3-13

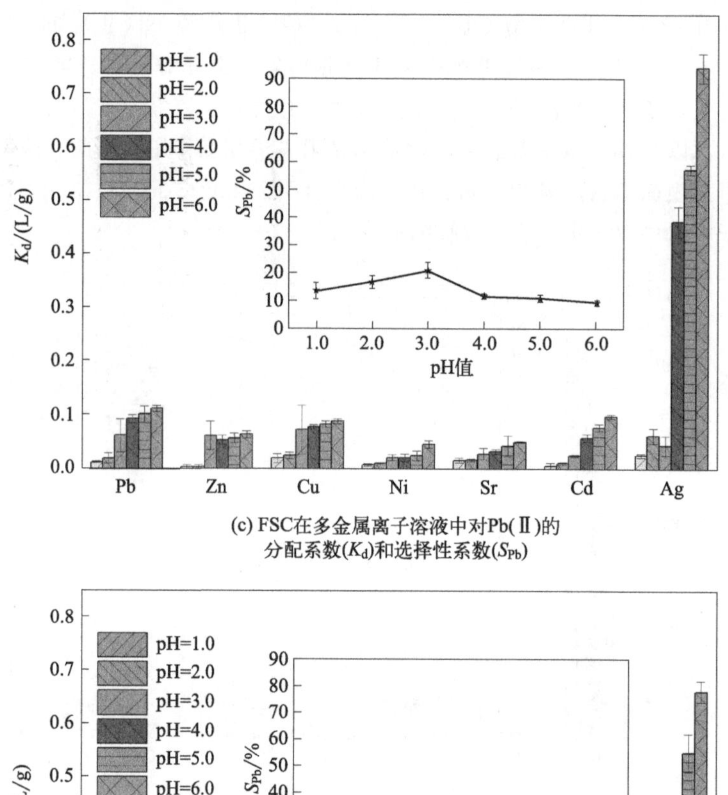

(c) FSC在多金属离子溶液中对Pb(Ⅱ)的分配系数(K_d)和选择性系数(S_{Pb})

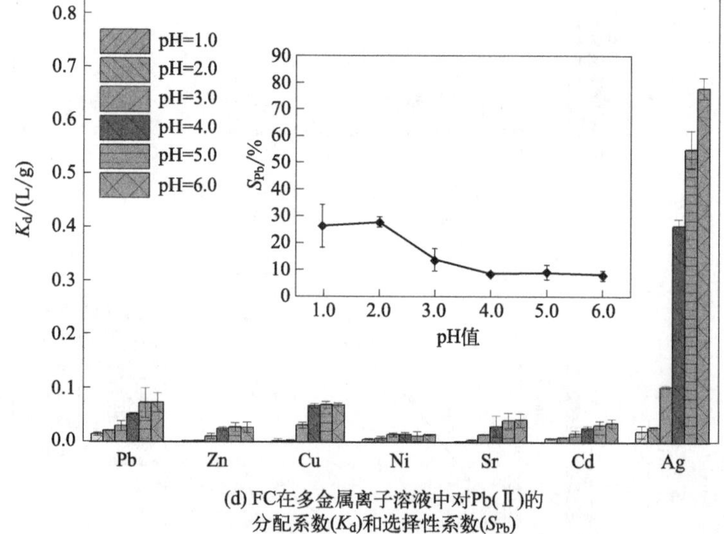

(d) FC在多金属离子溶液中对Pb(Ⅱ)的分配系数(K_d)和选择性系数(S_{Pb})

图 3-13 FSC-P、FC-P、FSC 和 FC 在多离子溶液中对 Pb(Ⅱ) 的分配系数 (K_d，L/g) 和 Pb(Ⅱ) 的选择性 (S_{Pb})

3.3.3 磷酸化改性磁性壳聚糖处理铅离子性能研究

3.3.3.1 溶液初始 pH 值的影响

首先研究了在不同初始 pH 值条件下 FC、FC-P、FSC 和 FSC-P 对 Pb(Ⅱ) 的吸附性能。考虑到吸附剂的稳定性以及高 pH 值下 Pb(Ⅱ) 会形成氢氧化物沉淀物，因此，本章中溶液的初始 pH 设定在 1.0～6.0 之间。

如图 3-14 中所示，与 FC 和 FSC 相比，吸附剂 FC-P 和 FSC-P 在 pH 1.0～6.0 的范围内都对 Pb(Ⅱ) 表现出较高的吸附容量，说明吸附剂表面的活性磷酸基团对 Pb(Ⅱ) 的去除起着重要的作用。大量磷酸基团的引入改变了吸附剂 FSC-P 和 FC-P 的表面电势，因此通过静电相互作用与带正电荷的重金属污染物具有更好的吸引力。从图 3-14 中也可以看出，随着 pH 值从 1.0 增加到 6.0，吸附剂 FSC-P、FC-P、FSC 和 FC 对 Pb(Ⅱ) 的吸附容量显著增加势态。尤其是在溶液的 pH 值从 2.0 增加到 3.0 时，吸附剂对 Pb(Ⅱ) 吸附能力显著增加。随着 pH 值的进一步增加，吸附容量逐渐增加，并在 pH6.0 时达到最大吸附容量，分别为 124.0mg/g、106.6mg/g、11.6mg/g 和 7.4mg/g。这个过程说明所制备的四种吸附剂 FSC-P、FC-P、FSC 和 FC 具有很强的 pH 响应性。这是因为吸附剂表面的磷酸基团和氨基等官能团随着 pH 值的增大去质子化作用增强，被氢离子占据的大量活性吸附位点被释放，用于吸附溶液中的 Pb(Ⅱ)。

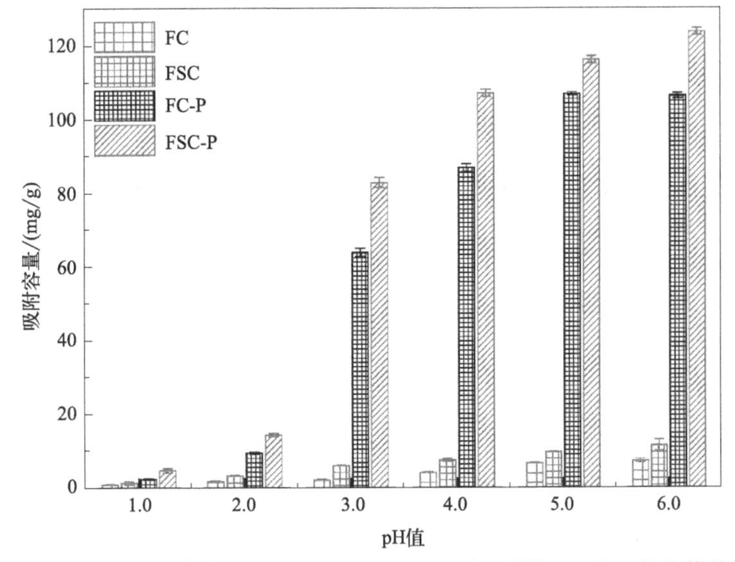

图 3-14　溶液的 pH 值对 FC、FC-P、FSC 和 FSC-P 吸附 Pb(Ⅱ) 的性能的影响

随着溶液酸度的增加，吸附剂的稳定性降低，从磁核中浸出的铁离子量增多，导致吸附剂磁分离性能降低，并为溶液中带来铁离子的二次污染。因此，可以通过测定不同 pH 溶液中铁离子的浓度来评估溶液中吸附剂的稳定性。在 pH 1.0 时，吸附剂 FC 浸出的铁离子可以达到 4.2%（质量分数，下同），与此相比 FSC 仅为 0.9%，FSC-P 也非常低仅为 0.5%。当溶液的 pH 值增加到 2.0 时，对于上述三种吸附剂，铁离子浸出浓度分别降至 1.0%，0.1%和 0.1%。这些现象反映了包覆二氧化硅保护层的磁核可以有效地减少酸溶液对吸附剂造成的破坏。

如图 3-15 所示，在整个测试的 pH 值范围内，与其他吸附剂相比，FSC-P 的铁离子浸出浓度非常小，表明 FSC-P 具有良好的稳定性。因此，为了方便地比较吸附剂的吸附能力，在后续的实验中选择了 6.0 的 pH 值作为最佳吸附 pH 值。

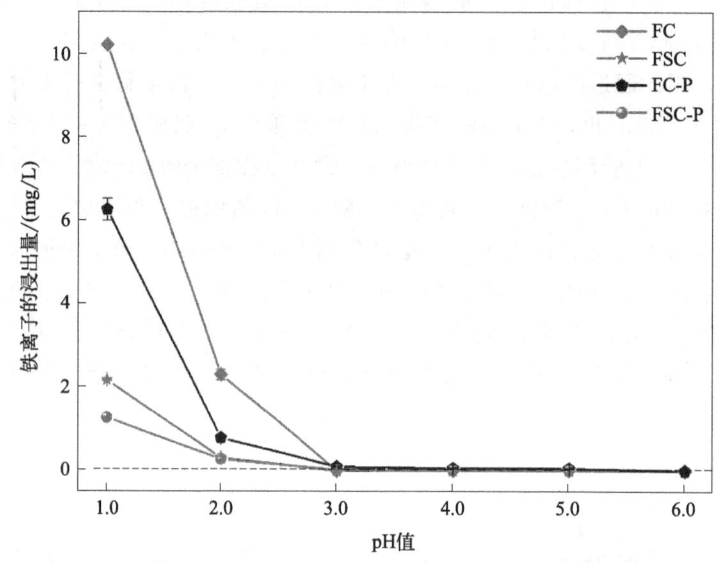

图 3-15　在不同 pH 值条件下 FC、FC-P、FSC 和 FSC-P 中铁离子的浸出量

3.3.3.2　铅离子不同初始浓度的影响及吸附等温模型的拟合

污染物初始浓度在一定程度上决定着吸附剂活性位点利用率的高低，研究初始浓度对吸附过程的影响是吸附剂投入实际使用的必要前提。因此为了研究 FSC-P、FC-P、FSC 和 FC 对 Pb(Ⅱ) 的饱和吸附容量，在 pH 6.0 时进行了不同 Pb(Ⅱ) 初始浓度对吸附结果的影响实验。

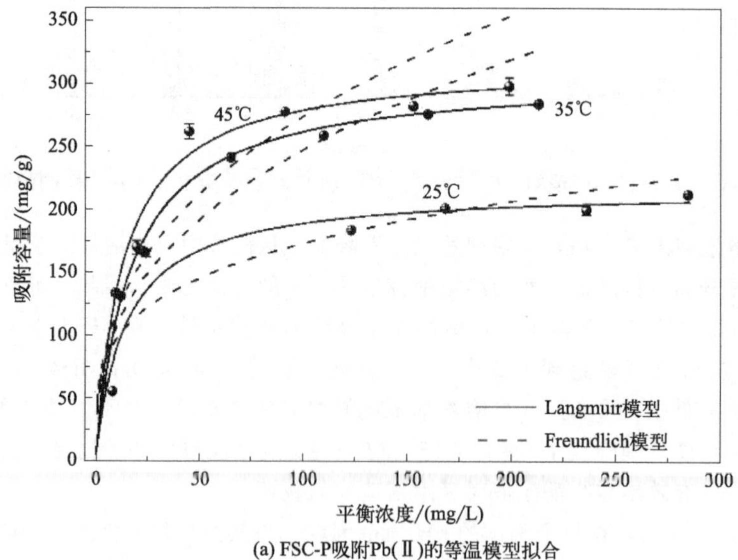

(a) FSC-P吸附Pb(Ⅱ)的等温模型拟合

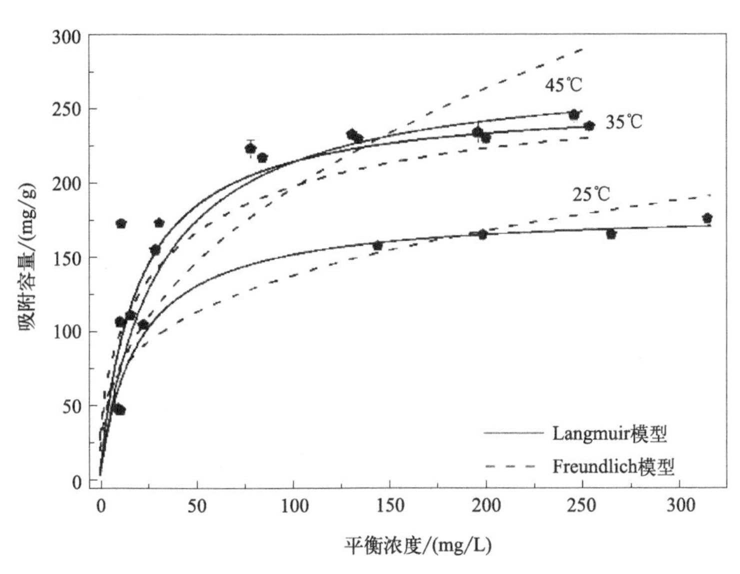

(b) FC-P吸附Pb(Ⅱ)的等温模型拟合

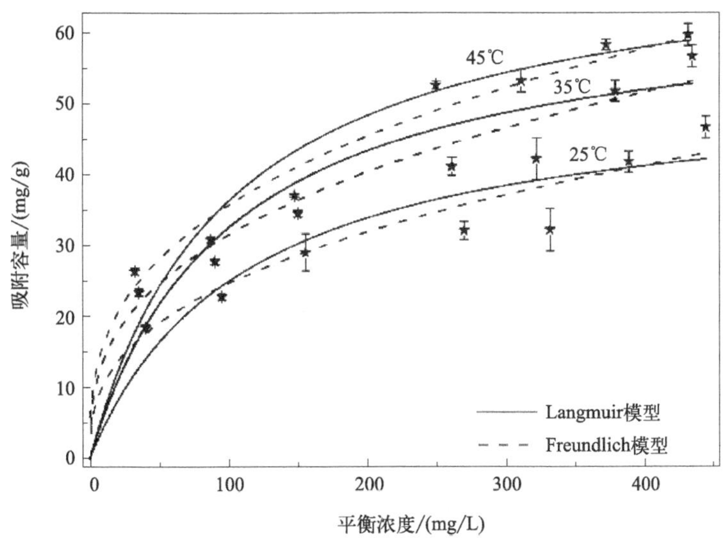

(c) FSC吸附Pb(Ⅱ)的等温模型拟合

图 3-16

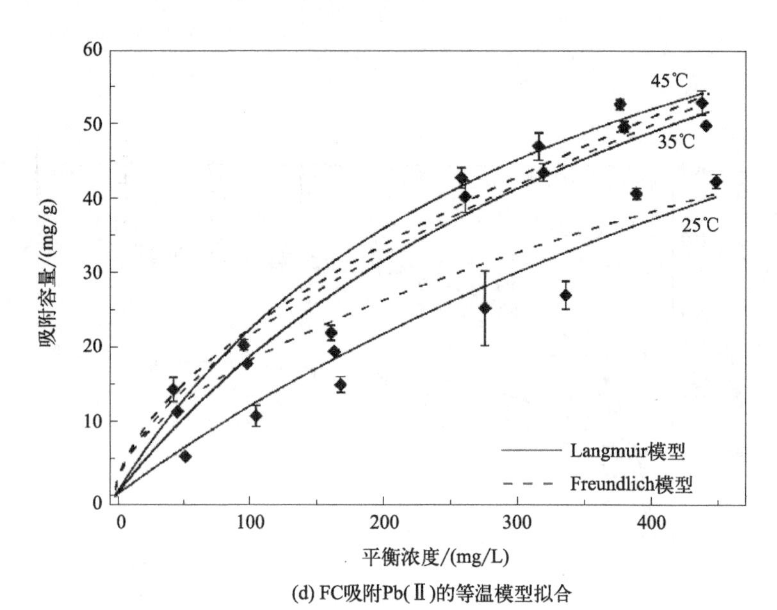

(d) FC吸附Pb(Ⅱ)的等温模型拟合

图 3-16 不同 Pb(Ⅱ) 初始浓度的影响以及 Langmuir 和 Freundlich 吸附等温模型的拟合

从图 3-16 中可以看出，在 25℃时，当 Pb(Ⅱ) 的初始浓度从 50mg/L 增加到 200mg/L，吸附剂 FSC-P 对铅离子的吸附容量从 49.8mg/g 增加至 162.1mg/g，这远高于吸附剂 FC-P（从 47.8mg/g 增加至 156.0mg/g）、FSC（从 18.4mg/g 增加至 32.1mg/g）和 FC（从 5.3mg/g 增加至 25.3mg/g）。然而，当 Pb(Ⅱ) 的初始浓度超过 250mg/L，吸附剂对铅离子的容量达到稳定并且不再增加时，FSC-P、FC-P、FSC 和 FC 的最大吸附容量分别恒定在 207.8mg/g、176.8mg/g、46.7mg/g 和 42.4mg/g，这是由于吸附剂上的活性位点倾向于饱和，减少了与 Pb(Ⅱ) 的结合概率。这些结果表明，经磷酸化改性后的磁性壳聚糖对 Pb(Ⅱ) 的吸附性能显著提高。

为了研究所制备的吸附剂与 Pb(Ⅱ) 之间的具体吸附特性，Langmuir 和 Freundlich 两种不同的吸附等温模型用于拟合了不同温度下的吸附实验数据。Langmuir 吸附等温模型线性方程如式(2-3) 所示，Freundlich 吸附等温模型线性方程如式(2-4) 所示。

从表 3-1 中可以得出，Langmuir 模型与实验数据具有良好的一致性，这是因为在三个不同的温度下（25℃、35℃和 45℃）Langmuir 模型的相关系数 R^2（其分别为 $R^2_{FSC\text{-}P}$=0.995、0.999 和 0.998；$R^2_{FC\text{-}P}$=0.995、0.986 和 0.986；R^2_{FSC}=0.923、0.933 和 0.970 以及 R^2_{FC}=0.987、0.945 和 0.937）远远高于 Freundlich 模型的相关系数，表明铅离子在磁性壳聚糖吸附剂表面上的吸附过程可能是吸附位点数量有限的单层吸附。从两种模型的模拟参数还可以看出，在 25℃时 FSC-P 的最大吸附容量为 212.8mg/g，优于 FC-P（181.8mg/g）、FSC（52.6mg/g）和 FC（40.3mg/g）。

表3-1 FSC-P、FC-P、FSC和FC吸附Pb(Ⅱ)的Langmuir和Freundlich等温模型常数

吸附剂	温度/℃	Langmuir模型			Freundlich模型		
		K_L/(L/mg)	q_m/(mg/g)	R^2	K_F/($mg^{1-1/n}\cdot L^{1/n}$/g)	$1/n$	R^2
FSC-P	25	0.065	212.8	0.995	50.5	0.262	0.642
	35	0.056	303.0	0.999	43.1	0.376	0.946
	45	0.072	312.5	0.998	47.5	0.377	0.904
FC-P	25	0.052	181.8	0.995	37.7	0.283	0.658
	35	0.052	256.4	0.986	45.7	0.322	0.617
	45	0.034	277.8	0.986	28.1	0.423	0.782
FSC	25	0.009	52.6	0.923	4.5	0.372	0.920
	35	0.010	64.9	0.933	6.1	0.356	0.928
	45	0.010	72.5	0.970	7.2	0.347	0.949
FC	25	0.008	40.3	0.987	8.9	0.225	0.757
	35	0.002	51.8	0.945	1.4	0.698	0.600
	45	0.003	54.2	0.937	1.3	0.615	0.715

表3-2中总结了已经报道的研究中不同的磁性吸附剂对Pb(Ⅱ)的吸附容量，与其他已经报道的磁性吸附剂相比，FSC-P对Pb(Ⅱ)具有最大的吸附容量，这可能是因为在磁性壳聚糖表面上引入了活性磷酸基团，使得其在去除Pb(Ⅱ)方面比其他磁性复合吸附剂更为有效。

表3-2 FSC-P与其他磁性吸附剂对Pb(Ⅱ)的吸附性能比较

吸附剂	q_m/(mg/g)	实验条件
黄嘌呤修饰的磁性壳聚糖/聚(乙烯醇)吸附剂	139.8	pH=6.0 T=30℃
磁性壳聚糖微粒子包覆的乙二胺改性酵母生物质	134.9	pH=5.5 T=40℃
四乙烯五胺改性壳聚糖/钴铁氧体颗粒	228.3	pH=5.0 T=30℃
二甘醇酸功能化的磁性壳聚糖吸附剂	70.6	pH=4.0 T=25℃
磁性壳聚糖/氧化石墨烯复合材料	76.9	pH=5.0 T=30℃
黄原酸改性的磁性壳聚糖	76.9	pH=5.0 T=25℃
磁性羟丙基壳聚糖/氧化多壁碳纳米管复合材料	116.3	pH=5.0 T=25℃

续表

吸附剂	q_m/(mg/g)	实验条件
磁性磷酸盐纳米复合材料	202.8	pH=5.0 T=20℃
核壳型磁性壳聚糖生物聚合物	111.0	pH=6.0 T=25℃
磁性壳聚糖/黏土矿/磁铁矿纳米复合材料	137.0	pH=6.0 T=60℃
磁性壳聚糖/氧化石墨烯复合材料	112.4	pH=5.0 T=27℃
氧化石墨烯和磁性壳聚糖离子液体	85.0	pH=5.0 T=30℃
乙二胺四乙酸配体功能化的磁性壳聚糖-氧化铝-氧化铁纳米吸附剂	160.0	pH=5.3 T=25℃
FSC-P	312.5	pH=6.0 T=45℃

3.3.3.3 温度的影响及热力学的拟合

反应温度与分子热运动有关，从而影响着污染物与吸附剂之间的相互作用，是吸附过程中的一个重要参数。从图 3-16 中可以看出，随着反应温度从 25℃增加到 45℃吸附剂 FSC-P、FC-P、FSC 和 FC 对 Pb(Ⅱ) 的吸附容量逐渐增加，说明吸附 Pb(Ⅱ) 是一个吸热的过程。此外，为了评估吸附剂吸附 Pb(Ⅱ) 的可行性，利用式(2-5) 和式(2-6) 确定了各温度下的热力学参数 $\Delta G^{\ominus}$ (自由能变化)，$\Delta H^{\ominus}$ (焓变化) 和 $\Delta S^{\ominus}$ (熵变化)。

从表 3-3 中可以得出吸附剂 FSC-P、FC-P、FSC 和 FC 对 Pb(Ⅱ) 的吸附在所有的温度下 $\Delta G^{\ominus}$ 均为负值，表明 Pb(Ⅱ) 的吸附过程是可行的，且是热力学自发的。此外，$\Delta G^{\ominus}$ 值随温度的增加而降低，表明吸附过程在较高温度下是有利的，因为 Pb(Ⅱ) 与吸附剂上的结合位点之间的作用更稳定。所有吸附剂的 $\Delta H^{\ominus}$ 值均为正值，说明吸附过程是吸热反应。此外，正的 $\Delta S^{\ominus}$ 值显示出吸附剂对 Pb(Ⅱ) 的吸附有良好亲和力，吸附过程中吸附剂和吸附质界面的随机性增加。因此，FSC-P、FC-P、FSC 和 FC 对 Pb(Ⅱ) 的吸附是一种自发的吸热过程。

表 3-3 FSC-P、FC-P、FSC 和 FC 吸附铅的热力学参数

吸附剂	$\Delta G^{\ominus}$/(kJ/mol)			$\Delta H^{\ominus}$/(kJ/mol)	$\Delta S^{\ominus}$/[J/(mol·K)]
	25℃	35℃	45℃		
FSC-P	−22.0	−22.6	−23.9	6.8	96.1
FC-P	−21.3	−21.8	−22.8	1.6	76.3
FSC	−13.0	−13.9	−14.6	11.6	82.6
FC	−11.2	−12.9	−13.5	23.1	92.9

3.3.3.4 吸附时间的影响及动力学模型的拟合

从图3-17中可以明显地看出，在吸附实验开展的最初15min内FSC-P、FC-P、FSC和FC对Pb(Ⅱ)的吸附量快速增加，随着时间的增加，吸附剂的吸附容量显著增加，直到反应90min时吸附达到初步平衡。

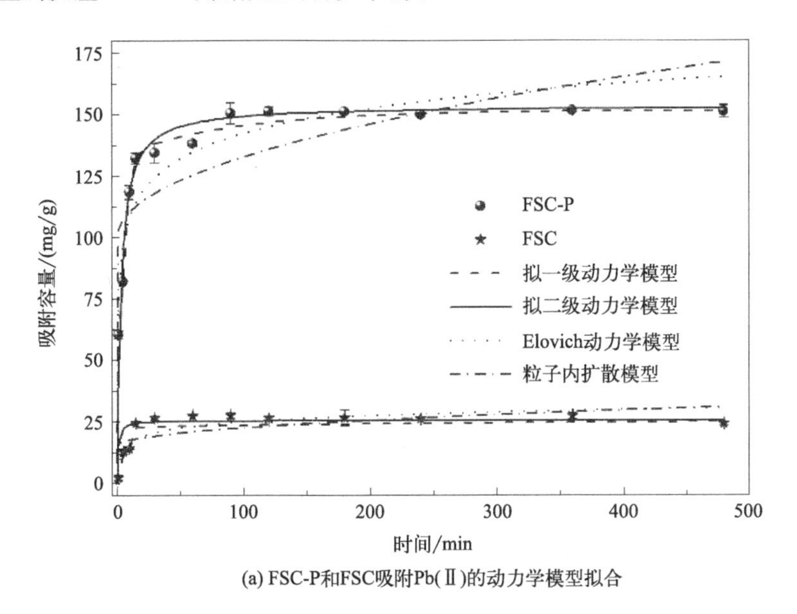

(a) FSC-P和FSC吸附Pb(Ⅱ)的动力学模型拟合

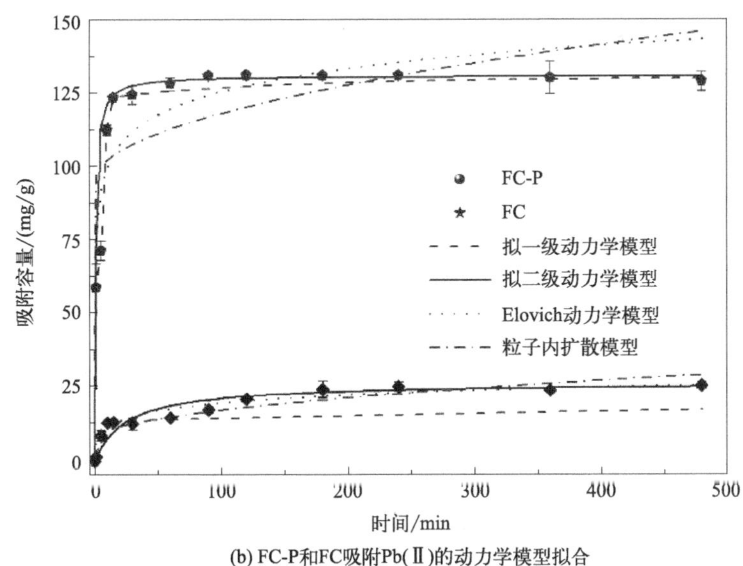

(b) FC-P和FC吸附Pb(Ⅱ)的动力学模型拟合

图3-17 接触时间对吸附剂FSC和FSC-P以及FC和FC-P吸附Pb(Ⅱ)的影响及四种动力学模型的拟合

这主要是在反应的最开始阶段，吸附剂表面有大量的自由结合活性位点来捕获水溶液中的Pb(Ⅱ)；随着反应的进行，Pb(Ⅱ)在吸附剂上的吸附变得缓慢，因为大部分活性位点逐渐耗尽。之后，吸附过程以较慢的吸附速率进行，最终保持FSC-P的吸附容量为151.8mg/g，FC-P吸附容量为131.8mg/g，FSC吸附容量为27.7mg/g，FC吸附容量为25.8mg/g的稳定状态。这说明在pH 6.0时，磷酸化吸附剂（FSC-P和FC-P）比磁性壳聚糖（FSC和FC）对溶液中的Pb(Ⅱ)具有更大的吸附容量和更高的吸附效率。FSC-P对Pb(Ⅱ)的良好吸附性能主要是由于吸附剂表面活性磷酸基与Pb(Ⅱ)之间的化学作用，说明含磷基团的引入可以改善吸附剂对Pb(Ⅱ)的吸附性能，从而增强其动力学。

通过对吸附动力学的研究不仅可以预测目标污染物吸附的速率，还可以为全面了解吸附剂的吸附机理以及潜在的控速步骤提供有价值的数据参考。本研究采用拟一级动力学模型（PFO）、拟二级动力学模型（PSO）、Elovich模型和粒子扩散模型分别对Pb(Ⅱ)在吸附剂FSC-P、FC-P、FSC和FC上的吸附数据进行了拟合。

从拟合结果表3-4中可以看出Pb(Ⅱ)的吸附动力学数据能更好地拟合PSO模型，其相关系数在FSC-P（$R^2_{FSC-P}=0.999$）、FC-P（$R^2_{FC-P}=0.999$）、FSC（$R^2_{FSC}=0.994$）和FC（$R^2_{FC}=0.992$）上都接近1.0，表明Pb(Ⅱ)在吸附剂上吸附是化学吸附过程而不是普通的传质过程，化学吸附是限速步骤。

表3-4 四种吸附剂吸附铅离子的PFO、PSO、Elovich模型和颗粒内扩散吸附动力学参数

动力学模型	参数	吸附剂			
		FSC-P	FC-P	FSC	FC
实验数据	q_{exp}/(mg/g)	151.6	132.3	28.9	26.5
拟一级动力学模型	q_{e1}/(mg/g)	151.8	131.8	27.7	25.8
	K_1/min^{-1}	0.0113	0.0076	0.0031	0.0072
	R^2	0.916	0.884	0.881	0.894
拟二级动力学模型	q_{e2}/(mg/g)	153.9	131.6	25.6	26.6
	K_2/[g/(mg·min)]	0.0022	0.0096	0.0610	0.0015
	R^2	0.999	0.999	0.994	0.992
Elovich	A	74.3	73.8	8.4	1.8
	B	14.8	11.4	3.6	3.9
	R^2	0.856	0.740	0.717	0.942
粒子内扩散模型	K_i/[g/(mg·min$^{1/2}$)]	3.2587	2.4370	0.7160	1.0166
	C	100.4	95.2	15.5	7.2
	R^2	0.844	0.914	0.868	0.834

3.3.3.5 解吸和循环性能的研究

为测试FSC-P和FC-P的重复使用性能，采用1.0mmol/L EDTA溶液作为洗脱剂，在25℃下进行了吸附剂的解吸实验，结果如图3-18(a)所示。

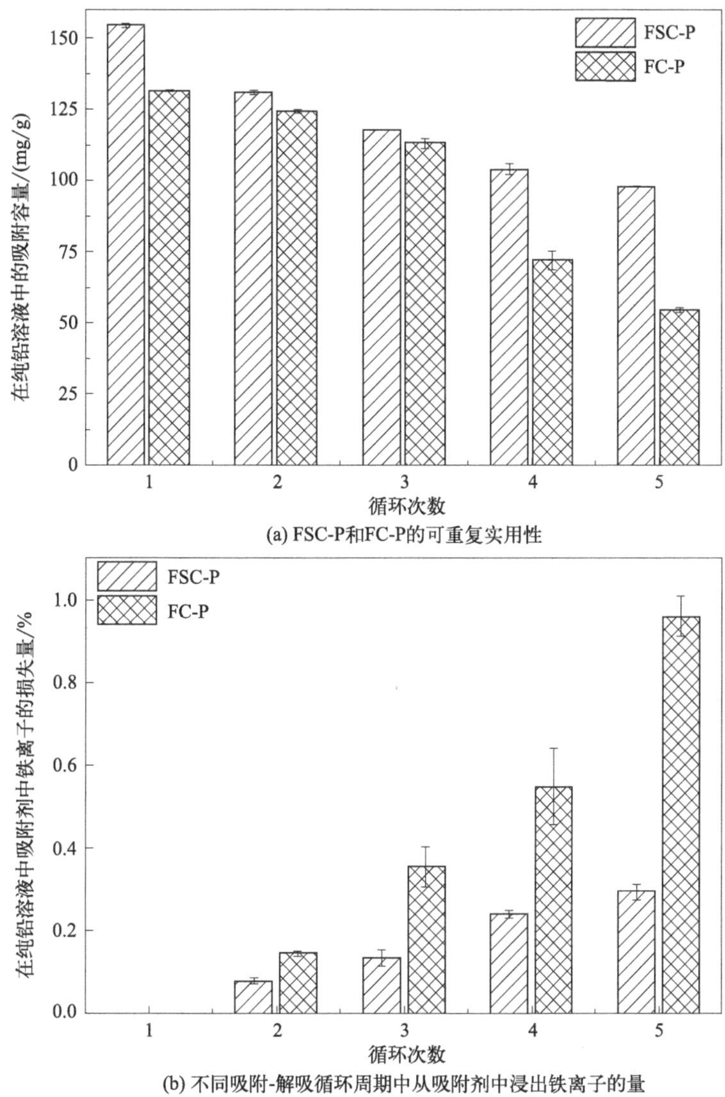

图 3-18 FSC-P 和 FC-P 的可重复使用性和在不同的吸附-解吸循环周期中从 FSC-P 和 FC-P 中浸出铁离子的量

在第一个循环中，EDTA 对负载 Pb(Ⅱ) 的 FSC-P 和 FC-P 的 Pb(Ⅱ) 解吸百分比分别为 98.92%和 98.29%。经过 5 个循环的吸附-解吸实验，FSC-P 的吸附容量从 154.6mg/g 降至 97.7mg/g，FC-P 从 135.5mg/g 降至 54.4mg/g。这些结果可能归因于在一个吸附-解吸循环完成后的多次洗涤步骤中吸附剂的部分损失。另外一个重要的原因可能是磷酸基团和 Pb(Ⅱ) 之间的强螯合作用导致有一部分吸附剂没有被充分解吸，造成吸附剂上吸附位点的损失。此外，随着吸附-解吸循环次数的增加，从 FSC-P 和 FC-P 中浸出的铁离子量逐渐增加 [图 3-18(b)]，这也导致吸附性能下降。

在第5次吸附过程中，两种吸附剂的铁损失分别达到0.3%（质量分数）和0.9%（质量分数），表明吸附剂FC-P被破坏程度高于FSC-P。上述结果表明，合成的FSC-P比FC-P具有更稳定的再生性能，可作为高效吸附剂去除和富集溶液中的Pb(Ⅱ)。

3.3.4 吸附机理的探讨

采用XPS和FTIR对吸附Pb(Ⅱ)前后的吸附剂进行了测试分析，以深入了解吸附剂的吸附机理。从图3-19(a)可以看出吸附Pb(Ⅱ)后的FC、FSC、FC-P和FSC-PXPS全谱图中出现了一个新的属于Pb 4f的峰，说明吸附剂捕获了溶液中的Pb(Ⅱ)。

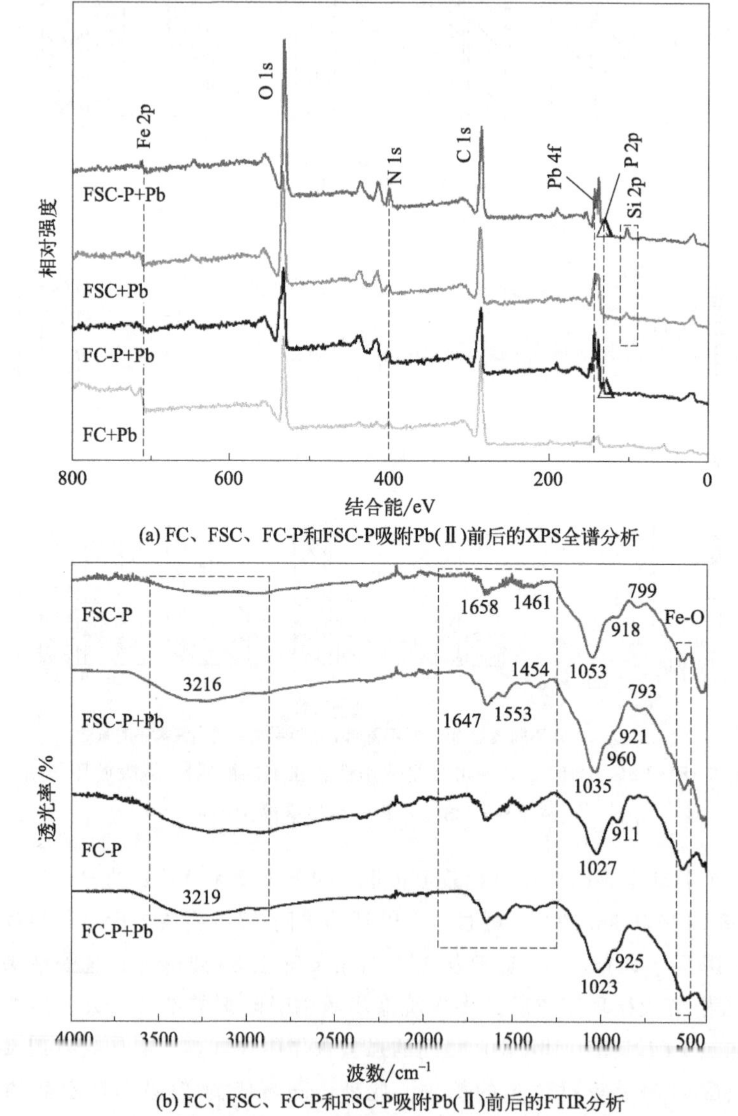

(a) FC、FSC、FC-P和FSC-P吸附Pb(Ⅱ)前后的XPS全谱分析

(b) FC、FSC、FC-P和FSC-P吸附Pb(Ⅱ)前后的FTIR分析

图3-19 FC、FSC、FC-P和FSC-P吸附Pb(Ⅱ)前后的XPS全谱图和FTIR分析

从图 3-19(b) 可以看出 Pb(Ⅱ) 吸附后，FSC-P 的 P═O 特征峰在 $1053cm^{-1}$ 移动到 $1035cm^{-1}$，而属于 P—OH 的在 $918cm^{-1}$ 处的峰移至 $921cm^{-1}$，并在 $960cm^{-1}$ 处出现新峰，表明磷酸基团参与了 Pb(Ⅱ) 的吸附并起主导作用。

图 3-20 是四种吸附剂吸附 Pb(Ⅱ) 之后的吸附剂表面 Pb(Ⅱ) 的高分辨 XPS 图谱。

从图 3-20 中可以看出 Pb 的 XPS 峰为位于 138eV 和 143eV 左右的 Pb $4f_{7/2}$ 和 Pb $4f_{5/2}$ 双峰，表明这四种吸附剂都在水溶液中成功地捕获了 Pb(Ⅱ)。

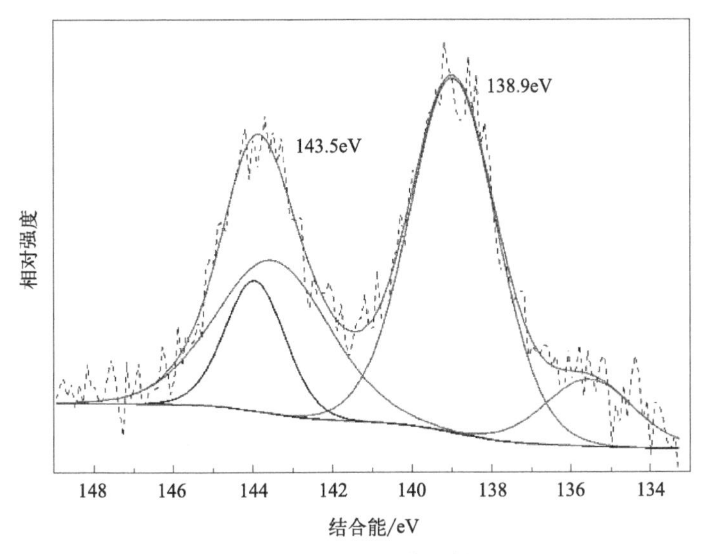

(a) FC吸附Pb(Ⅱ)之后Pb 4f的高分辨XPS谱图

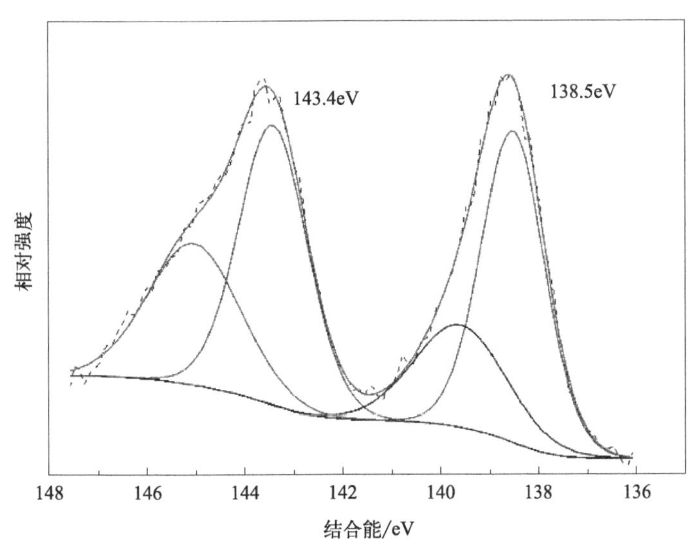

(b) FC-P吸附Pb(Ⅱ)之后Pb 4f的高分辨XPS谱图

图 3-20

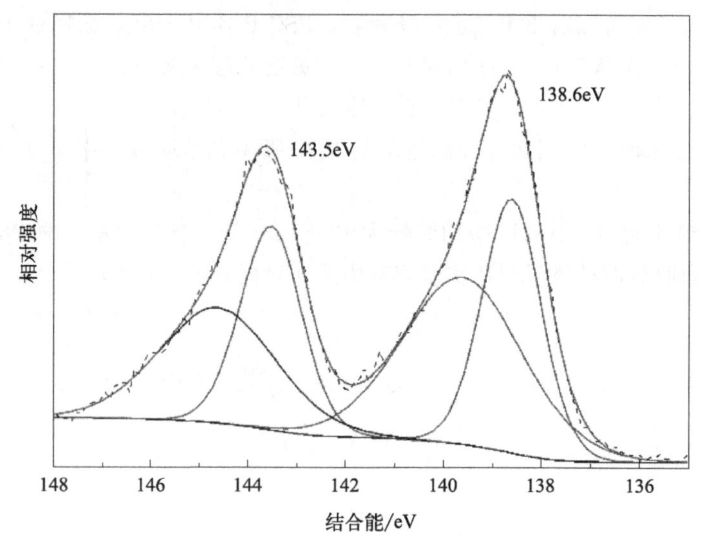

(c) FSC吸附Pb(Ⅱ)之后Pb 4f的高分辨XPS谱图

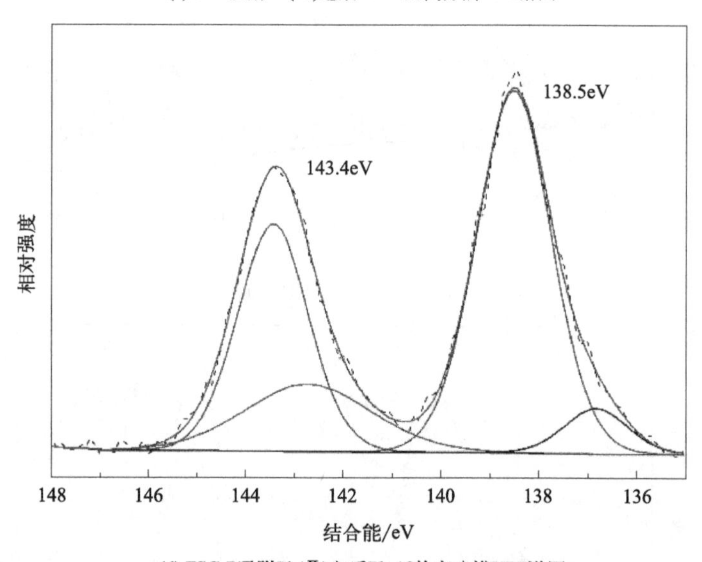

(d) FSC-P吸附Pb(Ⅱ)之后Pb 4f的高分辨XPS谱图

图 3-20 FC、FC-P、FSC 和 FSC-P 吸附 Pb(Ⅱ) 之后 Pb 4f 的高分辨率 XPS 谱图

对 FSC-P 在吸附 Pb(Ⅱ) 前后 P 2p、O 1s 和 N 1s 的高分辨率 XPS 光谱也进行了分析，结果如图 3-21 所示。

在 FSC-P 的 P 2p 高分辨率光谱中［图 3-21(b)］，135.79eV 和 134.32eV 处的峰值分别分配给 P $2p_{1/2}$ 和 P $2p_{3/2}$。Pb(Ⅱ) 吸附后，光谱中 P $2p_{1/2}$ 和 P $2p_{3/2}$ 的位置发生变化，分别移至 133.03eV 和 131.36eV，说明 P 原子与 Pb(Ⅱ) 之间存在表面配位，含 P 的相关基团在吸附 Pb(Ⅱ) 的过程中起重要作用。在 FSC-P 的 O 1s 高分辨率光谱［图 3-21(c)］中可以看出 Si—O（约 531.16eV）和 Fe—O 峰（约 534.25eV）

在捕获Pb(Ⅱ)前后几乎没有变化。然而，其他含氧基团（C—O和P═O/P—O）的能带分别显著降低至532.72eV和530.37eV。此外，一个属于Pb—O的峰出现在529.23eV，这表明含氧官能团与Pb(Ⅱ)的表面配位是通过共享电子形成了Pb—O键。在图3-21(d)中，N 1s光谱显示了FSC-P中含氮官能团的三种化学类型：396.78eV的峰值可归因于—NH/—NH_2，400.80eV和402.41eV的特征峰分别属于N—C═O和—NH_3^+。在吸附Pb(Ⅱ)后，三种类型的含氮官能团略微向较低的结合能移动。这表明吸附剂表面的含氮官能团参与了吸附过程。综上，吸附剂FSC-P表面含P、O和N的官能团参与了Pb(Ⅱ)的吸附过程。

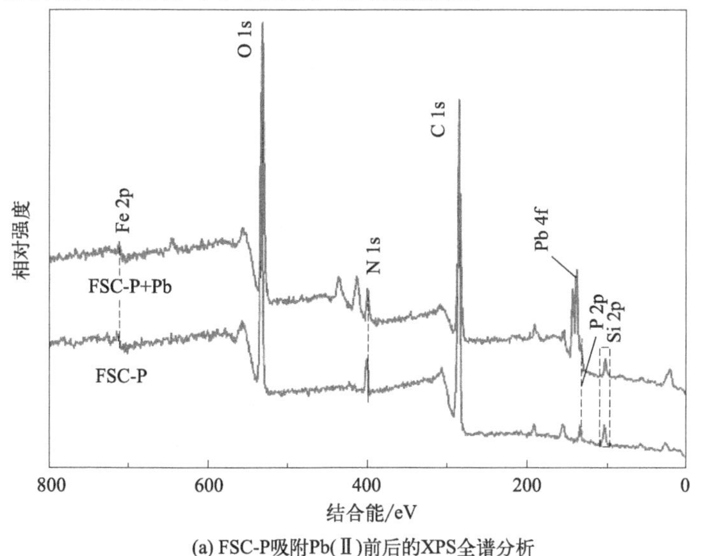

(a) FSC-P吸附Pb(Ⅱ)前后的XPS全谱分析

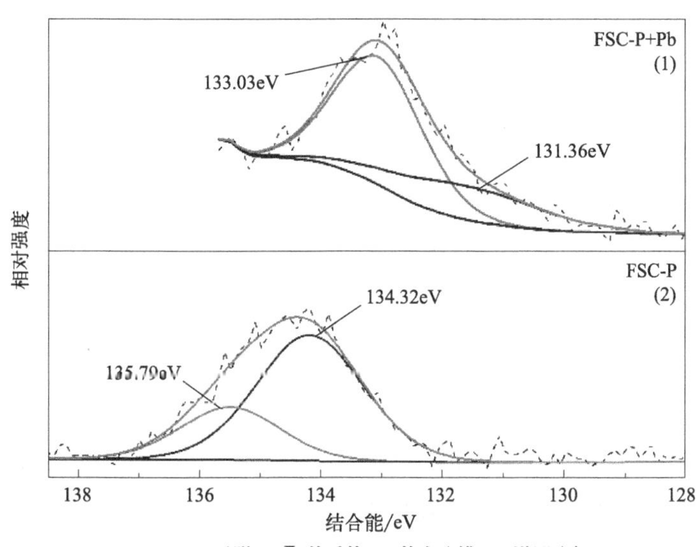

(b) FSC-P吸附Pb(Ⅱ)前后的P 2p的高分辨XPS谱图分析

图3-21

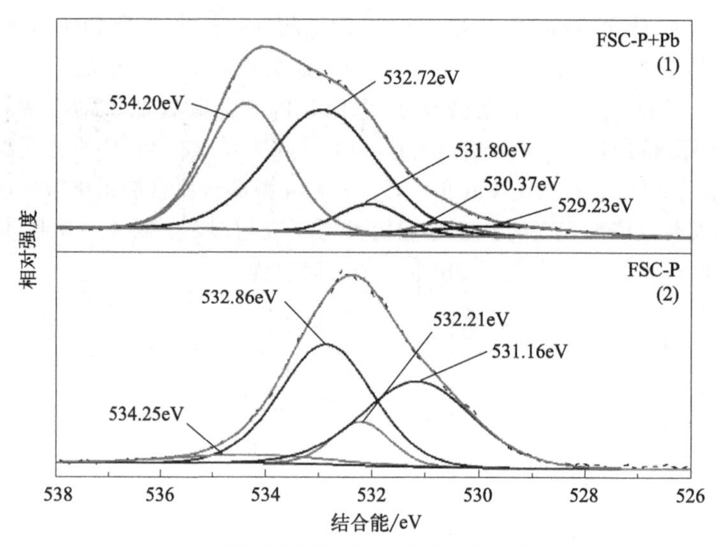

(c) FSC-P吸附Pb(Ⅱ)前后的O 1s的高分辨XPS谱图分析

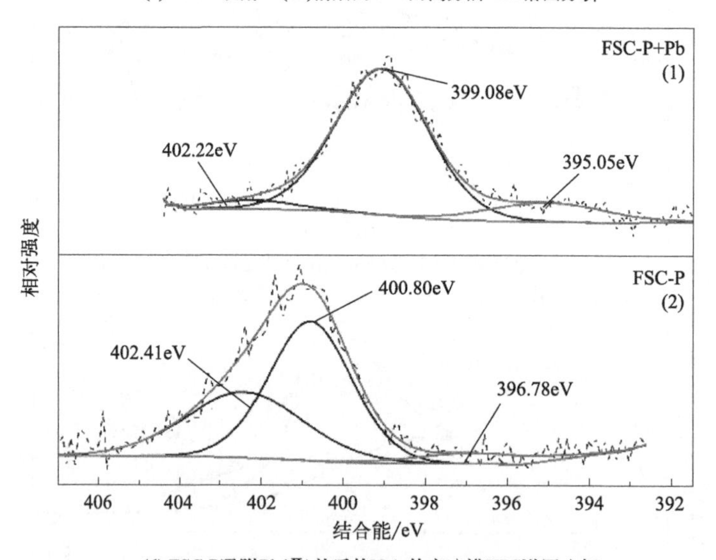

(d) FSC-P吸附Pb(Ⅱ)前后的N 1s的高分辨XPS谱图分析

图 3-21 FSC-P 吸附 Pb(Ⅱ) 前后的 XPS 全谱图、P 2p、O 1s 和 N 1s 的 XPS 高分辨图

根据上述 XPS 和 FTIR 的分析结果，FSC-P 吸附 Pb(Ⅱ) 的主要机制是吸附剂表面的磷酸基和氨基官能团与 Pb(Ⅱ) 之间的络合作用、离子交换作用以及静电相互作用。该结论表明磷酸化改性后吸附剂表面的活性磷酸基团在 Pb(Ⅱ) 的高吸附能力中起主要作用。因此，制备的 FSC-P 复合材料表现出更好的 Pb(Ⅱ) 捕获能力。

综上，吸附剂的表面通过磷酸功能化引入的磷酸官能团可能是有效捕获 Pb(Ⅱ)

最主要的官能团。

3.4 本章小结

① 在本章中，通过磷酸化改性成功制备了新型磷酸化改性的磁性壳聚糖吸附剂 Fe_3O_4@CS-P（FC-P）和 Fe_3O_4@SiO_2@CS-P（FSC-P）。采用多种表征测试对制备得到的材料 FS、FC、FSC、FC-P 和 FSC-P 的形貌结构、化学成分、晶形结构、热稳定性以及磁性性能进行了全面的分析。结果表明，吸附剂 FC、FSC、FC-P 和 FSC-P 都被成功地合成，并具有良好的磁响应性和热稳定性。磁性吸附剂可以在外加磁场的情况下，从水溶液中快速分离出来，这大大提高了吸附剂的分离效率。

② 在竞争性实验中，吸附剂 FC、FSC、FC-P 和 FSC-P 对 Pb(Ⅱ)、Zn(Ⅱ)、Cu(Ⅱ)、Ag(Ⅰ)、Sr(Ⅱ)、Cd(Ⅱ) 以及 Ni(Ⅱ) 的混合溶液中各个金属离子的吸附容量都随着 pH 值的增加而增加。FSC-P 对该混合溶液中的 Pb(Ⅱ) 的选择性吸附容量在 pH 6.0 时达到 75.4mg/g，高于 FC-P（69.0mg/g）、FSC（11.2mg/g）和 FC（7.5mg/g），表现出 FSC-P 对铅离子的高选择性亲和力。

通过对分配系数的计算得到，FSC-P 在多金属离子的混合溶液中捕获 Pb(Ⅱ) 的分配系数为 0.75L/g，远高于其他金属离子的分配系数，这表现出对铅离子出色的选择性吸附性能。此外，还可以得到磁性壳聚糖吸附剂磷酸化改性前后实现了对多金属离子溶液中从选择性吸附 Ag(Ⅰ) 到选择性吸附 Pb(Ⅱ) 的转变。

③ 将所制备的吸附剂用于铅离子单一体系的吸附实验，结果表明吸附剂 FSC-P、FC-P、FSC 和 FC 对 Pb(Ⅱ) 的吸附容量具有明显 pH 响应性，都随着 pH 值的增加而增加，其最大吸附容量值在 pH 6.0 的时候分别达到 124.0mg/g、106.6mg/g、11.6mg/g 和 7.4mg/g。此外，酸处理结果表明，FSC-P 几乎没有铁离子浸出，而 FC-P 在 pH 1.0 时浸出的铁离子达到 2.6%，表明包覆二氧化硅惰性涂层的吸附剂具有更好的酸性抵抗性。

不同铅离子初始浓度的实验表明吸附剂对 Pb(Ⅱ) 的吸附容量随着初始浓度的增加而增大，并逐渐达到稳定后不再增加，FSC-P、FC-P、FSC 和 FC 的最大吸附容量分别恒定在 207.8mg/g、176.8mg/g、46.7mg/g 和 42.4mg/g。吸附等温线模型拟合得出四种吸附剂对 Pb(Ⅱ) 的吸附行为可以通过 Langmuir 模型更好地描述，在 25℃时，FSC-P 的最大吸附容量为 212.8mg/g，优于 FC-P（181.8mg/g）、FSC（52.6mg/g）和 FC（40.3mg/g）。不同反应温度对吸附实验的影响表明吸附剂 FSC-P、FC-P、FSC 和 FC 对 Pb(Ⅱ) 的吸附容量随着反应过程中环境温度从 25℃增加到 45℃而逐渐增加。吸附热力学拟合的结果说明吸附剂对 Pb(Ⅱ) 的吸附是一个自发、吸热和有序的过程。不同接触时间对吸附效果的影响结果表明，四种吸附剂对 Pb(Ⅱ) 的吸附平衡在 90min 内达到初步平衡，最终达到各个吸附剂的最大吸附容量的稳定状态，吸附剂 FSC-P、FC-P、FSC 和 FC 的最大吸附容量分别为 151.8mg/g、131.8mg/g、27.7mg/g 和 25.8mg/g。

此外，采用不同的动力学模型对其数据进行拟合得到，拟二级动力学模型为最佳适配的动力学模型，说明该吸附过程是化学吸附过程而不是普通的传质过程。经过对吸附剂进行再生实验可以实现 FSC-P 和 FC-P 的循环再利用，在 5 个吸附-解吸循环后，FSC-P 对 Pb(Ⅱ) 的吸附依旧可以达到 97.7mg/g，FC-P 还可以达到 54.4mg/g，说明该两种吸附剂具备再生性能，可以作为高效、快速的分离吸附剂用于单一污染物体系中 Pb(Ⅱ) 的去除和预富集。

为了进一步探究吸附机理，在结合实验结果的基础上对吸附铅离子前后的吸附剂进行了 XPS 和 FTIR 的表征测试，分析结果表明 FSC-P 吸附铅离子的主要机制是吸附剂表面的磷酸基和氨基官能团与 Pb(Ⅱ) 的络合作用、离子交换作用以及静电相互作用。

第4章 阴离子聚合物改性磁性壳聚糖的制备及其水处理效能研究

4.1 概述

在本书前2章的研究中，分别制备了磁性壳聚糖吸附剂以及磷酸化改性的磁性壳聚糖吸附剂，并对它们的吸附性能进行了研究和探讨。为了进一步探索吸附剂表面存在的其他官能团对磁性壳聚糖吸附材料吸附性能的影响，在本章的研究中通过化学改性的方式将富含羧基和磺酸基的物质接枝到磁性壳聚糖吸附剂的表面，增加磁性吸附剂表面的活性位点，以拓宽磁性壳聚糖基吸附材料的应用范围。丙烯酸是最简单的不饱和羧酸，其分子结构为一个乙烯基和一个羧基，可单独聚合或与其他单体混合形成均聚物或共聚物。烯丙基磺酸钠的分子结构中存在乙烯基和磺酸基，可以作为带有磺酸基的乙烯基单体，具有很强的反应性和聚合能力。

在本章的研究中，将丙烯酸和烯丙基磺酸钠作为阴离子单体，通过自由基引发的聚合反应引入到磁性吸附剂的表面，制备了阴离子聚合物接枝的二氧化硅包覆的耐酸磁性壳聚糖复合材料，并应用于复合废水中铅离子的选择性吸附研究。

4.2 实验内容与方法

4.2.1 主要试剂与仪器

4.2.1.1 主要试剂

硝酸铅［$Pb(NO_3)_2$，分析纯］、硝酸钴（六水）［$Co(NO_3)_2 \cdot 6H_2O$，分析纯］、硝酸铜（三水）［$Cu(NO_3)_2 \cdot 3H_2O$，分析纯］、硝酸锌（六水）［$Zn(NO_3)_2 \cdot 6H_2O$，分析纯］、硝酸锶［$Sr(NO_3)_2$，分析纯］、硝酸镍（六水）［$Ni(NO_3)_2 \cdot 6H_2O$，分析纯］、硝酸镉（四水）［$Cd(NO_3)_2 \cdot 4H_2O$，分析纯］、乙二胺四乙酸二钠（$C_{10}H_{14}N_2Na_2O_8$，

分析纯）、硝酸（HNO_3，分析纯）、氢氧化钠（NaOH，分析纯）、无水乙醇（C_2H_6O，分析纯）、四氧化三铁（Fe_3O_4，50nm）、壳聚糖（脱乙酰度95%）、正硅酸乙酯（$C_8H_{20}O_4Si$，分析纯）、氨水［NH_3(aq)，10%］、环己烷（C_6H_{12}，分析纯）、司盘80（Span-80，分析纯）、戊二醛（$C_5H_8O_2$，分析纯）、丙烯酸（$C_3H_4O_2$，99.5%）、烯丙基磺酸钠（$C_3H_5NaO_3S$，分析纯）和过硫酸钾（$K_2S_2O_8$，分析纯）以及多金属元素混合标准溶液（100μg/mL）。

4.2.1.2 主要仪器

双频数控超声波清洗器（KQ-500VDE）、电热恒温鼓风干燥箱（DHG-9140A）、IKA悬臂搅拌器（RW20数显型）、恒温磁力搅拌器（B15-1）、恒温水浴振荡器（SHA-C）、pH计（PHS-3C）、舜宇恒平仪器（FA2004）、电感耦合等离子体原子发射光谱仪（SPECTRO GENESIS）、紫外可见分光光度计（UV1102 Ⅱ）、傅里叶变换红外光谱仪（Nicolet iS50）、场发射扫描电镜（SU8010）、X射线衍射仪（DMAX/2C）、射线光电子能谱仪（ESCALAB250Xi）、比表面积和孔径分析仪（Quadrasorb 2MP）、热重分析仪（STA449F3）以及振动磁强计（PPMS DynaCool 9）。

4.2.2 阴离子聚合物改性磁性壳聚糖的制备

4.2.2.1 核壳微粒 Fe_3O_4@SiO_2（MS）的制备

Fe_3O_4@SiO_2（MS）磁性颗粒是通过Stöber方法合成的，其具体的制备步骤与2.2.2.1中描述的方法一致。

4.2.2.2 磁性壳聚糖微粒的制备

Fe_3O_4@SiO_2@Chitosan(MSC)与Fe_3O_4@Chitosan(MC)磁性复合颗粒的制备步骤与2.2.2.2中描述的方法一致。

4.2.2.3 阴离子聚合物接枝修饰的磁性壳聚糖复合吸附剂的制备

以丙烯酸和烯丙基磺酸钠为接枝的阴离子单体，以过硫酸钾（KPS）为引发剂，在N_2气氛下通过自由基聚合反应制备了阴离子聚合物接枝修饰的磁性壳聚糖复合吸附剂（PMSC）。具体的制备过程如下：首先，将1.0g的Fe_3O_4@SiO_2@Chitosan（MSC）分散在含有100mL去离子水的250mL三颈烧瓶中，在水浴中加热的同时连续充入N_2 10min，然后加入10mL的0.1g/L自由基引发剂过硫酸钾（KPS）。混合5min后，分别加入阴离子单体丙烯酸和烯丙基磺酸钠，磁性壳聚糖与总单体的质量比为1∶5（其中丙烯酸与烯丙基磺酸钠的质量比为4∶1）。在80℃水浴环境下进行3h的共聚反应，待反应结束后，停止填充N_2，将三颈烧瓶静置并冷却至室温，用强力磁铁快速分离所得产物，清洗并真空冷冻干燥，最终得到阴离子共聚物接枝改性的磁性壳聚糖复合材料（PMSC）。在上述相同的操作下，还制备了未在Fe_3O_4上涂覆二氧化硅惰性涂层的吸附剂PMC。PMSC样品的合成路线示意图见图4-1。

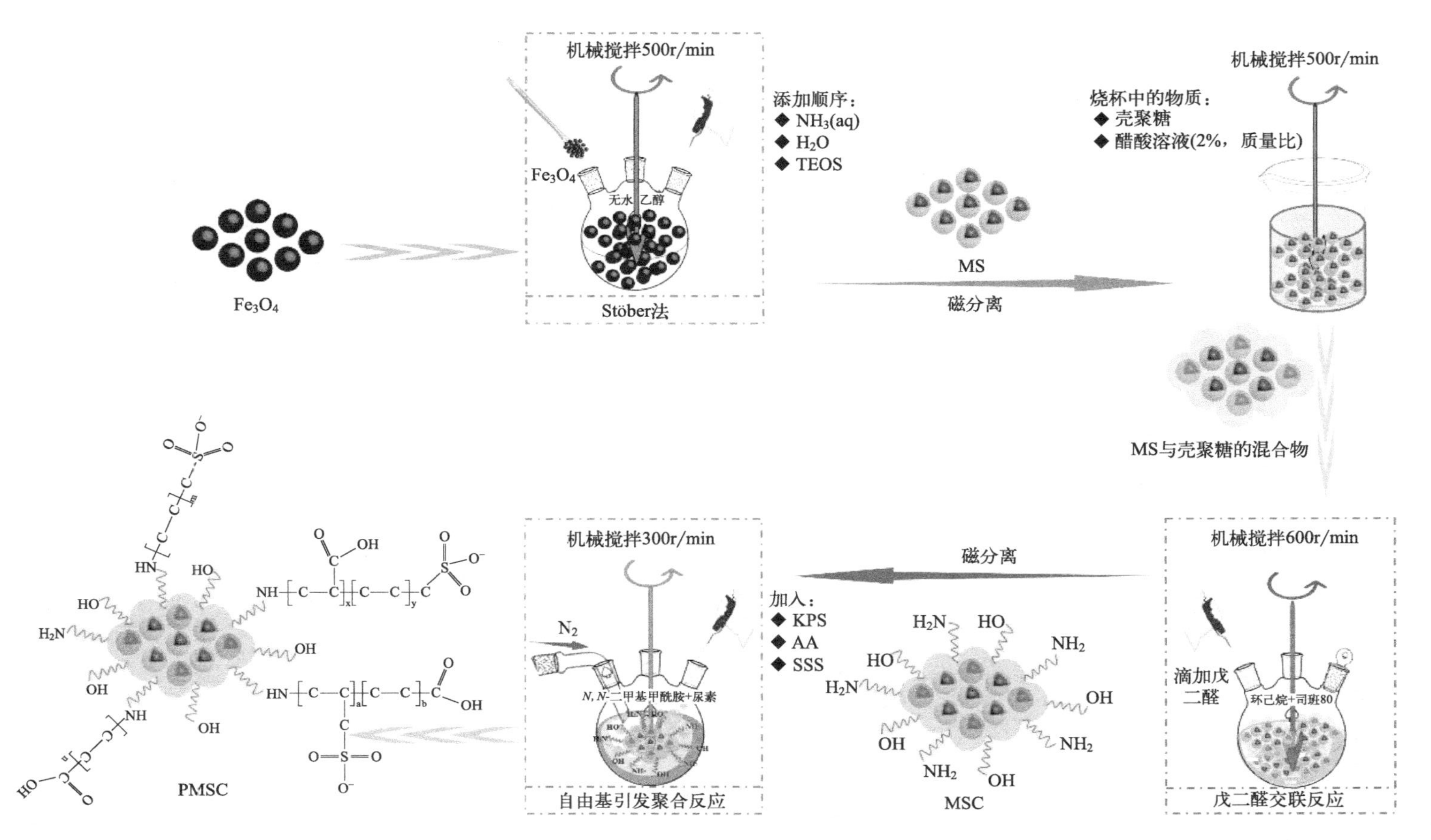

图 4-1　阴离子共聚物接枝改性磁性壳聚糖复合吸附剂（PMSC）的合成路线示意

4.2.3 样品的表征

形态和微观结构分析是在场发射扫描电子显微镜（SEM-EDS，SU8010）上进行的。X射线衍射（XRD，Bruker，D8 Advance）图像是用Cu K辐射（40kV，40mA，$2\theta=10°\sim80°$）检测的，以研究样品的晶体结构。使用N_2吸附仪（Micromeritics，ASAP 2020）获得样品的Brunauer-Emmett-Teller(BET）表面积。X射线光电子能谱（XPS，ESCALAB250Xi，Thermo Fisher Scientific，美国）被用来确定结合能。傅里叶变换红外光谱（FTIR，Thermo Scientific Nicolet iS50，Nicolet，USA），在衰减全反射（ATR）中记录，以分析复合材料表面的功能团。使用热重分析（TGA）（STA-449F3，Netzsch，德国）研究了样品的热稳定性。样品的磁性能在室温下用振动样品磁力计（VSM）（PPMS DynaCool 9，Quantum Design，USA）进行表征，并在－20000～20000Oe的磁场范围内记录磁滞环。

4.2.4 吸附实验的研究内容

4.2.4.1 单一铅体系中的批量吸附实验

在单一Pb(Ⅱ)溶液中进行了3次的批量吸附实验，以揭示不同的溶液初始pH值、反应温度、Pb(Ⅱ)的初始浓度和反应时间对吸附剂吸收Pb(Ⅱ)的影响。在典型的批量吸附实验中，将20mg制备的磁性吸附剂和20mL所需的纯铅溶液放入50mL具塞锥形瓶中，然后将锥形瓶置于恒温水浴振荡器中，在转速为150r/min的条件下反应一定时间。实验在不同的溶液pH值（1.0～6.0）、不同的反应温度（25℃、35℃、45℃）、不同的铅离子初始浓度（50～400mg/L）和不同的反应时间（0～480min）下进行。在所有的实验中，初始溶液的pH值通过使用0.1mol/L HNO_3和0.1mol/L NaOH调整。吸附过程结束后，通过外部磁场实现固液分离，并通过ICP-OES分析测试吸附前后溶液中的铅离子浓度，计算出吸附剂对铅离子的吸附性能。吸附剂在平衡状态下对金属离子的吸附量（q_e，mg/g）通过式(2-1)计算。

4.2.4.2 吸附剂的再生研究

取吸附铅离子之后的PMSC，用蒸馏水将表面上未吸附的铅离子洗净，再放入1.0mol/L EDTA溶液中，在25℃下以150r/min的转速解吸8h。解吸实验完成后，用去离子水彻底清洗再生的吸附剂，直到其呈中性，并在相同条件下进行下一次铅离子的吸附实验，重复以上吸附、再生实验步骤多次，考察再生次数对吸附剂性能的影响。

4.2.4.3 共存物质的影响的实验研究

本章研究了在共存的多金属离子、共存不同浓度的无机盐和共存有机染料的情况下，吸附剂对铅离子的吸附性能的影响，主要的实验过程如下。

（1）竞争性吸附实验

为了评估共存金属离子的影响，在含有多种金属离子（Pb^{2+}、Zn^{2+}、Cu^{2+}、Ni^{2+}、Co^{2+}、Sr^{2+}和Cd^{2+}）的溶液中进行了竞争吸附实验。多金属混合溶液的pH值设置为 6.0，每个金属离子浓度分别设置为 100mg/L。具体实验过程如下：将 20mg 吸附剂和 20mL 所需 pH 的多离子溶液放入带塞子的 50mL 锥形烧瓶中，并将锥形烧瓶置于 25℃恒温水浴摇床中，以 150r/min 旋转 8h。吸附完成后，将吸附剂磁性分离，并通过 ICP-OES 测量溶液中各金属离子的浓度。所有实验进行 3 次，取平均值作为最终结果。铅离子吸附剂的分布系数（K_d，L/g）采用式(3-1) 计算，铅选择性系数（S_{Pb}）采用式(2-2) 计算。

（2）共存无机盐的影响实验

通过研究 PMSC 在 0～0.10mol/L $NaNO_3$ 共存时对纯 Pb(Ⅱ) 吸附容量的影响，研究了共存无机盐对吸附剂性能的影响。在恒温振荡器室温下（25℃）振荡 8h 后，通过添加外部磁场实现固液分离，并通过 ICP-OES 测定上清液中 Pb(Ⅱ) 的残留浓度。根据吸附前后 Pb(Ⅱ) 的浓度差异，计算了 PMSC 对共存不同浓度无机盐溶液中铅离子的吸附容量。

（3）共存有机染料影响的实验研究

通过研究 PMSC 在存在亚甲基蓝（浓度范围为 0～100mg/L）的情况下对 Pb(Ⅱ) 的吸附效果的影响，研究了共存有机染料对吸附剂性能的影响。待吸附结束后，通过磁分离从溶液中分离负载 Pb 或/和亚甲基蓝的吸附剂，并分别通过 ICP-OES 和 UV1102 Ⅱ UV-Vis 分光光度计测定上清液中 Pb 和亚甲基蓝的浓度。

4.3　结果与讨论

4.3.1　表征结果分析

4.3.1.1　SEM 分析

为了观察所制备的磁性复合吸附剂的形态特征，采用电子扫描显微镜（SEM）对样品进行了表征测试，以清楚地揭示吸附材料表面结构的特征。如图 4-2 所示，由嵌入壳聚糖中的磁芯颗粒形成的 MC [图 4-2(a)] 和 MSC [图 4-2(b)] 均呈现球形和粗糙表面，由于磁性物质的聚集，不同大小的磁性微球附着在其表面，这增加了表面的粗糙度，并使整体反映出不规则形状。

自由基聚合后制备的磁性吸附剂 PMC [图 4-2(c)] 和 PMSC [图 4-2(d)] 仍然是球形的，表面粗糙度增加。这主要是因为丙烯酸和烯丙基磺酸钠在自由基的引发下通过链生长与磁性颗粒 MC 和 MSC 上的壳聚糖反应，然后沉积在吸附剂表面形成新的大分子，导致吸附剂的表面粗糙度增加。

4.3.1.2　FTIR 分析

为了研究合成材料表面官能团的可能存在情况，对壳聚糖、MC、MSC、PMC 和 PMSC 进行了 FTIR 的全谱分析。从图 4-3 中可以看出，3100～3400cm^{-1} 处的宽峰主要是 N—H 和 O—H 的拉伸振动峰，2900cm^{-1} 处弱峰是所有样品的 C—H 的特征轴向拉伸峰。

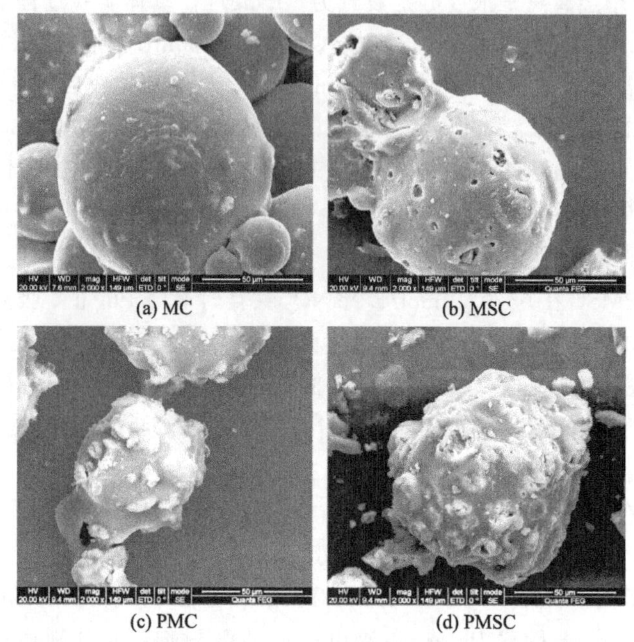

图 4-2 MC、MSC、PMC 和 PMSC 的 SEM 图像

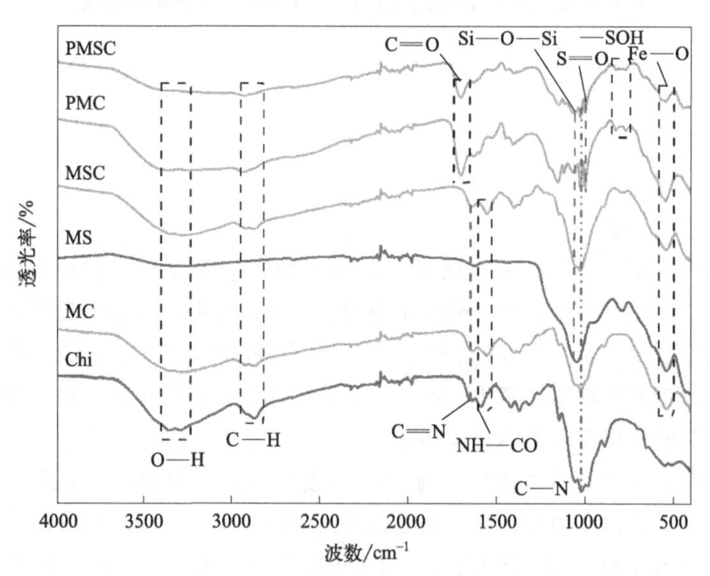

图 4-3 Chi、MC、MS、MSC、PMC 和 PMSC 的 FTIR 表征分析

MC、MSC、PMC 和 PMSC 在 552cm^{-1} 处的强峰值归因于 Fe—O 的振动，表明 Fe_3O_4 纳米颗粒成功地结合到这些吸附剂中。通过用惰性二氧化硅涂层涂覆磁芯获得的 MS 磁性颗粒分别在 1059cm^{-1} 和 799cm^{-1} 处显示出 Si—O—Si 的反对称拉伸振动峰和 Si—O 的对称拉伸振动峰。这种现象也可以在 MSC 和 PMSC 的 FTIR 光谱上观

察到，这表明二氧化硅惰性涂层已经成功地涂覆在磁芯表面。在壳聚糖（Chitosan）的 FTIR 光谱中出现了酰胺Ⅰ带（16562cm^{-1}）、酰胺Ⅱ带（1591cm^{-1}），$C—H_3$ 对称角变形峰（1377cm^{-1}）和 N—C 拉伸振动特征峰（1023cm^{-1}）四个主要吸收峰。在 MC 和 MSC 的光谱中，1636cm^{-1} 处的峰是壳聚糖氨基和戊二醛之间希夫碱反应形成的 C═N 特征峰。在 PMC 和 PMSC 的 FTIR 光谱中，羧基（C═O）、酰胺键的拉伸振动特征峰和酰胺的 N—H 弯曲振动特征峰分别出现在 1701cm^{-1}、1630cm^{-1} 和 1528cm^{-1}。

这些结果表明，自由基聚合反应主要发生在吸附剂 MC 和 MSC 上的氨基以及阴离子单体丙烯酸的羧基官能团。此外，830cm^{-1} 附近的特征峰是—SOH 的拉伸振动，1005cm^{-1} 附近是 S═O 的拉伸振动，进一步证实了烯丙基磺酸钠的磺酸基引入 MSC 和 MC 表面。上述表征结果表明，丙烯酸和烯丙基磺酸钠通过自由基引发聚合成功接枝到磁性壳聚糖吸附剂表面。

4.3.1.3　XPS 分析

所得吸附剂的元素组成可通过 XPS 分析进一步确定，从图 4-4 中可以看出所有吸附剂的 XPS 全谱中的 Fe 2p 峰证实了铁的存在，表明磁芯成功地引到材料中。

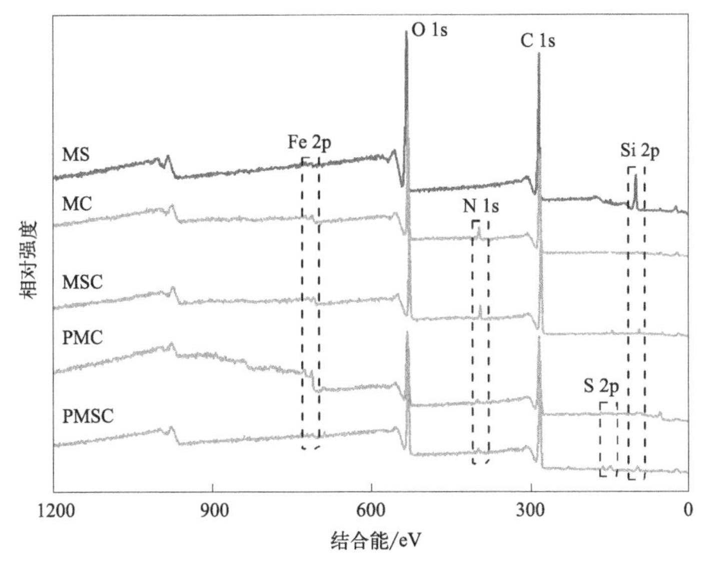

图 4-4　MC、MS、MSC、PMC 和 PMSC 的 XPS 表征分析

此外，在 MS、MSC 和 PMSC 处有明显的 Si 2p 峰，表明二氧化硅也成功地引到吸附剂中。PMC 和 PMSC 的 S 2p 峰表明磺酸官能团已成功接枝，这与 FTIR 的分析结果一致。

通过比较 MSC 和 PMSC 的 N 1s、O 1s 和 S 2p 的高分辨率 XPS 光谱，可以揭示磁性吸附剂表面壳聚糖骨架上的氨基/羟基与阴离子单体上的磺酸和羧基官能团之间相互作用的机理。在图 4-5（a）中 MSC 的 N 1s 光谱中，可以看到 403.02eV、400.05eV 和 397.29eV 处的峰分别归属于$—NH_3^+$、N—C 和—NH/$—NH_2$。

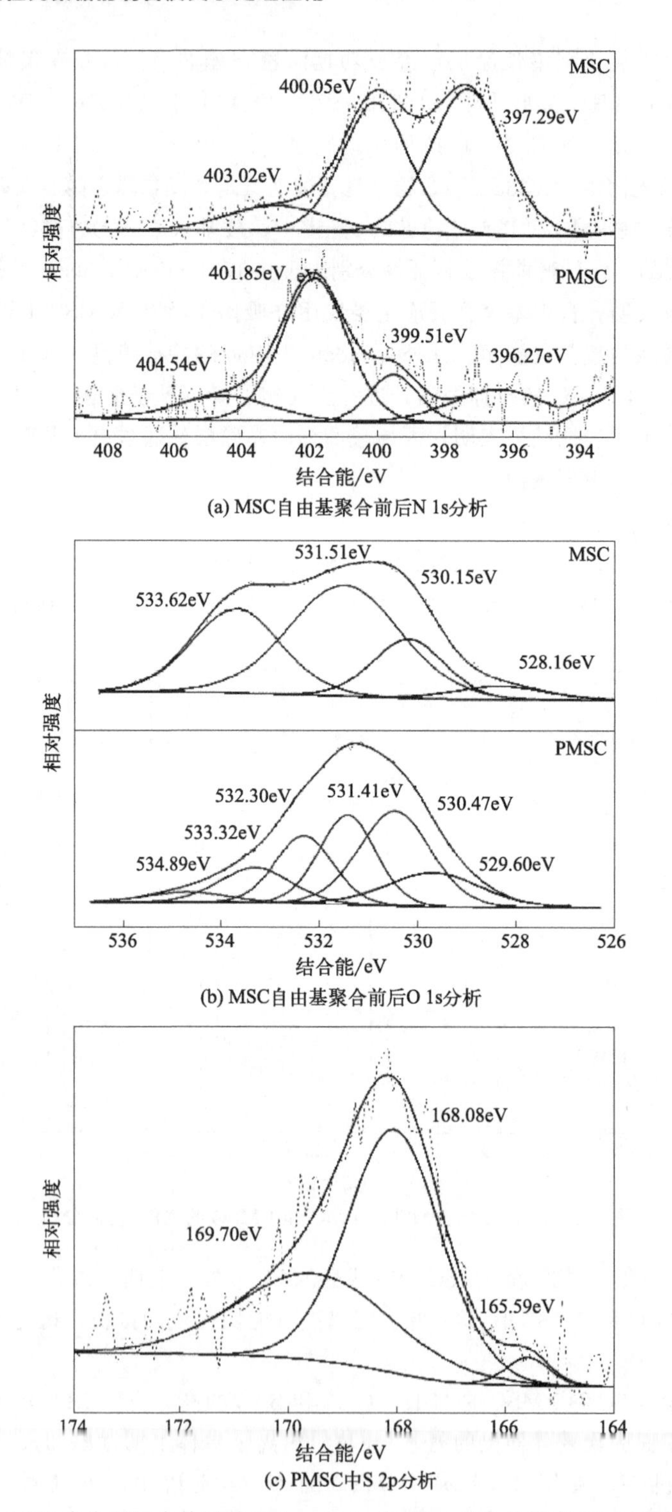

(a) MSC自由基聚合前后N 1s分析

(b) MSC自由基聚合前后O 1s分析

(c) PMSC中S 2p分析

图 4-5 MSC 自由基聚合前后的 N 1s、O 1s 和 S 2p 的高分辨率 XPS 光谱图分析

自由基引发聚合后，PMSC中的—NH_3^+、N—C和—NH/—NH_2稍微向更高的结合能移动，并在396.27eV处出现新的峰。这些结果表明，添加的聚合单体丙烯酸和烯丙基磺酸钠与壳聚糖表面氨基中的N原子进行了反应。聚合后PMSC的O 1s光谱［图4-5(b)］在534.89eV和532.30eV处显示出强峰，归因于C═O/C—O和S═O/S—O基团，这表明羧酸和磺酸基团接枝到MSC表面。此外，PMSC的S 2p光谱显示出强峰，表明吸附剂表面上出现了新的含S官能团。上述结果表明，磁性吸附剂表面壳聚糖骨架上的氨基官能团主要参与了自由基聚合改性过程。这些现象表明磁性壳聚糖多功能吸附剂的成功制备。

4.3.1.4 XRD分析

通过XRD进一步分析和测量Fe_3O_4、MS、MC、MSC、PMC和PMSC的晶体结构，结果如图4-6所示。

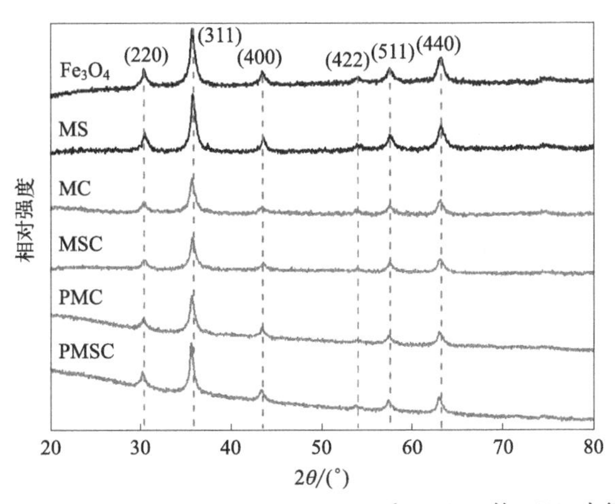

图4-6 Fe_3O_4、MS、MC、MSC、PMC和PMSC的XRD表征分析

2θ位于30.4°、35.7°、43.6°、53.8°、57.5°和63.1°的尖锐衍射峰分别对应于立方氧化铁的（220）、（311）、（400）、（422）、（511）和（440）晶面衍射峰，这表明磁性吸附剂MS、MC、MSC、PMC和PMSC的XRD特征峰与Fe_3O_4磁性纳米粒子的特征峰高度一致，表明磁性纳米复合材料的合成是成功的。此外，在连续引入SiO_2层、壳聚糖有机层和聚合物层后，各峰所对应的相对强度逐渐降低，但是并未对晶型结构造成影响。

4.3.1.5 VSM分析

用振动样品磁力计（VSM）在－20000～20000 Oe的磁场中分析了Fe_3O_4、MS、MC、MSC、PMC和PMSC的磁性能。从图4-7中可以看出，所有的曲线都是对称分布的，没有明显的滞后现象，说明所有的样品都是超顺磁性的。

Fe_3O_4具有优良的磁性，饱和磁化（Ms）值为83.7emu/g。当磁芯包覆二氧化硅、与壳聚糖交联并通过自由基聚合接枝后，MS、MC、MSC、PMC和PMSC的饱

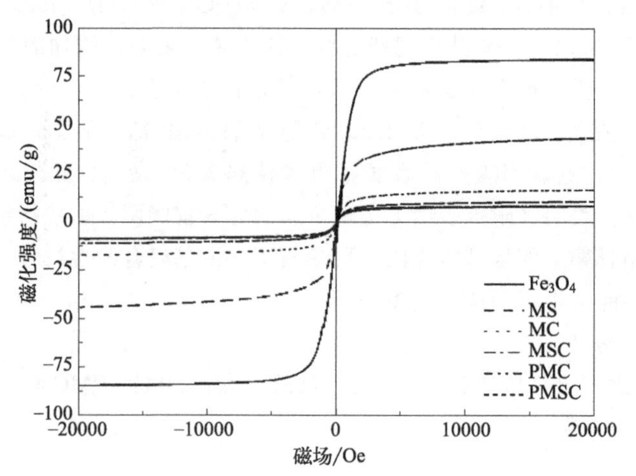

图 4-7 Fe_3O_4、MS、MC、MSC、PMC 和 PMSC 的 VSM 表征分析

和磁化值分别下降到 43.4emu/g、16.6emu/g、10.5emu/g、8.8emu/g 和 8.4emu/g。这主要是由于覆盖在核心 Fe_3O_4 表面的非铁磁性材料逐渐增加，导致单位重量的吸附剂中 Fe_3O_4 纳米颗粒的百分比下降，导致吸附剂的磁性急剧下降。尽管随着合成步骤的增加，Ms 值逐渐下降，但这些制备的 MC、MSC、PMC 和 PMSC 仍然可以在几分钟内从水溶液中磁分离。因此，当引入永久磁场时，PMSC 可以在短时间内轻松快速地从水溶液中分离出来，大大促进磁性吸附剂的分离和再生，这表明吸附剂的再利用是可行的。

4.3.1.6 比表面积和孔径分析

用 N_2 吸附脱附分析和 BJH 孔径分布来研究合成的复合材料的孔隙率，结果显示见图 4-8 和表 4-1。

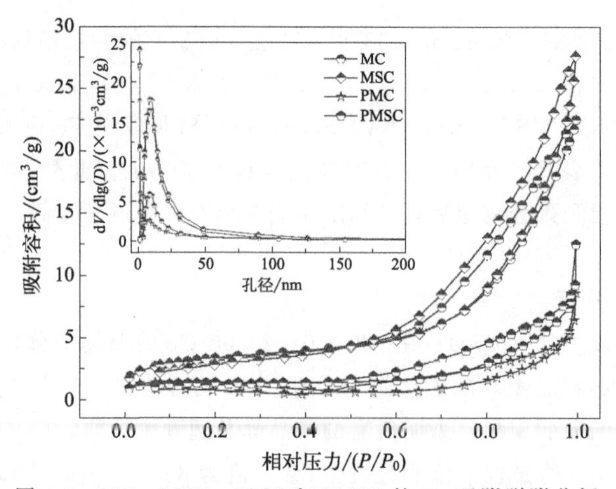

图 4-8 MC、MSC、PMC 和 PMSC 的 N_2 吸附脱附分析

表4-1 MC、PMC、MSC和PMSC的BET表面积和孔径分布的比较

材料	BET表面积/(m^2/g)	孔径大小/nm
MC	11.24	12.37
PMC	2.98	17.84
MSC	11.08	13.77
PMSC	4.07	18.94

根据IUPAC的分类，MC、MSC、PMC和PMSC的等温线均为Ⅳ型，滞后环的形状为H_3，表明具有片状结构和缝隙状孔隙。四种吸附剂的BET表面积相对较小，分别为11.24m^2/g、11.08m^2/g、2.98m^2/g和4.07m^2/g，对污染物的物理吸附贡献很小。

4.3.2 阴离子聚合物改性吸附剂吸附性能研究

4.3.2.1 溶液的初始pH对吸附性能的影响

初始溶液的pH值对铅离子的分布有很大的影响，通过应用Visual MINTEQ (V3.1) 确定了水系中铅物种的分布。从图4-9中可以看出，在pH≤6.0时，溶液中只有Pb^{2+}的离子型物种存在。

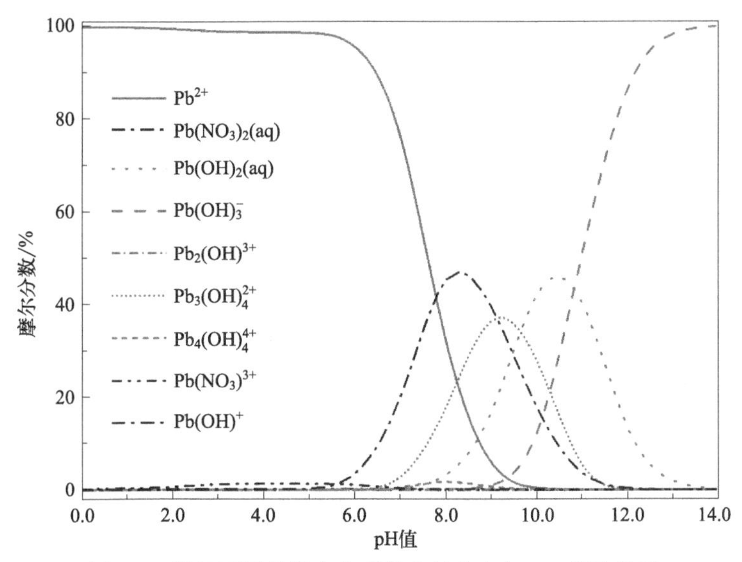

图4-9 铅的不同种类在水系统中的分布与pH值的关系

随着pH值的增加，溶液中铅离子的形态逐渐转变为$Pb(OH)^+$、$Pb_3(OH)_4^{2+}$、Pb(OH) 和$Pb(OH)_3^-$的沉淀形成。因此，在本研究中，考察了吸附剂MC、MSC、PMC和PMSC在1.0～6.0的pH范围内对Pb(Ⅱ) 的吸附性能。

溶液的pH值对吸附剂的表面化学性质也有直接影响，这可能导致吸附剂对污染物的吸附效率发生巨大变化。从图4-10中可以看出，PMSC、PMC、MSC和MC对Pb(Ⅱ) 的去除具有高度的pH响应性，其吸附量随着pH值从1.0到6.0的增加而增

加，这主要是由于溶液 pH 值对吸附剂表面的吸附特性的影响。

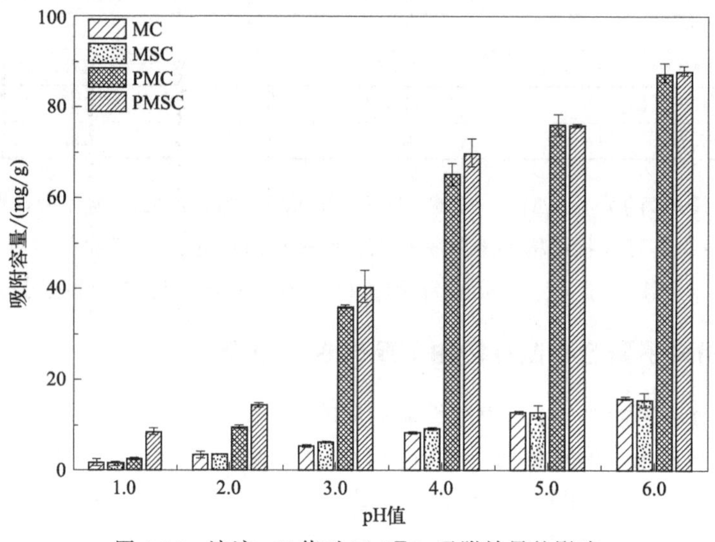

图 4-10 溶液 pH 值对 Pb(Ⅱ) 吸附效果的影响

与 MC 和 MSC 相比，吸附剂 PMC 和 PMSC 对 Pb(Ⅱ) 表现出更高的吸附能力，说明吸附剂表面引入的活性羧基和磺酸基对 Pb(Ⅱ) 的去除起着重要作用，改变了 PMC 和 PMSC 的表面电位，增加了吸附剂与污染物的静电作用，提高了对 Pb(Ⅱ) 的去除能力。具体来说，当溶液的 pH 值从 1.0 增加到 3.0 时，PMSC 和 PMC 对 Pb(Ⅱ) 的吸附能力明显增加，然后随着 pH 值的进一步增加，吸附能力逐渐增加，在 pH 6.0 时达到最大吸附量 88.03mg/g 和 87.58mg/g，分别为 MSC 和 MC 的 5～6 倍。这是因为随着溶液酸度的降低，PMSC/PMC 表面的活性羧基和磺酸基等官能团的去质子化增加，相当数量被 H^+ 占据的活性吸附位点释放出来，可以用于吸附溶液中的 Pb(Ⅱ)。当 pH 值<3.0 时，溶液中存在较高浓度的 H^+，通过影响表面活性基团的质子化反应，进而影响了吸附剂的吸附能力，导致铅离子吸附量低。随着溶液 pH 值的增加（pH 3.0～6.0），连接的 H^+ 将从活性位点释放出来，然后磁性吸附剂对 Pb(Ⅱ) 的吸收量就会增强。因此，在所研究的 pH 值范围内，铅的吸附量逐渐增加，说明静电吸引是吸收重金属离子铅的关键，而且这种捕捉作用随着 pH 值的增加而增强。

溶液的酸度也会影响磁性吸附剂的稳定性，可以通过测量不同 pH 值下溶液中铁离子的浓度来评估。溶液 pH 值对磁性吸附剂中铁离子浸出的影响如图 4-11 所示。

在 pH 值为 1.0 时，MC 浸出的铁离子可以达到 16.85mg/L，而 MSC 为 2.21mg/L，PMSC 为 3.99mg/L，PMSC 为 1.27mg/L。当溶液的 pH 值上升到 2.0 时，上述四种吸附剂的铁浸出浓度分别下降到 1.97mg/L、0.87mg/L、1.09mg/L 和 0.27mg/L。这些实验结果反映出包覆二氧化硅惰性保护层的磁芯可以有效地减少酸性溶液对吸附剂的破坏。此外，可以看出，在整个测试的 pH 值范围内，PMSC 的铁

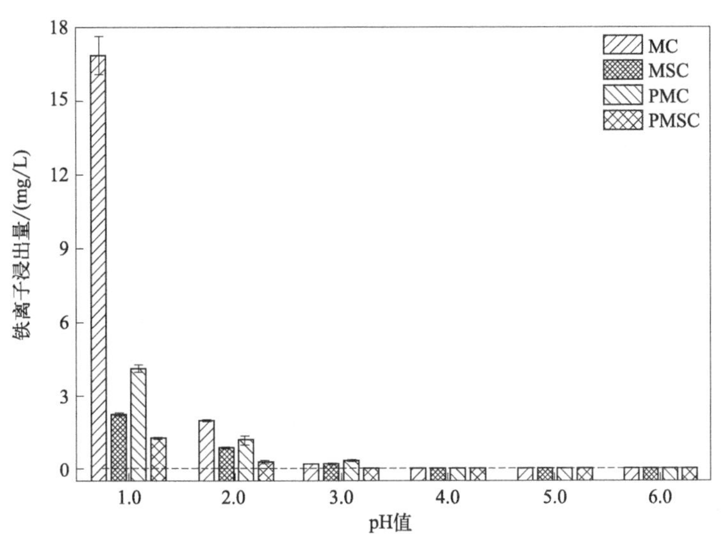

图 4-11　溶液 pH 值对磁性吸附剂中铁离子浸出的影响

浸出浓度与其他吸附剂相比非常小，说明 PMSC 具有良好的稳定性。因此，为了便于比较吸附剂的吸附能力，并考虑到吸附剂的稳定性和性能，在随后的实验中选择 pH 值为 6.0 作为最佳吸附 pH 值。

4.3.2.2　铅离子初始浓度对吸附性能的影响和吸附等温线的研究

吸附质的初始浓度在促进其从溶液到固体的传质中有重要的作用。因此，本研究进行了 Pb(Ⅱ) 初始浓度对吸附剂吸附性能影响的实验。不同初始浓度的 Pb(Ⅱ) 对 PMSC 和 MSC 吸附结果的影响以及吸附等温线的拟合如图 4-12 所示。

当温度为 25℃时，随着 Pb(Ⅱ) 的初始浓度从 50mg/L 增加到 250mg/L，PMSC 对铅离子的捕获能力从 30.87mg/g 增加到 84.73mg/g，MSC 对铅离子的吸附容量从 18.36mg/g 增至 37.22mg/g。这可能是由于在低 Pb(Ⅱ) 浓度下，吸附剂表面具有更多的可用活性位点，并且在初始阶段，吸附容量随着溶液中 Pb(Ⅱ) 量的增加而逐渐增加。接下来，随着 Pb(Ⅱ) 初始浓度的增加，吸收性能缓慢增加并稳定，这是由于 PMSC 和 PMC 提供的未占结合位点的限制，最终分别达到饱和吸附量分别为 98.44mg/g 和 46.68mg/g。

为了研究磁性吸附剂和 Pb(Ⅱ) 之间的相互作用行为，使用两个等温线模型 Langmuir 和 Freundlich 来模拟不同温度下的实验数据。吸附剂上 Pb(Ⅱ) 的 Langmuir 和 Freundlich 模型的线性形式如式(2-3) 和式(2-4) 所示。

表 4-2 列出了 PMSC 和 MSC 对 Pb(Ⅱ) 吸附的 Langmuir 和 Freundlich 模型常数及其相关系数的计算结果。

从计算结果来看，在不同温度下（25℃、35℃、45℃），PMSC 的 Langmuir 模型拟合相关系数（R^2）分别可以达到 0.989、0.993 和 0.990（MSC 可以达到 0.965、

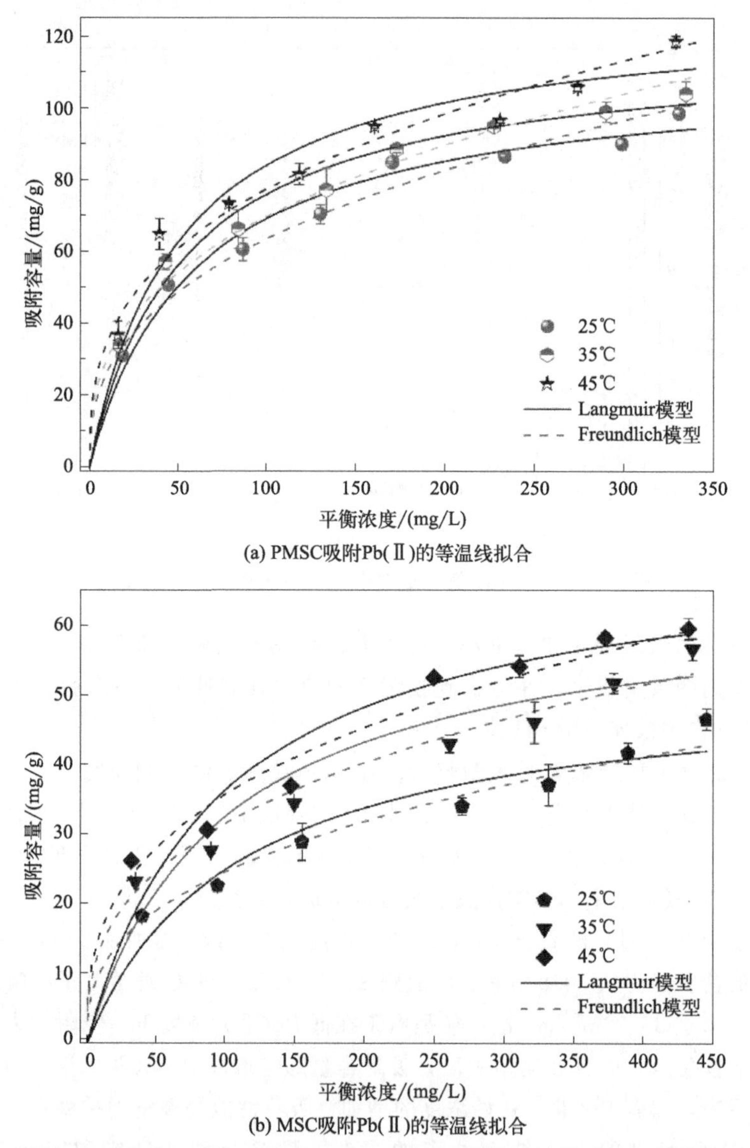

(a) PMSC吸附Pb(Ⅱ)的等温线拟合

(b) MSC吸附Pb(Ⅱ)的等温线拟合

图 4-12　不同初始浓度的 Pb(Ⅱ) 对 PMSC 和 MSC 吸附结果的影响以及吸附等温线的拟合

0.968 和 0.956)，比 Freundlich 模型具有更好的相关性，而且 Langmuir 模型拟合得到的最大吸附量（q_m）更接近实验值（q_{exp}）。这些表明 Langmuir 模型更适合于 PMSC 和 MSC 上 Pb(Ⅱ) 的吸附。因此，上述结果表明，PMSC 和 MSC 都具有均匀的表面，具有相同的吸附位点，都以单层形式吸附 Pb(Ⅱ)，在 25℃时最大吸附量分别可以达到 111.12mg/g 和 52.68mg/g。PMSC 对 Pb(Ⅱ) 的吸收量高于 MSC，很可能是由于 PMSC 表面的各种官能团（如—NH_2、—COOH、—SO_3^-、—OH）的协同作用，增强了磁性纳米复合材料对 Pb(Ⅱ) 的亲和力。

表4-2 铅离子在PMSC和MSC上吸附的Langmuir和Freundlich常数

吸附剂	温度/℃	Langmuir模型			Freundlich模型		
		K_L/(L/mg)	q_m/(mg/g)	R^2	K_F/($mg^{1-1/n}$ · L^{1-n}/g)	$1/n$	R^2
PMSC	25	0.016	111.12	0.989	10.756	0.3848	0.965
	35	0.018	117.65	0.993	12.864	0.3663	0.968
	45	0.019	128.21	0.990	15.489	0.3488	0.956
MSC	25	0.009	52.68	0.980	4.45	0.3719	0.903
	35	0.010	64.94	0.973	6.12	0.3559	0.928
	45	0.010	72.46	0.990	7.21	0.3473	0.919

4.3.2.3 反应初始温度对吸附性能的影响和吸附热力学的研究

反应温度与分子的热运动有关，影响污染物和吸附剂之间的相互作用。在本研究中，溶液温度对Pb(Ⅱ)吸附性能的影响是在三个不同的温度（25℃、35℃和45℃）下进行开展的。从图4-12中可以看出，随着温度从25℃增加到45℃，PMSC和MSC对Pb(Ⅱ)的吸附能力分别从98.44mg/g和46.68mg/g逐渐增加到118.51mg/g和59.69mg/g。

实验结果表明，温度的提高促进了吸附剂对Pb(Ⅱ)的吸收。为了研究其机理，根据热力学公式计算热力学参数标准吉布斯自由能变化（$\Delta G^{\ominus}$，kJ/mol)、标准熵变化[$\Delta S^{\ominus}$，J/(mol·K)]和标准焓变化（$\Delta H^{\ominus}$，kJ/mol）来评估吸附过程的可行性和方向。吉布斯自由能变化（$\Delta G^{\ominus}$）通过式(2-5)计算，焓变（$\Delta H^{\ominus}$）和熵变（$\Delta S^{\ominus}$）通过式(2-6)计算。

表4-3中的结果显示，在每个温度下，PMSC和MSC捕获Pb(Ⅱ)的$\Delta G^{\ominus}$值都是负值，表现为一个热力学上的自发过程。$\Delta S^{\ominus}$的正值表明，被吸附的Pb(Ⅱ)在固-液界面上呈现出一定的自由度降低，随机性增加。同时，$\Delta H^{\ominus}$的正值显示了自然界中吸附的内热过程。因此，在一定范围内提高含铅溶液的温度对Pb(Ⅱ)的吸收是有利的。

表4-3 铅离子在PMSC和MSC上吸收的热力学参数

吸附剂	$\Delta G^{\ominus}$/(kJ/mol)			$\Delta H^{\ominus}$/(kJ/mol)	$\Delta S^{\ominus}$/[J/(mol·K)]
	25℃	35℃	45℃		
PMSC	−14.15	−14.46	−14.96	2.04	40.5
MSC	−13.0	−13.9	−14.6	11.6	82.6

4.3.2.4 不同接触时间对吸附性能的影响和吸附动力学的研究

通过研究PMSC和MSC在不同接触时间对Pb(Ⅱ)的吸收性能，分析了吸附剂对污染物的吸附率。

从图4-13可以看出，在吸附开始的最初30min内，PMSC和MSC对Pb(Ⅱ)的吸附率较快，在这个阶段有60%以上的Pb(Ⅱ)被吸附。这主要是由于液相中的铅离子浓度较高，而吸附剂表面的结合位点众多，可以促成快速的吸附速率。

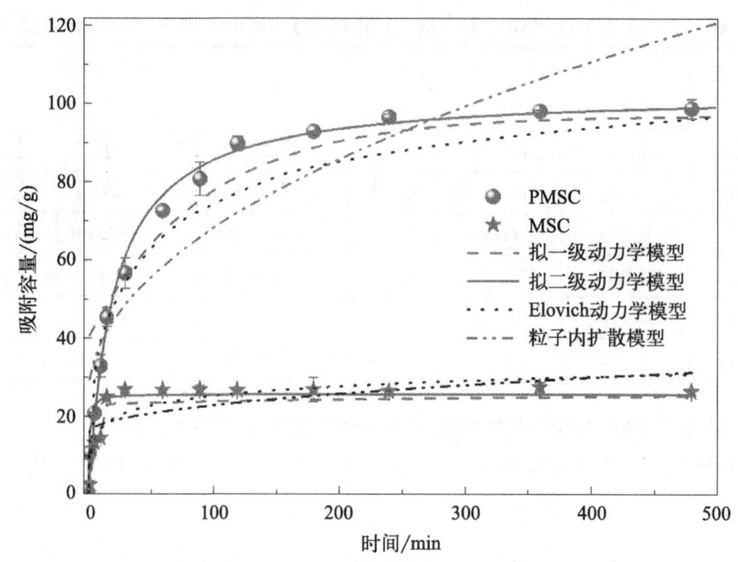

图 4-13 不同吸附时间对 PMSC 和 MSC 吸附 Pb(Ⅱ) 的影响以及动力学模型的拟合

随着反应的进行，吸附剂表面的大部分活性位点被逐渐耗尽，吸附剂上的 Pb(Ⅱ) 捕捉变得缓慢，在 100min 时达到初始平衡，吸附速率逐渐下降。此后，吸附过程以较慢的速度进行，最终 PMSC 和 MSC 分别达到了 98.60mg/g 和 27.38mg/g 的最大吸附容量。

为了探索 PMSC 和 MSC 对 Pb(Ⅱ) 的吸附机制，广泛采用了四种动力学模型[拟一级动力学模型 (PSO)、拟二级动力学模型 (PSO)、Elovich 模型和粒子内扩散模型] 来拟合实验数据，分别见式(2-7)～式(2-10)。

拟合结果见图 4-13，通过拟合各种动力学模型得到的相应参数列于表 4-4。

表 4-4 铅在 PMSC 和 MSC 上的 PFO、PSO、Elovich 模型和粒子内扩散吸附的动力学参数

动力学模型	参数	吸附剂	
		PMSC	MSC
实验数据	q_{exp}/(mg/g)	98.60	27.38
拟一级动力学模型	q_{e1}/(mg/g)	96.57	25.74
	K_1/min^{-1}	0.0107	0.0031
	R^2	0.9122	0.8893
拟二级动力学模型	q_{e2}/(mg/g)	103.09	27.61
	K_2/[g/(mg·min)]	0.0005	0.0610
	R^2	0.9986	0.9943
Elovich 模型	A	10.56	8.42
	B	12.47	3.61
	R^2	0.9633	0.8177

续表

动力学模型	参数	吸附剂	
		PMSC	MSC
粒子内扩散动力学模型	K_i/[g/(mg · $min^{1/2}$)]	4.2742	0.7160
	C/(mg/g)	25.063	15.504
	R^2	0.8361	0.8687

结果表明，Pb(Ⅱ) 在 PMSC（${R_{PMSC}}^2=0.999$）和 MSC（${R_{MSC}}^2=0.994$）上的动力学与 PSO 较为一致，这意味着化学吸附是吸附剂吸收 Pb(Ⅱ) 的主要控速步骤。

4.3.2.5 吸附剂的再生重复利用研究

从经济角度来看，选择具有良好重复使用性的吸附剂对于降低废水处理成本至关重要。因此，本研究对吸附剂进行了多次循环再生实验。图 4-14 所示的结果表明，PMSC 对 Pb(Ⅱ) 的吸收量从第 1 次吸附时的 85.08mg/g 逐渐下降到第 5 次循环时的 67.77mg/g。

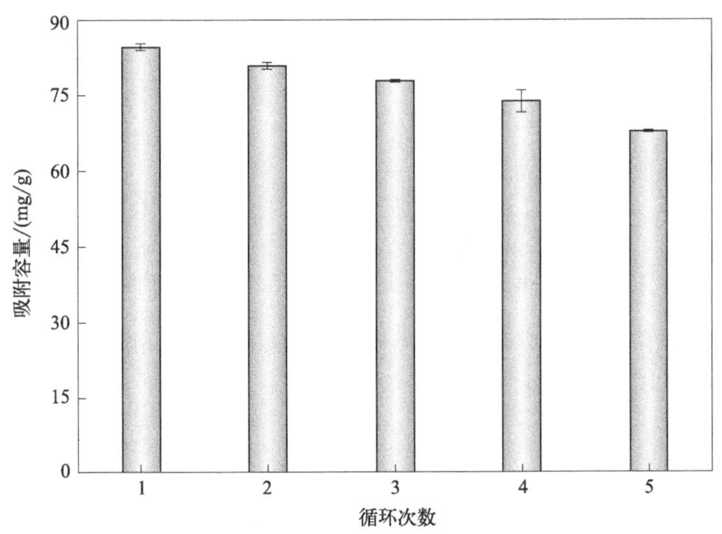

图 4-14　PMSC 吸附 Pb(Ⅱ) 的循环再生研究

吸附剂吸收量的减少可能是由于 PMSC 在重复吸附-再生过程中的部分损失和部分吸附位点的不可逆占用。然而，实验结果表明，该吸附剂保持了约 80%的原始吸收性能，表明该吸附剂具有良好的可重复使用性。

4.3.3 阴离子聚合物改性吸附剂的水处理应用潜力研究

工业废水或含铅溶液往往含有许多其他种类的污染物，Pb(Ⅱ) 的吸收可能受到现实水环境的异质性和复杂性的影响。为了进一步揭示吸附剂对复杂废水中 Pb(Ⅱ) 的选择性吸附和分离，在多种竞争性金属离子共存、无机盐共存、有机染料共存的不同水环境条件下，研究了阴离子聚合物改性吸附剂的水处理应用潜力。

4.3.3.1 共存的竞争性金属离子的影响

随着工业的不断发展，含铅废水中通常不可避免地会有许多其他金属离子共存。因此，本研究进行了多种金属离子共存的吸附实验，以验证 PMSC 和 MSC 的选择性能。从图 4-15 可以看出，在多金属离子溶液［含有 Pb(Ⅱ)、Zn(Ⅱ)、Cu(Ⅱ)、Ni(Ⅱ)、Co(Ⅱ)、Sr(Ⅱ) 和 Cd(Ⅱ)］中 PMSC 对 Pb(Ⅱ) 表现出很高的选择性，其选择性吸附量为 84.63mg/g，远远高于 MSC 的吸附量（10.66mg/g）。

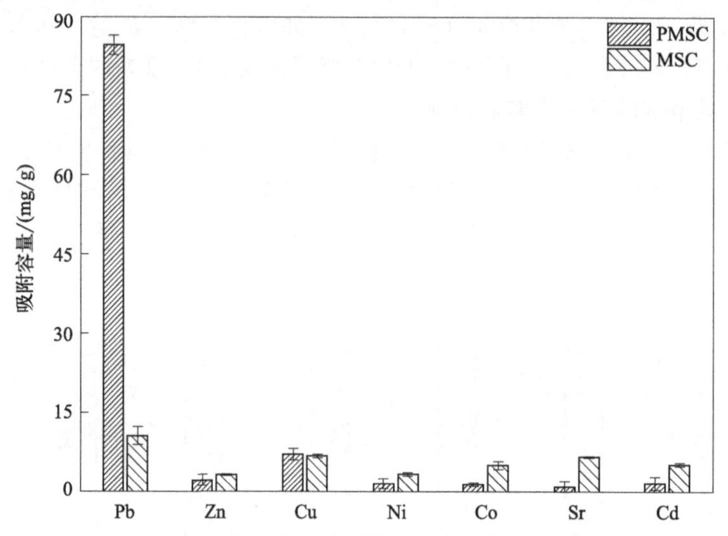

图 4-15 PMSC 和 MSC 在多金属离子混合溶液中吸附性能的研究

图 4-16 显示了这两种吸附剂对每种金属离子的 K_d 值，其中 PMSC 对 Pb(Ⅱ) 的 K_d 为 6.05L/g，是其他金属的 82.82～718.94 倍。

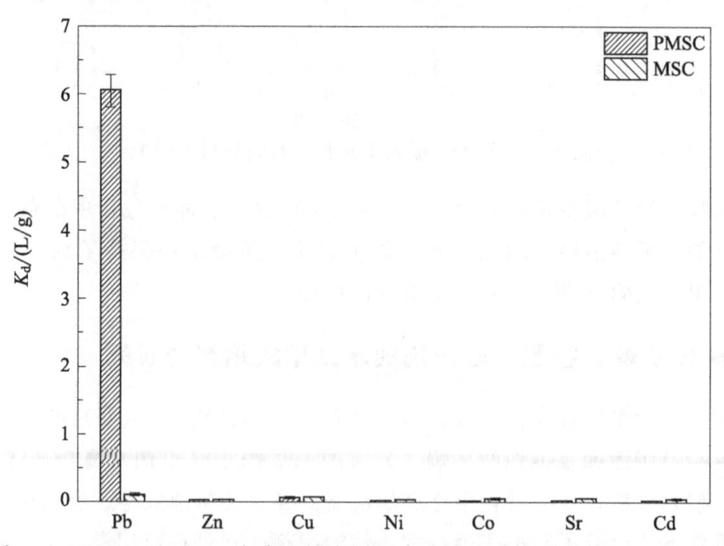

图 4-16 PMSC 和 MSC 在多金属离子混合溶液中分布系数（K_d）的研究

此外，计算出 PMSC 和 MSC 对 Pb(Ⅱ) 的 S_{Pb} 分别为 85.83%和 23.55%。综上所述，可以看出，吸附剂 MSC 通过自由基接枝改性引入的羧基和磺酸基官能团不仅提高了 Pb(Ⅱ) 的捕获量，而且提高了对 Pb(Ⅱ) 的选择性吸附能力，对多金属混合废水中 Pb(Ⅱ) 的去除起到了巨大的作用，具有很大的应用潜力。

4.3.3.2 共存无机盐的影响

为了探讨 PMSC 和 MSC 在实际条件下对 Pb(Ⅱ) 的捕获，在不同浓度 $NaNO_3$ 共存的情况下，对吸附剂的吸附性能进行了评估。图 4-17 显示，当 $NaNO_3$ 浓度从 0 增加到 0.10mol/L 时，PMSC 对 Pb(Ⅱ) 的吸附能力从 86.11mg/g 下降到 53.59mg/g，MSC 的这一数值从 15.34mg/g 下降到 7.34mg/g。

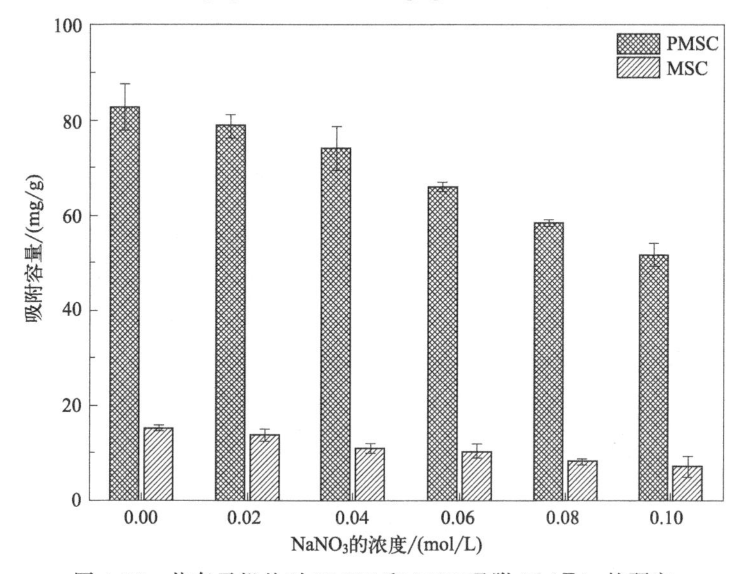

图 4-17 共存无机盐对 PMSC 和 MSC 吸附 Pb(Ⅱ) 的研究

这说明离子强度的增加显然抑制了 Pb(Ⅱ) 的捕获情况，这主要是由于溶液中离子强度的增加压缩了吸附剂的电双层，导致吸附剂与 Pb(Ⅱ) 之间的静电吸引力被抑制，另一方面 Na^+ 可能与 Pb(Ⅱ) 竞争吸附剂表面的阴离子位点，导致 Pb(Ⅱ) 的吸附量减少。

4.3.3.3 共存的有机染料的影响

在实际的废水中，有许多种不同性质的污染物共存。金属离子和有机染料通常不可避免地共存于工业废水中，它们的高毒性、高持久性、长迁移性和高生物富集性对环境和人类健康构成了严重威胁。因此，研究了吸附剂在共存的亚甲基蓝存在下的 Pb(Ⅱ) 去除性能。共存有机染料对 PMSC 和 MSC 吸附 Pb(Ⅱ) 的研究如图 4-18 所示。

随着共存的亚甲基蓝浓度的增加，PMSC 对 Pb(Ⅱ) 的吸附受到抑制，而吸附剂吸附的亚甲基蓝量逐渐增加。PMSC 对 Pb(Ⅱ) 的捕获能力从 82.50mg/g 明显下降到 49.06mg/g，亚甲基蓝的加入量从 0 提高到 30mg/L，亚甲基蓝的吸收量增加到 21.97mg/g。随着共存的亚甲基蓝量增加到 100mg/L，PMSC 对 Pb(Ⅱ) 几乎没有吸

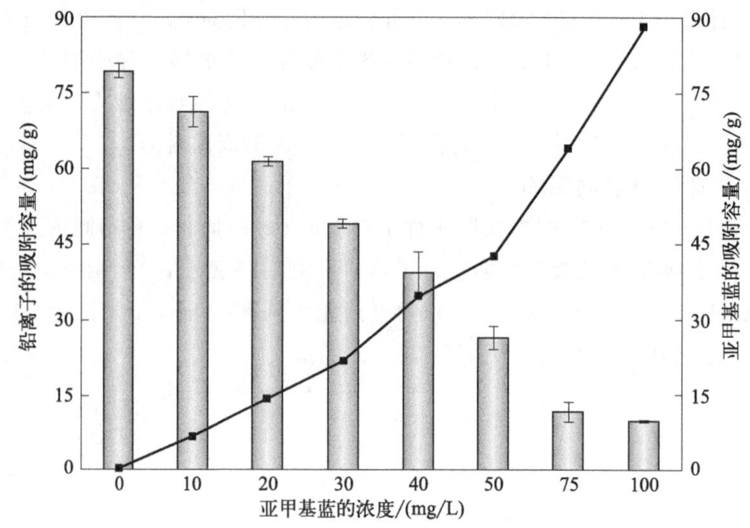

图 4-18 共存有机染料对 PMSC 和 MSC 吸附 Pb(Ⅱ) 的研究

附能力，而对亚甲基蓝的吸附能力达到 88.41mg/g。这可能是由于溶液中共存的 Pb(Ⅱ) 和亚甲基蓝都是阳离子污染物，它们会同时竞争吸附剂表面有限的吸附点。

由于亚甲基蓝的分子量（$M_{亚甲基蓝}$=373.9g/mol）大于 Pb(Ⅱ) 的分子量（M_{Pb}=207.2g/mol），它与吸附剂表面的羧基和磺酸基有更强的亲和力，所以随着共存的亚甲基蓝浓度增加，吸附剂主要吸附亚甲基蓝，导致 Pb(Ⅱ) 的吸附受到限制。

4.3.4 吸附机理研究

为了研究吸附过程的机制，对吸附前后的 PMSC 样品进行了 EDS、FTIR 和 XPS 表征分析。首先，吸附前后的 EDS 图（图 4-19）显示，吸附剂 PMSC 的主要组成元素为 C、N、O、Si、Fe 和 S。在吸附 Pb(Ⅱ) 后，PMSC+Pb 上检测到了元素 Pb，说明 PMSC 成功捕获了溶液中的铅离子。

为了进一步探索吸收机制，检测了 PMSC 在吸附污染物前后的 FTIR 光谱，用以对比分析吸附剂表面官能团的变化。PMSC 和 PMSC+Pb 的 FTIR 分析如图 4-20 所示。

吸附剂捕获 Pb(Ⅱ) 后的 FTIR 光谱，3500～3000cm^{-1} 范围内的官能团受到影响，这主要是由吸附在吸附剂表面的水合羟基和羧基中的 O—H 拉伸振动引起的。吸附铅离子后，在 1701.54cm^{-1} 处的 C═O 振动峰强度下降，而 1636.49cm^{-1} 处的 C═O 峰和 1065.70cm^{-1} 处的—SOH 峰强度上升。1527.84cm^{-1} 处的高波数峰被红移至 1534.09cm^{-1}。这些现象表明，在吸附过程中，PMSC 中的羟基、羧基和磺酸基与铅离子发生作用。

对吸附铅离子前后的 PMSC 进行了 XPS 的全谱分析。从图 4-21 中可以看出，PMSC 吸收 Pb(Ⅱ) 后，Pb 4f 峰出现在 PMSC 表面，其高分辨率 XPS 光谱显示在图 4-21 的嵌入部分，其在 140.28eV 和 138.49eV 的峰分别是 Pb $4f_{5/2}$ 和 Pb $4f_{7/2}$ 的俄歇双峰，说明 PMSC 在水溶液中成功捕获了 Pb(Ⅱ)。

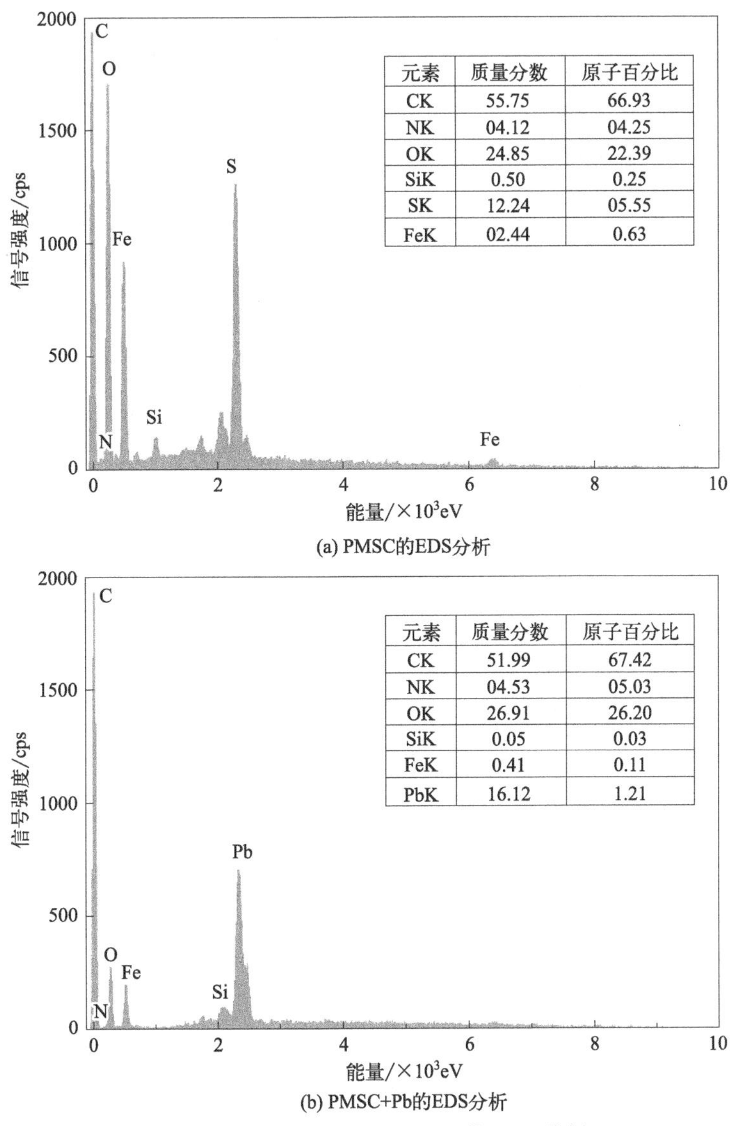

元素	质量分数	原子百分比
CK	55.75	66.93
NK	04.12	04.25
OK	24.85	22.39
SiK	0.50	0.25
SK	12.24	05.55
FeK	02.44	0.63

(a) PMSC的EDS分析

元素	质量分数	原子百分比
CK	51.99	67.42
NK	04.53	05.03
OK	26.91	26.20
SiK	0.05	0.03
FeK	0.41	0.11
PbK	16.12	1.21

(b) PMSC+Pb的EDS分析

图 4-19　PMSC 和 PMSC+Pb 的 EDS 分析

为了进一步确定吸附剂对 Pb(Ⅱ) 的吸附情况，还分析了 PMSC 吸附 Pb(Ⅱ) 前后的 N 1s、O 1s 和 S 2p 的高分辨率 XPS 光谱，结果见图 4-22。

吸附铅离子后，在 N 1s 谱中观察到各结合能的峰发生了移动，特别是位于 401.85eV 和 399.51eV 的—NH_3^+ 和—NH/—NH_2，分别向更高的结合能移动到 401.88eV 和 400.66eV。这一结果表明，吸附剂结构中的氨基通过静电吸引参与了对铅离子的捕获。在 O 1s 的高分辨率 XPS 光谱中，含氧官能团 C═O/C—O (533.32eV) 和 S═O/S—O (531.41eV) 的结合能在吸附 Pb(Ⅱ) 前后也有轻微的移动，表明 Pb 与吸附剂表面的羧基、羟基和磺酸基之间存在静电相互作用，这与

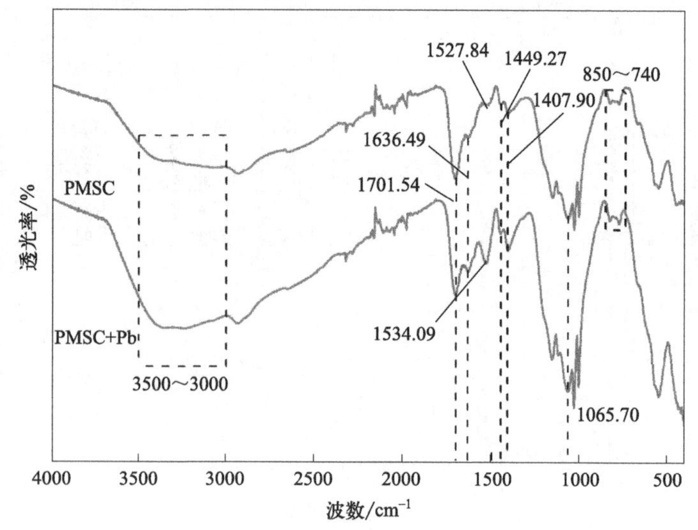

图 4-20 PMSC 和 PMSC+Pb 的 FTIR 分析

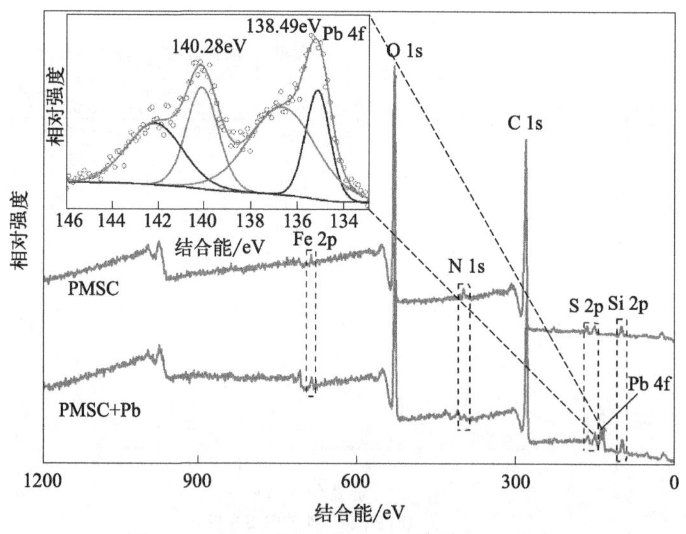

图 4-21 PMSC 和 PMSC+Pb 的 XPS 分析

FTIR 分析结果一致。同样，在 S 2p 高分辨 XPS 光谱中，S═O 和 S—O 在 169.70eV 和 168.08eV 的位置，在吸附 Pb(Ⅱ) 后都转移到了高结合能位置，达到 170.39eV 和 168.26eV，说明吸附剂表面的磺酸基参与了铅离子的化学吸附过程。

综上所述，PMSC 对 Pb(Ⅱ) 的有效去除主要是通过有机壳聚糖和接枝聚合物丙烯酸和烯丙基磺酸钠的链上的氨基、羧基、羟基和磺酸基与 Pb(Ⅱ) 的络合、离子交换作用和静电作用实现的。值得一提的是，通过自由基聚合反应引入的羧基和磺酸基可能是有效捕集 Pb(Ⅱ) 最重要的功能团。基于上述结果，提出了 PMSC 吸附Pb(Ⅱ) 的可能机制，如图 4-23 所示。

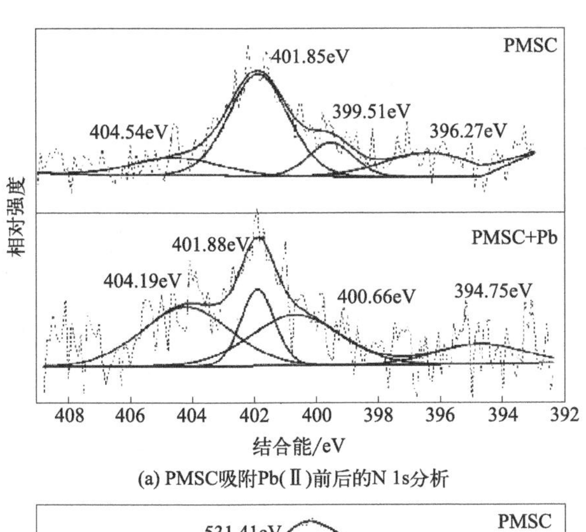

(a) PMSC吸附Pb(Ⅱ)前后的N 1s分析

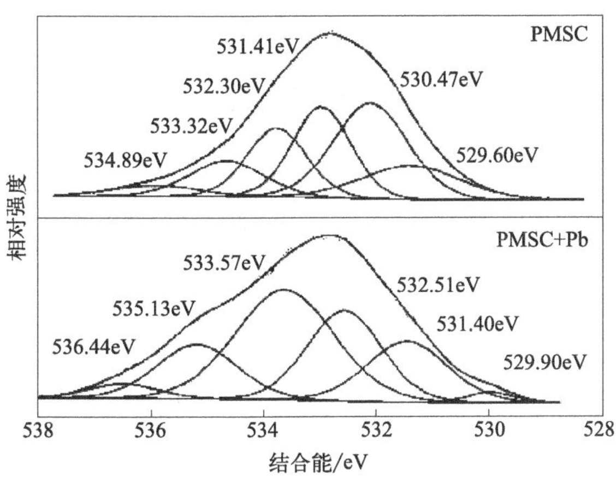

(b) PMSC吸附Pb(Ⅱ)前后的O 1s分析

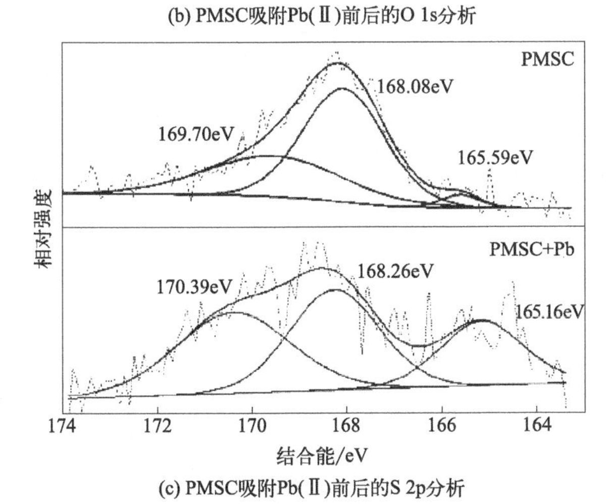

(c) PMSC吸附Pb(Ⅱ)前后的S 2p分析

图 4-22 PMSC 吸附 Pb(Ⅱ) 前后的 N 1s、O 1s 和 S 2p 的高分辨率 XPS 光谱图分析

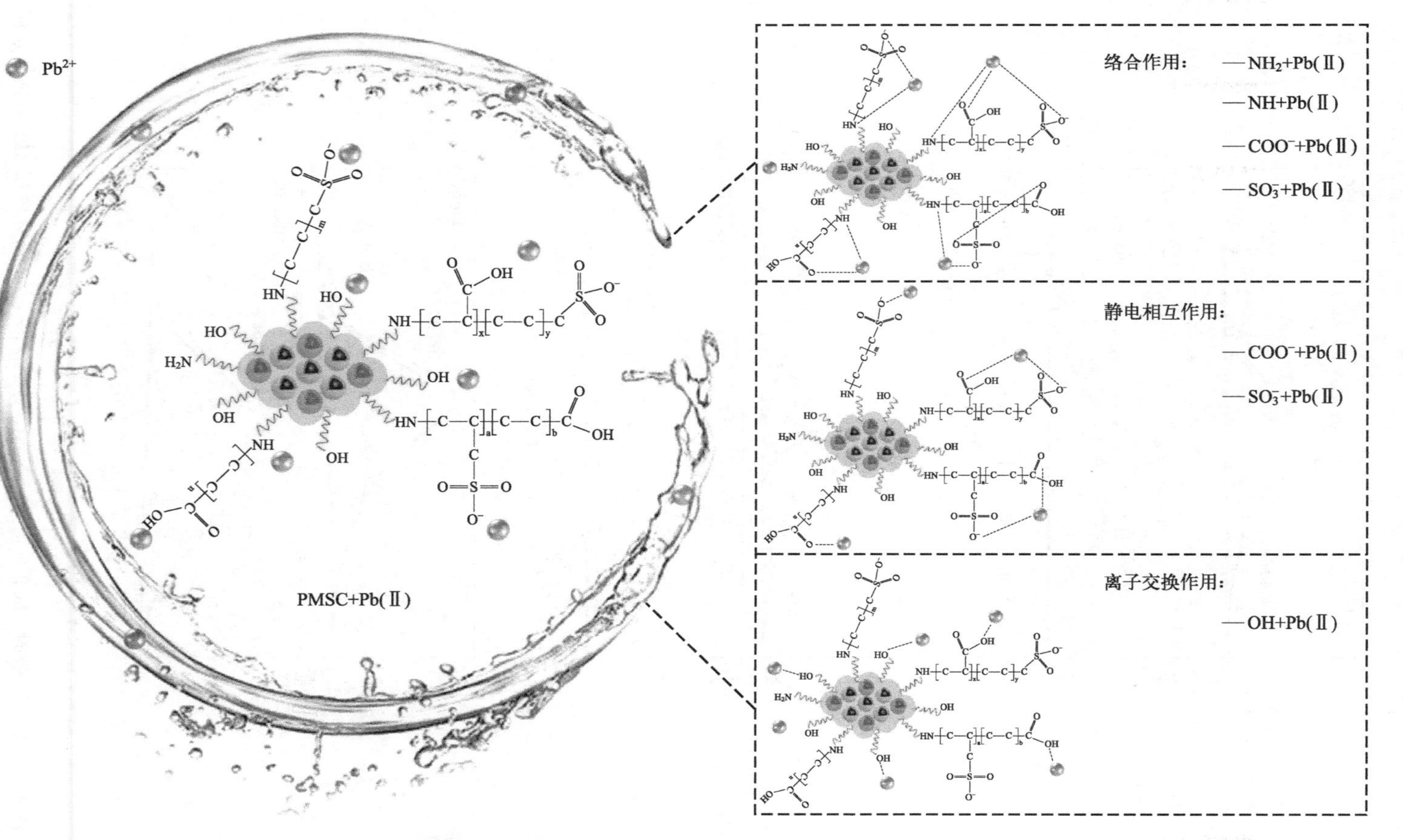

图 4-23 PMSC 捕获铅的可能吸附机制

4.4 本章小结

① 本研究通过自由基聚合法成功制备了一种新型的磁性可回收吸附剂 PMSC，并将其用于铅离子的高效选择性吸附。通过综合表征分析的结果表明，磁性吸附剂 PMSC 具有良好的磁分离性能，通过加入外部磁场可以实现快速磁分离，提高了吸附剂的分离效率。

② 对 Pb(Ⅱ) 的批量实验结果表明，该吸附剂具有 pH 值响应性，在 6.0 时达到最大容量 88.03mg/g。酸度实验还表明，对磁芯部分进行二氧化硅惰性涂层包裹的吸附剂 PMSC 具有更强的耐酸性，在 pH 值为 1.0 时几乎没有铁离子的浸出，而 PMC 则浸出了 3.99mg/L 的铁离子。

此外，PMSC 对 Pb(Ⅱ) 的吸附过程可以更好地用 Langmuir 等温线模型来拟合，在 25℃时，最大吸附量可以达到 111.12mg/g，远远高于 MSC 的吸收量（52.68mg/g)。热力学研究表明，PMSC 对 Pb(Ⅱ) 的吸收是一个吸热和自发过程。吸附动力学结果也表明，PMSC 对 Pb(Ⅱ) 的捕获可以在 100min 内达到平衡，拟二级动力学模型是最适合的动力学模型，表明该吸附过程是一个化学吸附过程，而不是普通的传质过程。重复使用性实验表明，合成的磁性纳米复合材料至少可以连续重复使用 5 次，并且仍然具有良好的吸附性能。

③ 在对该吸附剂的应用研究中发现，在多金属离子共存的溶液中，PMSC 对 Pb^{2+} 的分布系数值达到 6.05L/g，远远高于其他金属（Zn^{2+}、Cu^{2+}、Ni^{2+}、Co^{2+}、Sr^{2+} 和 Cd^{2+}）的分布系数，显示出对 Pb(Ⅱ) 具有优异的选择性吸附性能。

④ 为了进一步研究其吸附机理，对 PMSC 捕获 Pb(Ⅱ) 前后进行了 XPS 和 FTIR 研究，结果表明 PMSC 吸收 Pb(Ⅱ) 的主要机理主要由吸附剂表面的活性羧基、磺酸基和氨基官能团的络合、离子交换和静电作用控制。

总的来说，这项研究为开发一系列耐酸、快速磁分离、可回收的高分子磁性吸附剂以选择性地捕捉废水中的铅离子提供了广阔的前景。

第5章 DTPA功能化磁性壳聚糖的制备及其水处理效能研究

5.1 概述

在本书前3章的研究中，制备了磁性壳聚糖吸附剂、磷酸化改性的磁性壳聚糖吸附剂以及阴离子聚合物改性的磁性壳聚糖吸附剂，分别研究了它们的吸附性能。为了探索吸附剂表面的其他官能团对吸附剂水处理效能的影响，在接下来的研究中对磁性壳聚糖材料的表面进行功能化改性引入了丰富的羧基官能团以进一步提高磁性壳聚糖吸附剂吸附性能。二亚乙基三胺五乙酸（DTPA）是一种螯合剂，具有三个叔胺氮原子和五个羧基官能团可以作为相对灵活的配体，将其接枝到磁性壳聚糖的表面上，制备一种具有优良吸附性能的吸附剂，用于获取和去除污染物。

本研究通过酰胺化反应将DTPA接枝到磁性壳聚糖的表面，制备了两种DTPA功能化改性的磁性吸附剂FFO@Chi-DTPA和FFO@Sil@Chi-DTPA，用于水处理研究，主要包括：含多金属离子的混合溶液中［Pb(Ⅱ)、Zn(Ⅱ)、Cu(Ⅱ)、Ni(Ⅱ)、Sr(Ⅱ)、Cd(Ⅱ)和Ag(Ⅰ)］Pb(Ⅱ)的高选择性吸附、不同pH条件下吸附剂对Pb(Ⅱ)的选择性吸附情况，并通过测定在不同pH值下溶液中铁离子的浸出量对比吸附剂磁核包裹二氧化硅对吸附剂稳定性的影响。对只含Pb(Ⅱ)的单金属离子体系，通过对不同初始溶液的pH值的影响、动力学研究、等温线研究、热力学研究、离子强度的影响实验进行了研究，也通过对吸附剂吸附Pb(Ⅱ)前后的EDS、FTIR和XPS的表征分析对吸附机理进行了详细阐述。

5.2 实验内容与方法

5.2.1 主要试剂与仪器

5.2.1.1 主要试剂

二亚乙基三胺五乙酸五钠（$C_{14}H_{18}N_3Na_5O_{10}$，分析纯）、*N*-羟基琥珀酰亚胺（NHS，98%）、1-乙基-（3-二甲基氨基丙基）碳二亚胺盐酸盐（EDC，98%）、硝酸银（$AgNO_3$，分析纯）、硝酸铅 [$Pb(NO_3)_2$，分析纯]、硝酸钴（六水）[$Co(NO_3)_2 \cdot 6H_2O$，分析纯]、硝酸锌（六水）[$Zn(NO_3)_2 \cdot 6H_2O$，分析纯]、硝酸锶 [$Sr(NO_3)_2$，分析纯]、硝酸镍（六水）[$Ni(NO_3)_2 \cdot 6H_2O$，分析纯]、硝酸镉（四水）[$Cd(NO_3)_2 \cdot 4H_2O$，分析纯]、乙二胺四乙酸二钠（$C_{10}H_{14}N_2Na_2O_8$，分析纯）、硝酸（HNO_3，分析纯）、氢氧化钠（NaOH，分析纯）、无水乙醇（C_2H_6O，分析纯）、四氧化三铁（Fe_3O_4，50nm）、壳聚糖（脱乙酰度 95%）、正硅酸乙酯（$C_8H_{20}O_4Si$，分析纯）、氨水 [$NH_3(aq)$，10%]、环己烷（C_6H_{12}，分析纯）、多元素混合标准溶液（100μg/mL，Ag、Cd、Co、Cr、Cu、Ga、In、K、Li、Mg、Na、Ni、Pb、Se、Sr、Zn、Fe 等）、司盘 80（Span-80，分析纯）、戊二醛（$C_5H_8O_2$，分析纯）。

5.2.1.2 主要仪器

双频数控超声波清洗器（KQ-500VDE）、电热恒温鼓风干燥箱（DHG-9140A）、IKA 悬臂搅拌器（RW20 数显型）、恒温磁力搅拌器（B15-1）、恒温水浴振荡器（SHA-C）、pH 计（PHS-3C）、舜宇恒平仪器（FA2004）、电感耦合等离子体原子发射光谱仪（SPECTRO GENESIS）、紫外可见分光光度计（UV1102 Ⅱ）、傅里叶变换红外光谱仪（Nicolet iS50）、场发射扫描电镜（SU8010）、X 射线衍射仪（DMAX/2C）、射线光电子能谱仪（ESCALAB250Xi）、比表面积和孔径分析仪（Quadrasorb 2MP）、元素分析仪（Unicube）、热重分析仪（STA449F3）以及振动磁强计（PPMS DynaCool 9）。

5.2.2 DTPA 功能化磁性壳聚糖吸附剂的制备

吸附剂 Fe_3O_4@SiO_2、Fe_3O_4@Chitosan(FFO@Chi) 和 Fe_3O_4@SiO_2@Chitosan (FFO@Sil@Chi) 的制备方法与 2.2.2 相同，并对吸附剂 FFO@Sil@Chi 的表面进行了酰胺化改性接枝 DTPA，制备得到了两种新型磁性吸附剂 Fe_3O_4@CS-DTPA (FFO@Chi-DTPA) 和 Fe_3O_4@SiO_2@CS-DTPA (FFO@Sil@Chi-DTPA)，以实现对水溶液中金属离子的捕获。主要的合成路线见图 5-1 所示。

5.2.2.1 Fe_3O_4@SiO_2 的制备

Fe_3O_4@SiO_2 的具体合成步骤与 2.2.2.1 中描述的方法一致。

5.2.2.2 磁性壳聚糖纳米颗粒的制备

采用反相乳液交联法制备壳聚糖包裹的磁性吸附剂 Fe_3O_4@SiO_2@Chitosan

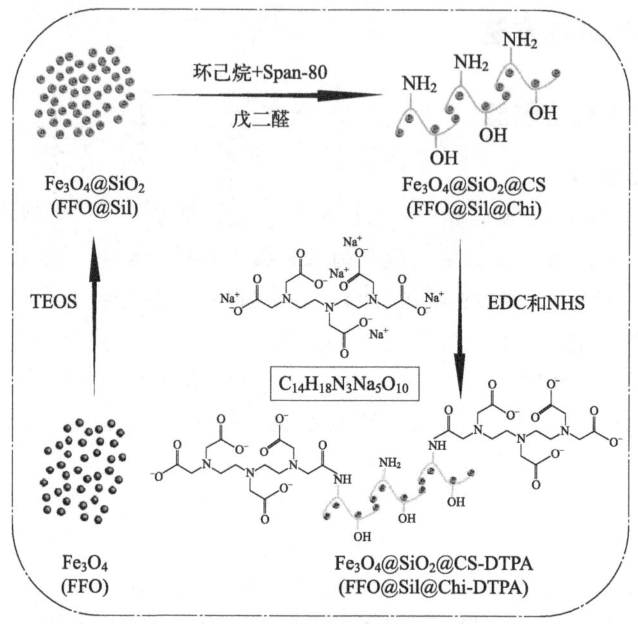

图 5-1 DTPA 功能化磁性壳聚糖纳米粒子的合成路线

(FFO@Sil@Chi) 和 Fe_3O_4@Chitosan(FFO@Chi)，其具体的合成步骤与 2.2.2.2 中描述的方法一致。

5.2.2.3 DTPA 功能化磁性壳聚糖吸附剂的制备

Fe_3O_4@SiO_2@Chitosan-DTPA (FFO@Sil@Chi-DTPA) 是在酰胺化试剂中通过酰胺化反应制备的。首先，将 2mL 98%的 Na_5DTPA 分散在 60mL 去离子水中，并用稀硝酸和 0.01mol/L 的氢氧化钠溶液调节该混合溶液的 pH 至 5.5 左右。磁力搅拌混合液 1h 后，加入事先准备好的酰胺化试剂（冰水试剂，含 5.32g EDC 和 0.79g NHS 的 60mL 液体），继续搅拌至形成均一溶液，然后将 1.10g 准备好的 FFO@Sil@Chi 加入上述溶液中。继续搅拌 8h，待反应完成后，通过外部磁场磁分离固体颗粒，得到黑色固体产物。然后洗涤、干燥并记录为吸附剂 FFO@Sil@Chi-DTPA 以供后续实验使用。另一种未对磁芯进行二氧化硅包裹的酰胺化磁性吸附剂 Fe_3O_4@CS-DTPA (FFO@Chi-DTPA) 也在与上述相同的实验条件下进行制备。

5.2.3 磁性吸附剂的表征及主要仪器

采用多种表征分析方法对制备的磁性吸附剂进行微观形态及元素含量分析 [SEM、EDS、透射电镜测试分析（TEM）、元素分析]、光谱分析（FTIR、XPS、XRD)、磁性能和热稳定性分析（VEM、TGA）和比表面积和孔径分布分析。表征过程中 SEM、EDS、FTIR、XPS、XRD、VEM、TGA 以及比表面积和孔径分析中使用的仪器及其各项参数与 2.2.3 中描述的一致，TEM 以及元素分析的所用仪器种类及参数如下。

（1）透射电镜测试分析（TEM）

采用日本日立公司的HT7700型透射电镜在明场相、电压200kV条件下测定样品的透射图像。

（2）元素分析

元素分析采用德国Elementar元素公司的Unicube元素分析仪，利用燃烧氧化技术将样品完全裂解后，经过净化、定量的处理，再依其元素特性配合吸附解析分离技术，测定样品中C、H、N和S元素的含量。

5.2.4 吸附实验的研究内容

在本研究中，采用静态吸附实验研究了所制备的吸附剂在多金属离子混合溶液中对Pb(Ⅱ)的选择性吸附以及铅离子单一体系中对Pb(Ⅱ)的吸附情况。所有实验进行3次，取平均值作为最终结果，计算标准差作为实验结果的误差。

5.2.4.1 混合体系中吸附效能研究

吸附剂对Pb(Ⅱ)的选择性吸附实验在各金属离子的浓度为150mg/L，pH为1.0～6.0的多金属离子共存溶液中[Pb(Ⅱ)、Zn(Ⅱ)、Cu(Ⅱ)、Ni(Ⅱ)、Sr(Ⅱ)、Cd(Ⅱ)和Ag(Ⅰ)]进行。吸附实验中，将20mg吸附剂和20mL各pH值下的多金属离子混合溶液加入50mL具塞锥形瓶中，将该锥形瓶置于25℃恒温水浴振荡器上以150r/min的速度运行8h。

5.2.4.2 单一铅体系中吸附效能研究

（1）溶液不同pH值对吸附Pb(Ⅱ)的影响

在25℃下开展溶液的不同pH值对吸附Pb(Ⅱ)的影响实验。称取20mg的各个吸附剂置于50mL的具塞锥形瓶中，加入20mL的初始浓度为150mg/L、pH值为1.0～6.0的纯铅溶液在150r/min的恒温水浴振荡器中连续振荡反应8h。当吸附达到平衡时，通过外加磁场将固体磁性吸附剂从水溶液中快速分离。

（2）吸附动力学的研究

动力学实验在含有40mg吸附剂与40mL初始浓度为150mg/L、初始pH值为6.0的Pb(Ⅱ)溶液中进行。将混合溶液置于25℃的恒温振荡器中在150r/min的条件下振荡数小时，在不同的反应时间下取1mL的样品用于测定Pb(Ⅱ)的浓度，以确定吸附达到平衡的时间。

（3）吸附等温线和热力学的研究

对于吸附等温线和热力学，在不同温度（25℃、35℃和45℃）下开展对初始浓度为50～450mg/L、pH值为6.0的纯Pb(Ⅱ)溶液进行批量实验。在恒温水浴振荡器中以150r/min的条件进行振荡反应8h后通过外加磁场实现固-液分离，上清液中Pb(Ⅱ)的残留浓度采用ICP-OES定量测定。

(4) 离子强度对 Pb(Ⅱ) 吸附的影响

为了评估离子强度对制备的吸附剂吸附 Pb(Ⅱ) 的性能的影响，研究了在 0～0.10mol/L 的 $NaNO_3$ 共存下吸附剂对纯 Pb(Ⅱ) 的吸附容量。在恒温振荡器中振荡 8h 后，通过外加磁场实现固-液分离，上清液中 Pb(Ⅱ) 的残留浓度采用 ICP-OES 测定。根据吸附前后 Pb(Ⅱ) 的浓度差计算吸附剂的吸附量。

(5) 吸附剂的再生和稳定性

将吸附饱和的吸附剂通过外部磁场与含铅液体分离，然后将其分散于 20mL 的 0.01mol/L Na_5DTPA 的洗脱液中，再置于 25℃的恒温水浴振荡器中在 150r/min 的条件下解吸一定的时间至解吸完成。收集解吸之后的吸附剂用超纯水洗涤数次得到再生的吸附剂，用于下一次吸附实验。对比吸附剂再生前后的吸附容量以及测量循环过程中铁离子的浸出量来判断吸附剂的再生性能和稳定性。

5.3 结果与讨论

5.3.1 表征结果分析

5.3.1.1 微观形态及元素含量分析

FFO@Sil、FFO@Sil@Chi 和 FFO@Sil@Chi-DTPA 的表面形貌微观结构和所含元素种类分别通过扫描电子显微镜（SEM）和能量色散 X 射线光谱（EDS）测定。从图 5-2(a) 可以清楚地看出，FFO@Sil 颗粒之间存在团聚现象，磁性颗粒表面较粗糙。在与壳聚糖交联反应后，FFO@Sil 颗粒嵌入壳聚糖中形成 FFO@Sil@Chi [图 5-2(c)]。成型后的 FFO@Sil@Chi 复合材料呈现粗糙的表面和不规则的形状，可以在图 5-2(c) 的插入图片中观察到表面有许多小凸起，说明它的表面是凹凸不平的。

经过酰胺化反应制备得到的吸附剂 FFO@Sil@Chi-DTPA 与 FFO@Sil@Chi 不同，其形态更为疏松和粗糙。这主要是因为 FFO@Sil@Chi 在酰胺化试剂中连续搅拌

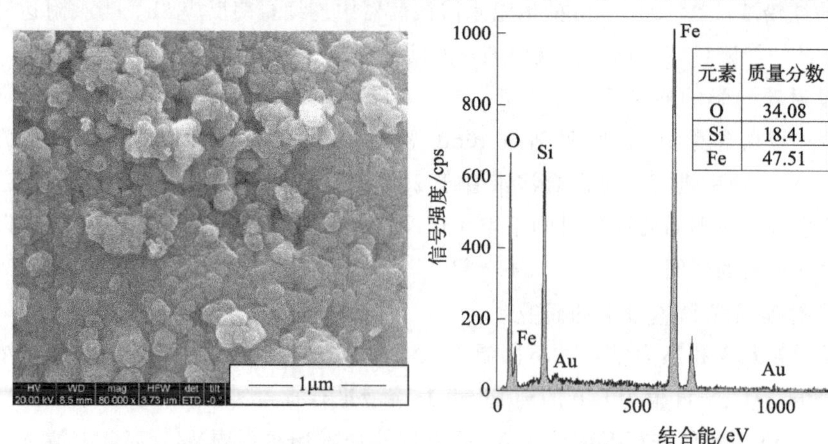

元素	质量分数	原子百分比
O	34.08	58.58
Si	18.41	18.03
Fe	47.51	23.39

(a) FFO@Sil的SEM图像分析　(b) FFO@Sil的EDS分析

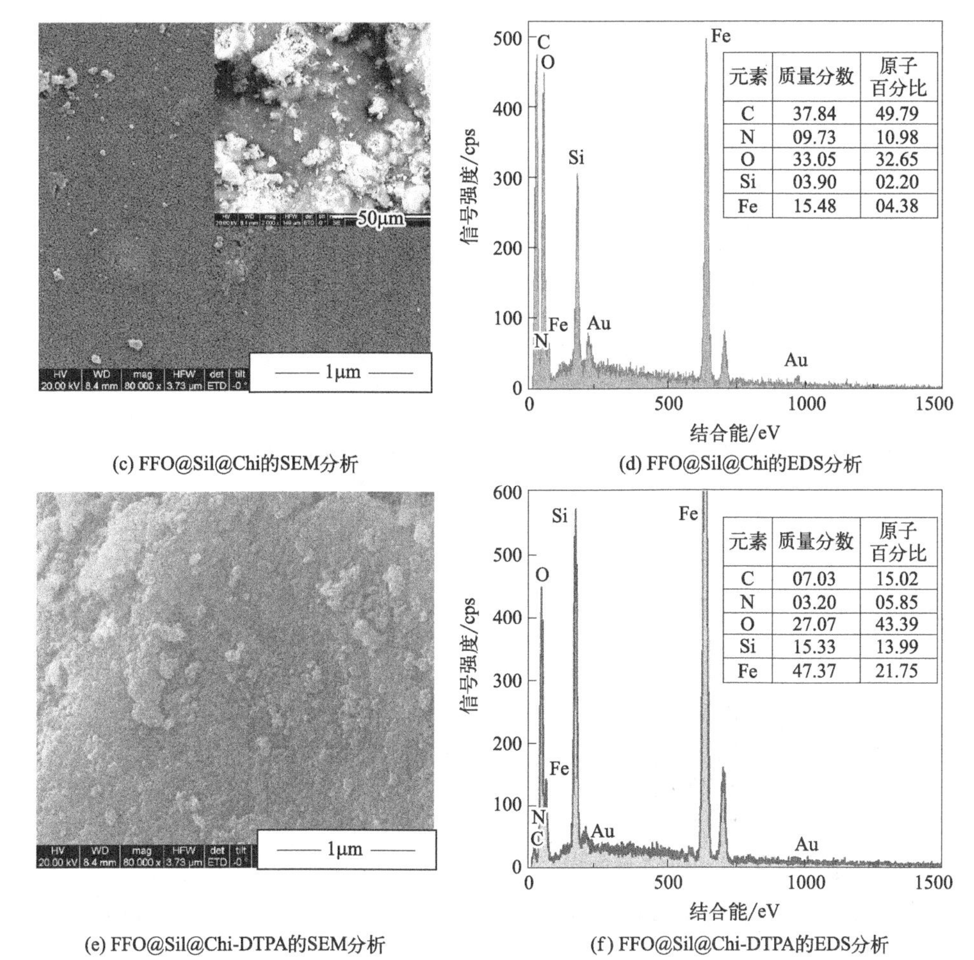

(c) FFO@Sil@Chi的SEM分析　(d) FFO@Sil@Chi的EDS分析

(e) FFO@Sil@Chi-DTPA的SEM分析　(f) FFO@Sil@Chi-DTPA的EDS分析

图 5-2　FFO@Sil、FFO@Sil@Chi 和 FFO@Sil@Chi-DTPA 的 SEM 图像分析以及 FFO@Sil、FFO@Sil@Chi 和 FFO@Sil@Chi-DTPA 的 EDS 能谱分析

数小时后，由壳聚糖连接而形成的大团聚物质的分离使得表面变得松散。

从图 5-3 中的透射电子显微镜（TEM）分析表明合成的样品（FFO@Sil、FFO@Sil@Chi 和 FFO@Sil@Chi-DTPA）均具有球形形态。

图 5-3(c) 证实了由于壳聚糖涂层的成功包裹导致了吸附剂粒径的增加。此外，从 FFO@Sil@Chi 颗粒的边缘可以看到一层薄薄的壳聚糖涂覆在 FFO@Sil 上。在图 5-3(d) 和 (f) 中可以看到壳聚糖覆盖的吸附剂薄层，这有利于吸附剂的进一步改性以提高其对污染物的去除效率。图 5-3(e) 表明酰胺化反应接枝 DTPA 后 FFO@Sil@Chi 的形态几乎没有变化，这是因为 DTPA 作为小分子有机物，接枝到表面的壳聚糖上几乎不会引起吸附剂形态的改变。

对所制备的吸附剂 FFO@Sil@Chi 和 FFO@Sil@Chi-DTPA 进行了元素分析以确定它们表面的元素含量，结果见表 5-1。

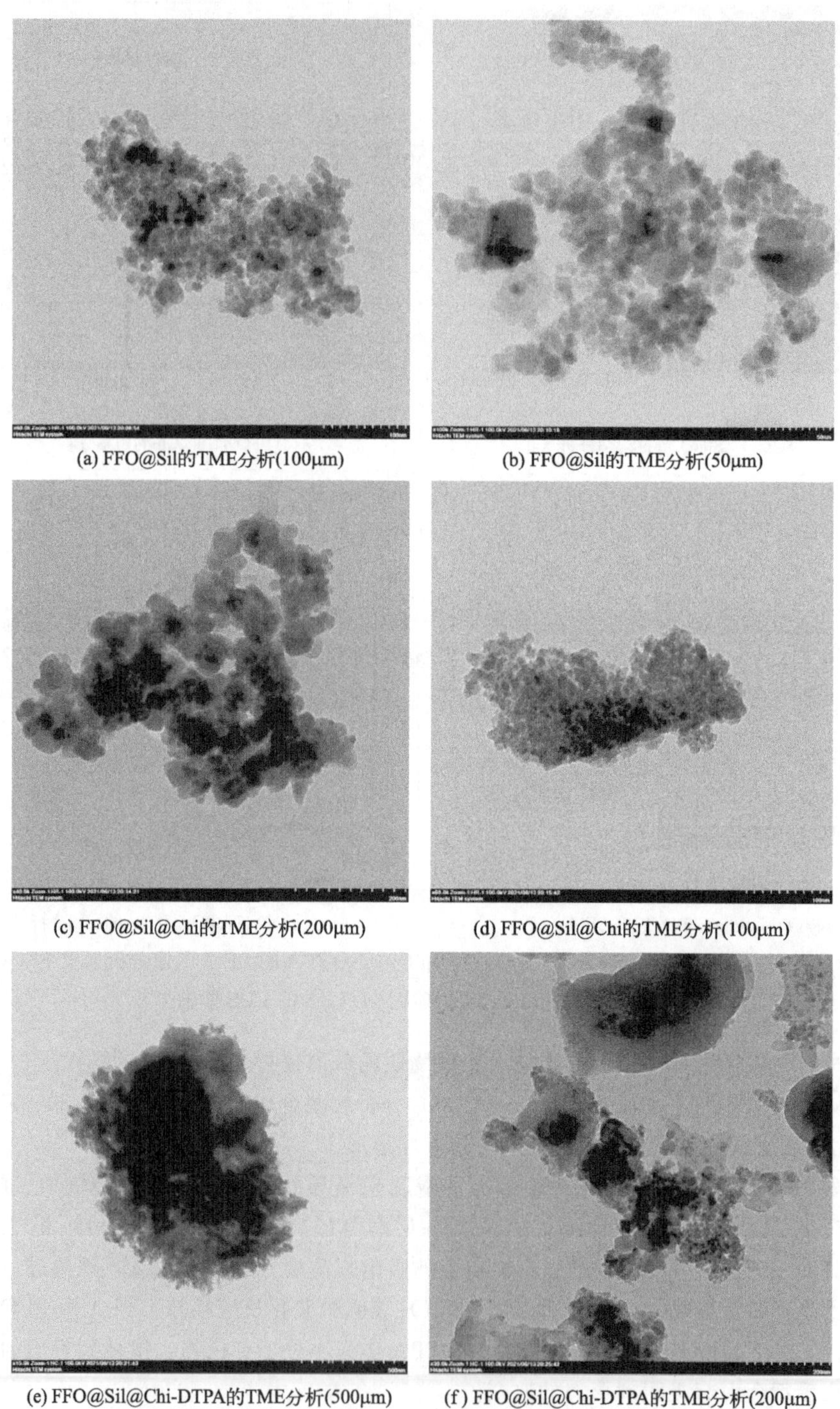

(a) FFO@Sil的TME分析(100μm)

(b) FFO@Sil的TME分析(50μm)

(c) FFO@Sil@Chi的TME分析(200μm)

(d) FFO@Sil@Chi的TME分析(100μm)

(e) FFO@Sil@Chi-DTPA的TME分析(500μm)

(f) FFO@Sil@Chi-DTPA的TME分析(200μm)

图 5-3 FFO@Sil、FFO@Sil@Chi 以及 FFO@Sil@Chi-DTPA 的 TEM 分析

表 5-1　FFO@Sil@Chi 和 FFO@Sil@Chi-DTPA 的元素分析

吸附剂	样品质量/mg	N/%	C/%	H/%	S/%	C/N 值	C/H 值
FFO@Sil@Chi	5	3.32	26.22	4.59	0.16	7.91	5.72
FFO@Sil@Chi-DTPA	5	4.15	20.27	4.36	0.13	4.88	4.64

从表中可以得到酰胺化反应接枝 DTPA 后，吸附剂 FFO@Sil@Chi-DTPA 表面 N 元素含量较 FFO@Sil@Chi 有所增加，经计算，吸附剂 FFO@Sil@Chi-DTPA 的表面大概接枝了 1.97mmol/g 的 DTPA。

5.3.1.2　光谱分析

对壳聚糖、FFO@Chi、FFO@Sil@Chi、FFO@Chi-DTPA 和 FFO@Sil@Chi-DTPA 进行傅里叶变换红外光谱（FTIR）分析以确定其表面的化学键和官能团，如图 5-4 所示。

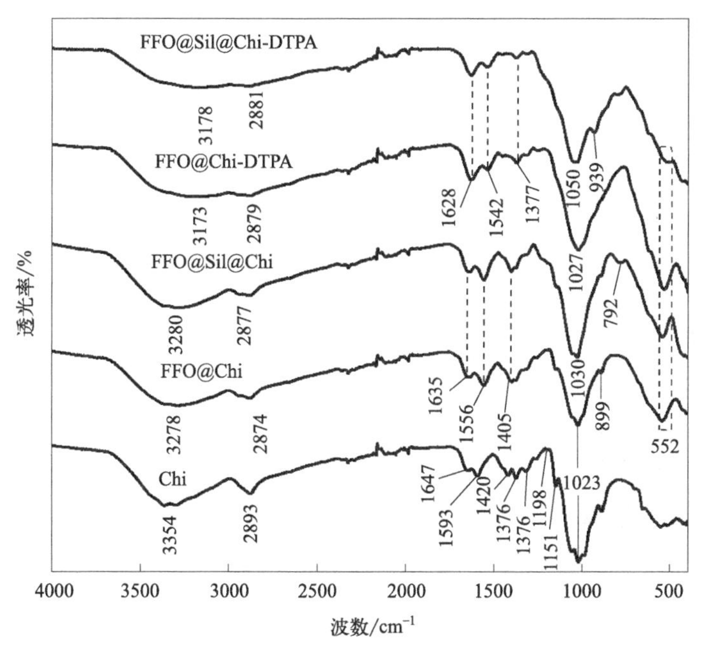

图 5-4　壳聚糖、FFO@Chi、FFO@Sil@Chi、FFO@Chi-DTPA 和 FFO@Sil@Chi-DTPA 的 FTIR 分析

FFO@Chi、FFO@Sil@Chi、FFO@Chi-DTPA 和 FFO@Sil@Chi-DTPA 在 552cm^{-1} 处的强峰归因于 Fe—O 的振动，表明 Fe_3O_4 纳米颗粒成功地引入这些吸附剂中。所有样品在 3100～3400cm^{-1} 处的峰主要是 N—H 和 O—H 的伸缩振动峰，2900cm^{-1} 处的弱峰是 C—H 的特征轴向拉伸峰。上述所有特征峰均归因于壳聚糖，说明通过戊二醛化学交联后壳聚糖成功地覆盖至吸附剂 FFO@Chi、FFO@Sil@Chi、FFO@Chi-DTPA 和 FFO@Sil@Chi-DTPA 的表面。对于 FFO@Chi 和 FFO@Sil@Chi

而言，Fe_3O_4 和壳聚糖的特征峰同时出现，但是壳聚糖的一些峰减弱，并在 $1635cm^{-1}$ 处出现了一个 C═N 的拉伸振动的新峰，证明磁性壳聚糖复合材料已成功形成。对于 FFO@Chi-DTPA 和 FFO@Sil@Chi-DTPA，在 $1628cm^{-1}$ 处羧基和酰胺键中羰基的伸缩振动特征峰和 $1542cm^{-1}$ 处的酰胺的 N—H 弯曲振动峰均明显增强，表明酰胺化反应主要是在吸附剂 FFO@Chi 和 FFO@Sil@Chi 上的氨基官能团与 DTPA 的羧基官能团上发生，并且成功形成了酰胺键。

此外，$1377cm^{-1}$ 附近的特征峰来自—COO—中 C—O 的伸缩振动，进一步证实了 DTPA 上的羧基官能团成功地被引入了 FFO@Chi 和 FFO@Sil@Chi 的表面，形成了吸附剂 FFO@Chi-DTPA 和 FFO@Sil@Chi-DTPA。

从图 5-5 中 XPS 的分析可以看出 FFO@Chi、FFO@Sil@Chi、FFO@Chi-DTPA 和 FFO@Sil@Chi-DTPA 中主要存在 C、N、O 和 Fe 四种元素，这与 EDS 的表征结果一致。吸附剂 FFO@Sil@Chi 和 FFO@Sil@Chi-DTPA 由于对磁核进行了二氧化硅的包覆，所以在其 XPS 全谱图中出现了 Si 2p 峰，这也说明磁核的表面上成功形成了二氧化硅保护层。

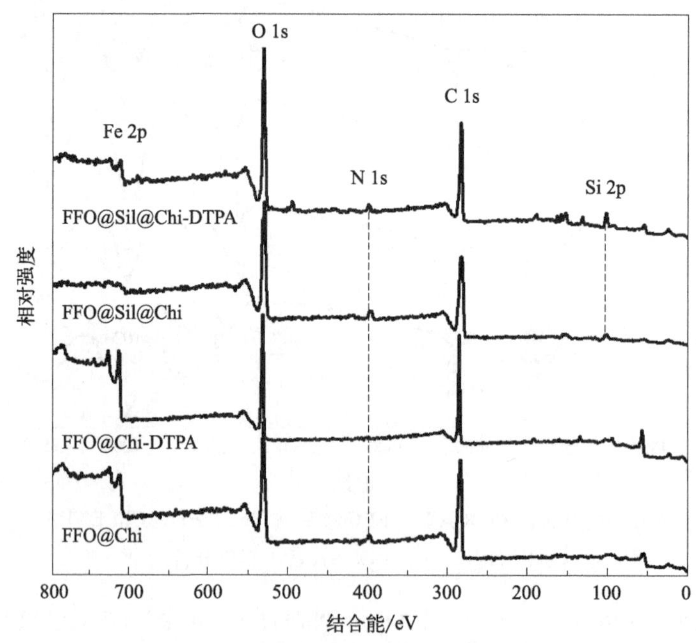

图 5-5 FFO@Chi、FFO@Sil@Chi、FFO@Chi-DTPA 和 FFO@Sil@Chi-DTPA 的 XPS 分析

通过对 FFO@Sil@Chi 和 FFO@Sil@Chi-DTPA 的 O 1s 和 N 1s 的高分辨 XPS 光谱分析可以揭示酰胺化反应过程中氨基和羧基之间的反应机制，如图 5-6 所示。

在 FFO@Sil@Chi 的 N 1s 光谱中出现三处不同结合能位置的峰［图 5-6(a)］，结

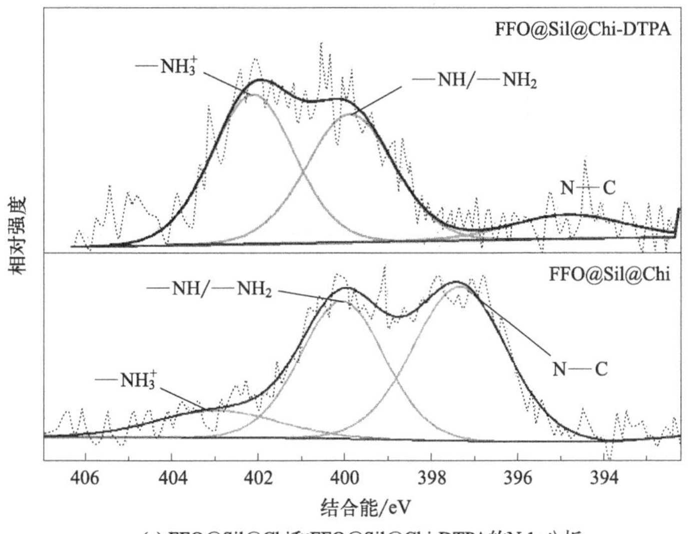

(a) FFO@Sil@Chi和FFO@Sil@Chi-DTPA的N 1s分析

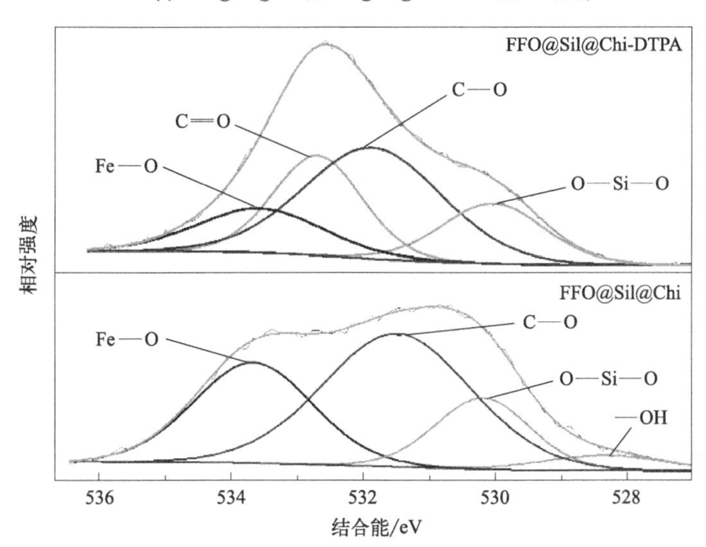

(b) FFO@Sil@Chi和FFO@Sil@Chi-DTPA的O 1s分析

图 5-6　FFO@Sil@Chi 和 FFO@Sil@Chi-DTPA 的 N 1s 和 O 1s 的高分辨率 XPS 谱图

合能为 402.98eV 处的峰归属于—NH_3^+、400.07eV 处的峰为—NH/—NH_2、397.37eV 处的峰为 N—C。酰胺化后，FFO@Sil@Chi-DTPA 中的 N 1s 峰略微移动到较低的结合能。酰胺化后 FFO@Sil@Chi-DTPA 的 O 1s 光谱［图 5-6(b)］在 532.70eV 处出现归属于 C═O 的强峰，表明 DTPA 成功接枝到 FFO@Sil@Chi 的表面。以上结果表明主要是壳聚糖分子结构上的氨基官能团参与酰胺反应。

通过对 FFO、FFO@Sil、FFO@Chi、FFO@Sil@Chi、FFO@Chi-DTPA 和 FFO@Sil@Chi-DTPA 进行 X 射线衍射（XRD）图谱分析，探究了磁性材料晶体结构的变

化，如图 5-7 所示。

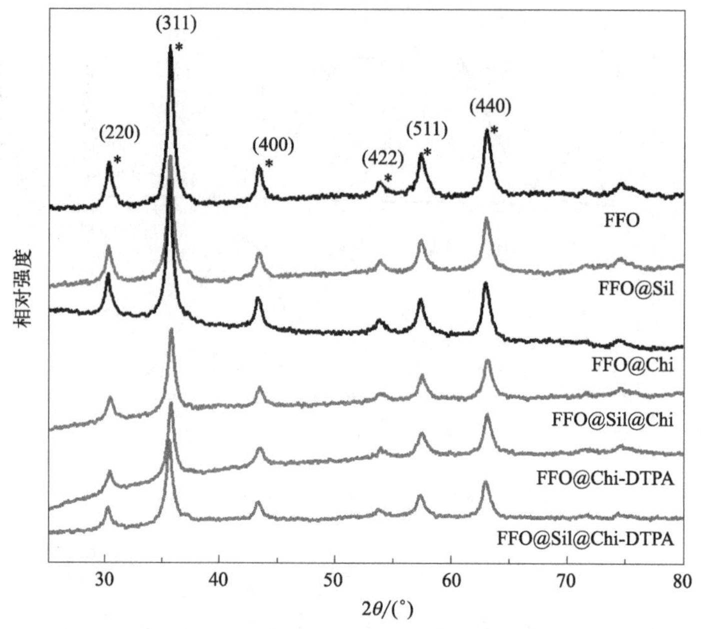

图 5-7　FFO、FFO@Sil、FFO@Chi、FFO@Sil@Chi、FFO@Chi-DTPA 和 FFO@Sil@Chi-DTPA 的 XRD 分析

这六种磁性物质在 2θ 为 30.4°、35.7°、43.4°、53.8°、57.4°和 63.0°处的特征峰与 Fe_3O_4 的（220）、（311）、（400）、（422）、（511）、（440）晶面一致，表明在 Fe_3O_4 表面经过 Stöber 法、戊二醛交联反应和酰胺化反应后磁核的晶体结构几乎没有变化。此外，XRD 图谱中没有观察到 SiO_2、壳聚糖和其他有机物的相关峰，说明其结构是无定形的。

5.3.1.3　磁性能和热稳定性分析

FFO、FFO@Sil、FFO@Chi、FFO@Sil@Chi、FFO@Chi-DTPA 和 FFO@Sil@Chi-DTPA 的磁滞曲线如图 5-8 所示。

经测定 Fe_3O_4 的饱和磁化强度为 84.12emu/g，而 FFO@Sil、FFO@Chi、FFO@Sil@Chi 分别为 41.43emu/g、23.32emu/g 和 18.75emu/g。磁化强度的降低是由于二氧化硅或/和壳聚糖层可以屏蔽 Fe_3O_4 核，从而降低复合材料的磁性能。酰胺化反应后，FFO@Chi-DTPA 和 FFO@Sil@Chi-DTPA 的饱和磁化强度分别继续降低至 19.10emu/g 和 15.84emu/g。它们可以在添加外部磁场的情况下从溶液中快速分离，如图 5-8 所示，利用磁铁可以在 30s 内迅速完成吸附剂的分离。

通过热重分析研究了四种材料 FFO@Chi、FFO@Sil@Chi、FFO@Chi-DTPA 和 FFO@Sil@Chi-DTPA 的热稳定性。结果如图 5-9 所示。

与 FFO@Chi 相比，所制备的 FFO@Sil@Chi 表现出更好的热稳定性，这是由于

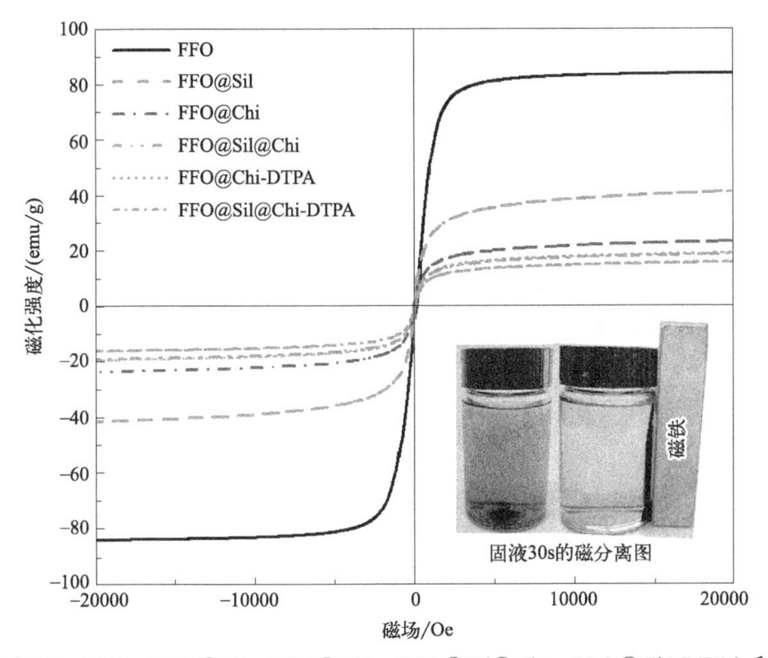

图 5-8　FFO、FFO@Sil、FFO@Chi、FFO@Sil@Chi、FFO@Chi-DTPA 和 FFO@Sil@Chi-DTPA 的磁滞曲线分析

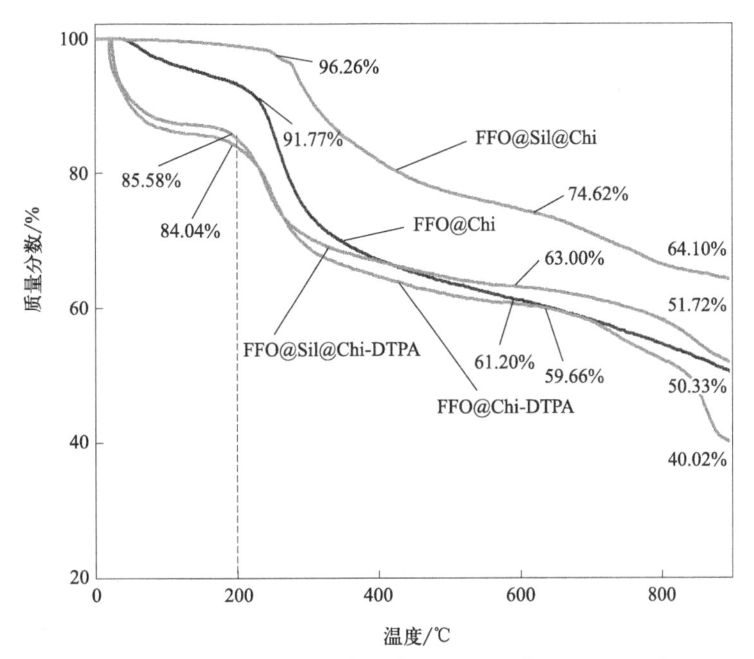

图 5-9　FFO@Chi、FFO@Sil@Chi、FFO@Chi-DTPA 和 FFO@Sil@Chi-DTPA 的热重分析

二氧化硅涂层具有耐高温性。然而，FFO@Chi-DTPA 和 FFO@Sil@Chi-DTPA 除了失去表面的物理吸收水外，在约 200℃时还表现出快速的有机物降解。在整个测试温度范围内，FFO@Chi-DTPA 和 FFO@Sil@Chi-DTPA 比酰胺化前失重更多，表明有机官能团成功接枝到磁核表面。TGA 分析表明合成的磁性吸附剂在本研究的实验条件下是具有热稳定性的。

5.3.1.4 比表面积和孔径分布分析

图 5-10 展示了 FFO@Chi、FFO@Sil@Chi、FFO@Chi-DTPA 和 FFO@Sil@Chi-DTPA 的 N_2 吸附脱附分析。

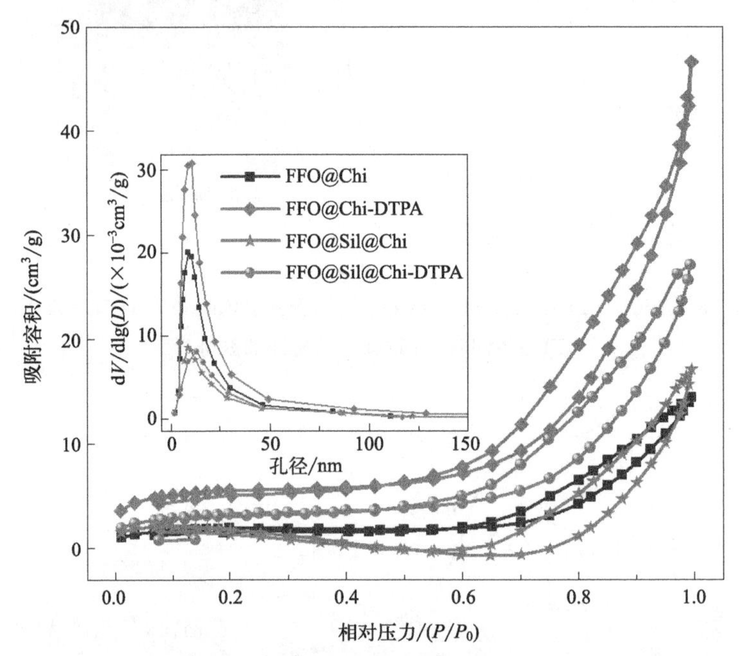

图 5-10 FFO@Chi、FFO@Sil@Chi、FFO@Chi-DTPA 和 FFO@Sil@Chi-DTPA 的 N_2 吸附脱附分析

从图中可以看出根据 IUPAC 分类，四种吸附剂的等温线均为Ⅳ型等温线，并表现出 H_3 滞后。四种吸附剂的 BET 表面积和孔径分布的比较显示在表 5-2 中。

表 5-2 四种吸附剂的比表面积和孔径分布

材料	BET 表面积/(m^2/g)	孔径/nm
FFO@Chi	6.06	9.45
FFO@Chi-DTPA	17.42	10.96
FFO@Sil@Chi	3.83	8.50
FFO@Sil@Chi-DTPA	10.96	13.45

结果显示，吸附剂的比表面积都较小，对污染物的物理吸附作用贡献较小。

5.3.2　DTPA 功能化磁性壳聚糖处理复合废水的效能研究

为了探究 FFO@Chi、FFO@Sil@Chi、FFO@Chi-DTPA 和 FFO@Sil@Chi-DTPA 在复杂废水中的吸附性能，考察了不同 pH 值下（pH 值 1.0～6.0）的多金属离子共存溶液中[包括二价和一价重金属离子，此处为 Pb(Ⅱ)、Zn(Ⅱ)、Cu(Ⅱ)、Ni(Ⅱ)、Sr(Ⅱ)、Cd(Ⅱ) 和 Ag(Ⅰ)] 吸附剂对 Pb(Ⅱ) 选择性吸附的影响，吸附容量通过式(2-1) 计算。

从图 5-11 中可以看出，随着溶液 pH 值的增加，吸附剂对金属离子的吸附容量逐渐增加，并在 6.0 时达到最大值。

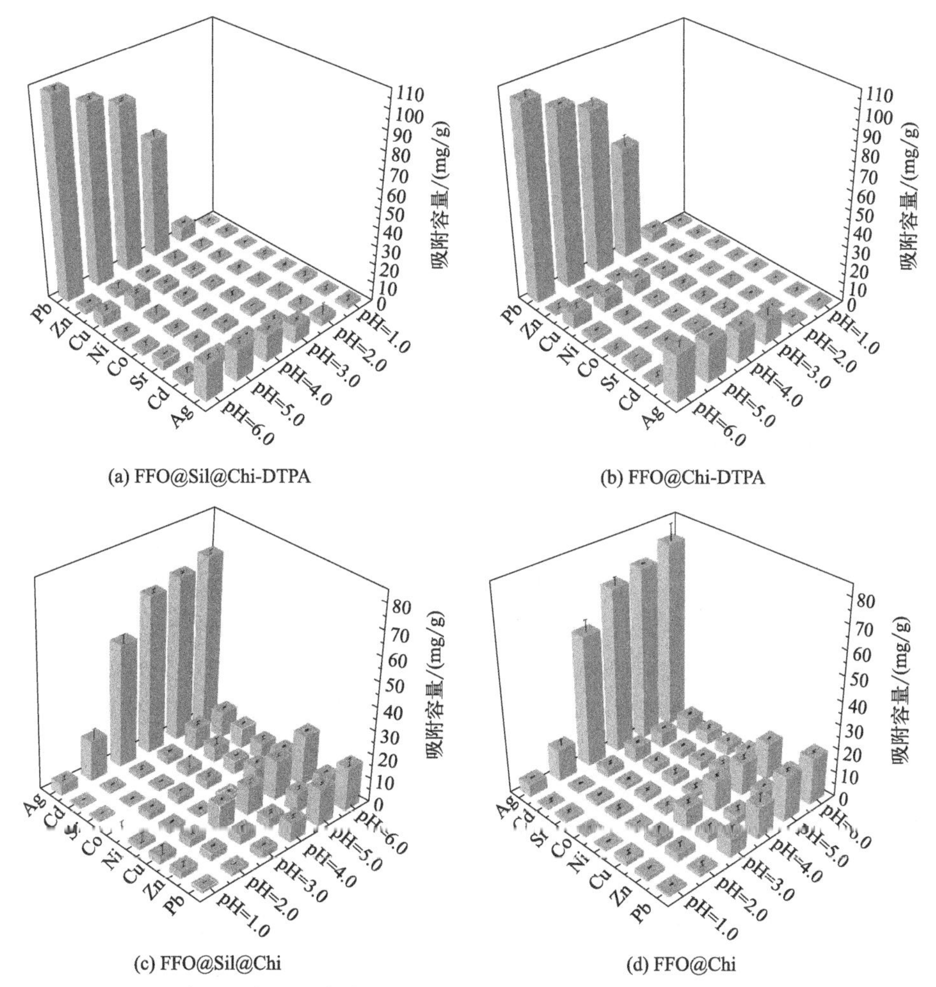

图 5-11　多金属离子混合溶液中 FFO@Sil@Chi-DTPA、FFO@Chi-DTPA、FFO@Sil@Chi 和 FFO@Chi 对金属离子的吸附容量

该结果表明溶液的pH值对吸附剂吸附各个金属离子的吸附性能有很大影响。在pH值3.0～6.0的范围内，吸附剂FFO@Sil@Chi-DTPA和FFO@Chi-DTPA表现出对Pb(Ⅱ)的高选择性吸附，而FFO@Sil@Chi和FFO@Chi表现出对Ag(Ⅰ)的高选择性吸附，吸附剂对某种特定金属离子的选择性系数通过式(2-2)计算。

从图5-12可以看出，FFO@Sil@Chi-DTPA和FFO@Chi-DTPA对Pb(Ⅱ)的选择性吸附容量在pH 6.0时分别达到107.71mg/g和104.62mg/g。这主要是因为经过酰胺化反应得到的功能化吸附剂FFO@Sil@Chi-DTPA和FFO@Chi-DTPA表面引入了大量的羧基官能团，Pb(Ⅱ)与其他金属离子相比，更易于与羧基官能团中的氧发生配位作用，使得酰胺化之后的吸附剂对Pb(Ⅱ)具有更高的选择性吸附能力。

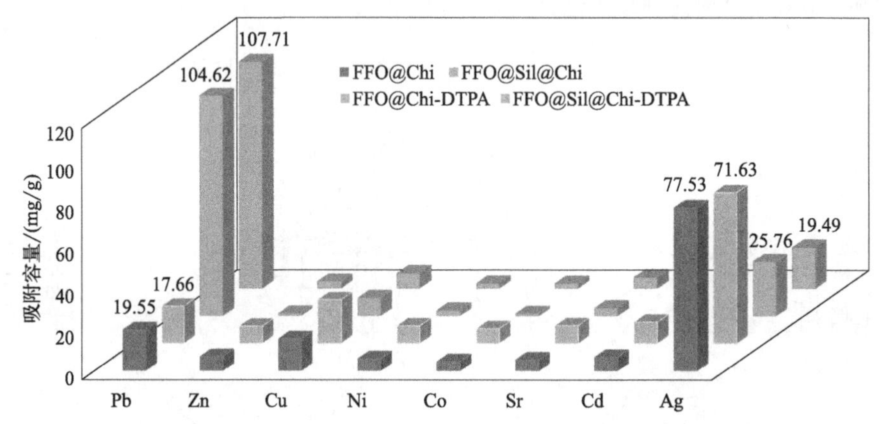

图5-12 FFO@Chi、FFO@Sil@Chi、FFO@Chi-DTPA和FFO@Sil@Chi-DTPA对pH 6.0时多金属离子混合溶液中Pb(Ⅱ)的吸附容量

相反，FFO@Sil@Chi和FFO@Chi具有优异的Ag(Ⅰ)捕获能力，这意味着它们对模拟混合废水中的Ag(Ⅰ)具有非常高的选择性，其选择性吸附容量分别达到71.63mg/g和77.53mg/g。这主要是由于基于软硬酸碱（SHAB）理论，FFO@Sil@Chi和FFO@Chi表面的氨基与Ag(Ⅰ)之间具有很强的亲和力。这些结果表明，吸附剂酰胺化前后改变了可以选择性吸附的金属类型，同时也增强了对Pb(Ⅱ)的吸附能力。

为了研究吸附剂的选择性吸附性能，对这四种吸附材料在多金属离子混合溶液中Pb(Ⅱ)的选择性系数S_{Pb}进行了计算，其结果如图5-13所示。

当溶液的pH值从1.0增加到3.0时，FFO@Sil@Chi-DTPA的S_{Pb}从12.27%增加到73.28%，FFO@Chi-DTPA从22.03%增加到70.41%；当pH值从3.0增加到6.0时，其值保持相对稳定。对于FFO@Sil@Chi和FFO@Chi而言，在整个pH值范围内都保持相对较低的值。以上结果表明酰胺化之后的吸附剂对多金属离子混合溶液中的Pb(Ⅱ)具有较高的选择性吸附性能，吸附容量随着pH值的增加而增加，在pH 6.0时达到最大值。相反，未酰胺化的吸附剂在整个酸度范围内对Pb(Ⅱ)几乎没有什么吸附容量。

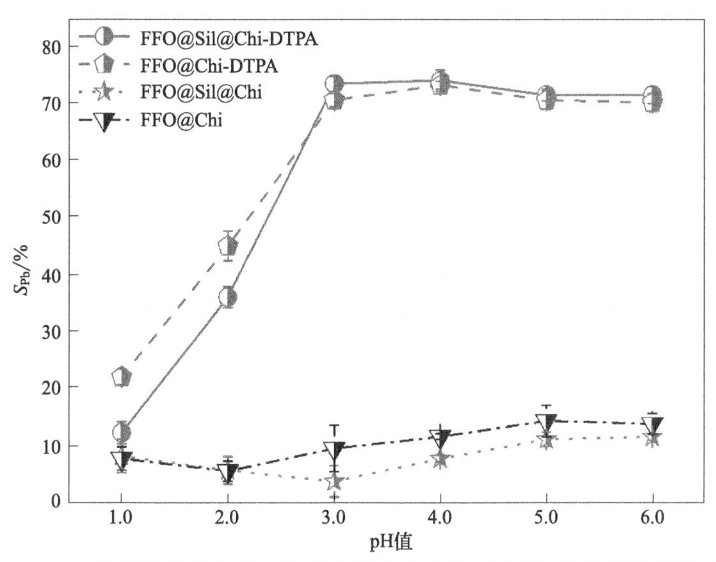

图 5-13 四种吸附材料在多金属离子混合溶液中 Pb(Ⅱ) 的选择性系数 S_{Pb}

溶液的 pH 值不仅影响吸附剂对 Pb(Ⅱ) 的选择性吸附性能，还对吸附剂的稳定性具有关键性的影响。吸附剂的磁核（Fe_3O_4）在高酸性条件下不稳定，可能会被侵蚀损坏，并浸出铁离子到溶液中，其结果如图 5-14 所示。

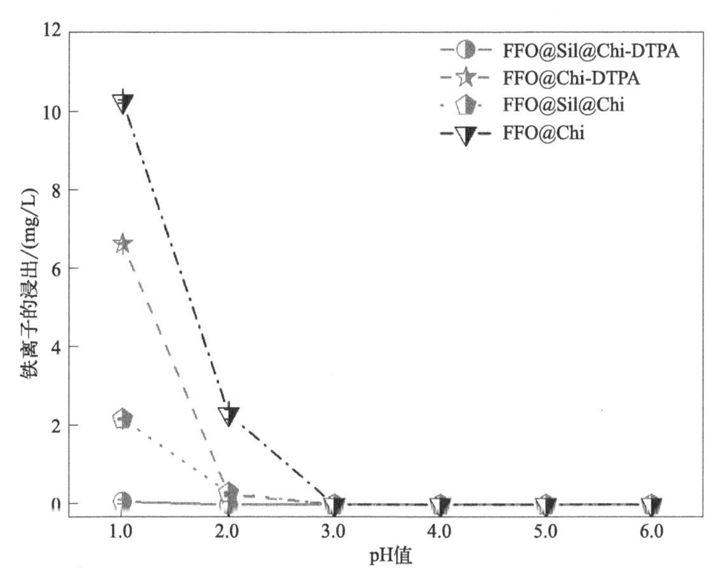

图 5-14 在不同 pH 值溶液中吸附剂中铁离子的浸出

吸附剂 FFO@Chi、FFO@Sil@Chi、FFO@Chi-DTPA 和 FFO@Sil@Chi-DTPA 中铁离子的浸出浓度随着溶液 pH 值的增加而降低，通过测量在 pH 1.0 时达到了最大值分别为 10.23mg/L、2.18mg/L、6.63mg/L 和 0.08mg/L。这些现象表明，用二

氧化硅惰性层涂覆磁核（Fe_3O_4）可以提高吸附剂的耐酸性。酰胺化反应使磁性壳聚糖表面的氨基与DTPA中的羧基反应，将多余羧基官能团引入吸附剂，增加了吸附剂表层的厚度，从而提高吸附剂的耐酸性。在相关的参考文献中也有类似的报道，吸附剂功能化之后其耐酸性得到了提高。因此，在后续的实验研究中选用FFO@Sil@Chi-DTPA和FFO@Sil@Chi作为研究对象，探讨这两种吸附剂在最佳的实验条件下对含Pb(Ⅱ)废水的吸附效果。

5.3.3 DTPA功能化磁性壳聚糖对铅离子的吸附效能研究

5.3.3.1 溶液初始pH值的影响

首先研究了在不同的pH值条件下吸附剂FFO@Sil@Chi-DTPA和FFO@Sil@Chi对溶液中Pb(Ⅱ)的吸附性能的影响。考虑到Pb(Ⅱ)在高pH值条件下会沉淀，因此本研究将纯铅离子溶液的初始pH值范围设置为1.0～6.0。

由图5-15可知，随着溶液pH值的增加，吸附剂对Pb(Ⅱ)的吸附性能显著增加，并在整个pH值范围内表现出良好的pH值响应性。

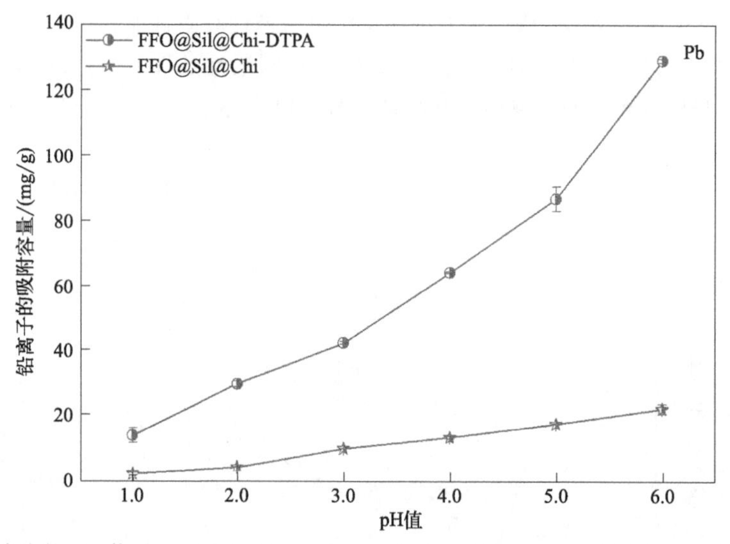

图5-15 溶液的pH值对FFO@Sil@Chi和FFO@Sil@Chi-DTPA吸附Pb(Ⅱ)性能的影响

此外，还可以清楚地观察到，在大多数的pH值下，FFO@Sil@Chi-DTPA对Pb(Ⅱ)的吸附能力远高于吸附剂FFO@Sil@Chi，这表明酰胺化引入的DTPA层带入大量羧基官能团为吸附剂提供更多的活性位点，并且可以改变吸附剂的表面电化学性质，从而增强了吸附剂与阳离子Pb(Ⅱ)的静电相互作用。与FFO@Sil@Chi相比，FFO@Sil@Chi-DTPA对Pb(Ⅱ)的吸附量在pH 6.0时表现出最大吸附容量值为128.93mg/g，几乎是FFO@Sil@Chi吸附容量（21.55mg/g）的6倍。因此，pH值6.0被选择用于后续实验的最佳pH值。

5.3.3.2 反应接触时间和吸附动力学的研究

反应接触时间对吸附剂 FFO@Sil@Chi-DTPA 和 FFO@Sil@Chi 吸附 Pb(Ⅱ) 的影响进行的研究如图 5-16 所示。

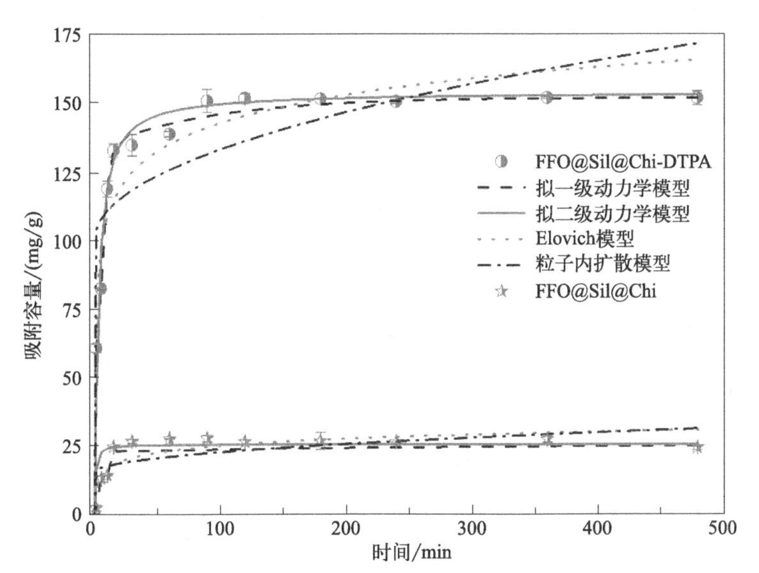

图 5-16 接触时间对吸附剂 FFO@Sil@Chi-DTPA 和 FFO@Sil@Chi 吸附 Pb(Ⅱ) 的影响

在反应的前 10min 内，吸附剂 FFO@Sil@Chi-DTPA 可以捕获超过 80%的 Pb(Ⅱ)，随着时间的增加吸附速率逐渐降低，最终在 90min 内达到吸附平衡，FFO@Sil@Chi-DTPA 和 FFO@Sil@Chi 对 Pb(Ⅱ) 的最大吸附容量分别达到 150.72mg/g 和 27.70mg/g。DTPA 功能化之后的吸附剂对 Pb(Ⅱ) 的吸附容量的增加说明羧基官能团的引入可以改善吸附剂对 Pb(Ⅱ) 的吸附性能，从而增强其吸附动力学。

吸附动力学的研究对深入探究吸附的作用机制是至关重要的。本研究采用拟一级动力学模型 (PSO)、拟二级动力学模型 (PSO)、Elovich 方程和粒子内扩散模型四种广泛使用的动力学模型对动力学数据进行分析，并确定 Pb(Ⅱ) 分别在 FFO@Sil@Chi-DTPA 和 FFO@Sil@Chi 上吸附的速率决定步骤。各模型的线性形式见式(2-7)～式(2-10)。

表 5-3 中列出了各种动力学模型拟合的参数。

表 5-3 FFO@Sil@Chi-DTPA 和 FFO@Sil@Chi 吸附 Pb(Ⅱ) 的拟一级 (PFO)、拟二级 (PSO)、Elovich 模型和粒子内扩散吸附动力学参数

动力学模型	参数	FFO@Sil@Chi-DTPA	FFO@Sil@Chi
实验数据	q_{exp}/(mg/g)	152.08	27.38
拟一级动力学模型	q_{e1}/(mg/g)	151.84	27.70
	K_1/min^{-1}	0.0113	0.0031
	R^2	0.916	0.808

续表

动力学模型	参数	FFO@Sil@Chi-DTPA	FFO@Sil@Chi
拟二级动力学模型	q_{e2}/(mg/g)	153.85	25.58
	K_2/[g/(mg·min)]	0.0022	0.0610
	R^2	0.999	0.994
Elovich	A	74.34	8.3805
	B	14.806	3.6179
	R^2	0.856	0.717
粒子内扩散模型	K_i/[g/(mg·min$^{1/2}$)]	3.2587	0.7160
	C	100.38	15.51
	R^2	0.844	0.864

从表 5-3 中可以看出，尽管四个模型都能很好地拟合实验数据，但 PSO 动力学模型是描述结果的最佳模型（$R^2>0.99$ 且 q_{exp} 与计算值非常接近）。这表明 Pb(Ⅱ)吸附的限速步骤是吸附剂 FFO@Sil@Chi-DTPA 表面上活性位点与 Pb(Ⅱ)之间的电子共享或交换的化学吸附。

5.3.3.3 铅离子初始浓度的影响和吸附等温线的研究

为了研究 FFO@Sil@Chi-DTPA 和 FFO@Sil@Chi 对 Pb(Ⅱ) 的饱和吸附容量，在 pH 值 6.0 时进行了不同 Pb(Ⅱ) 初始浓度对吸附结果的影响实验，如图 5-17 所示。

从图 5-17 可以看出，在较低的 Pb(Ⅱ)初始浓度下，吸附剂上有足够多的活性吸附位点捕获溶液中的 Pb(Ⅱ)，此时吸附剂 FFO@Sil@Chi-DTPA 和 FFO@Sil@Chi 对 Pb(Ⅱ)的吸附容量随着 Pb(Ⅱ)初始浓度的增加逐渐增加。随着 Pb(Ⅱ)浓度的继续增加，吸附剂表面几乎所有的活性位点都被占据，导致吸附剂对 Pb(Ⅱ)的吸附量不再增加，从而对 Pb(Ⅱ)的吸附能力达到最大值。

从实验结果中可以得到吸附剂 FFO@Sil@Chi-DTPA 对 Pb(Ⅱ)的最大吸附容量达到 259.45mg/g，远高于吸附剂 FFO@Sil@Chi 的最大吸附容量 46.48mg/g。这表明磁性壳聚糖吸附剂 FFO@Sil@Chi 通过与 DTPA 经过酰胺化反应制备得到的吸附剂 FFO@Sil@Chi-DTPA 表面增加了新的有效官能团，这有利于对溶液中 Pb(Ⅱ)的去除。

采用 Langmuir 和 Freundlich 两种典型的吸附等温模型对 FFO@Sil@Chi-DTPA 和 FFO@Sil@Chi 吸附 Pb(Ⅱ)的过程进行了吸附等温线的拟合，计算公式见式(2-3)和式(2-4)。

从表 5-4 可以看出，由于 Langmuir 等温吸附模型的 R^2 值（>0.99）高于 Freundlich 等温吸附模型，说明 Langmuir 等温吸附模型更适合用来描述吸附剂对 Pb(Ⅱ)的吸附过程，这意味着吸附剂 FFO@Sil@Chi-DTPA 和 FFO@Sil@Chi 上 Pb(Ⅱ)的吸附是均匀的单层吸附。

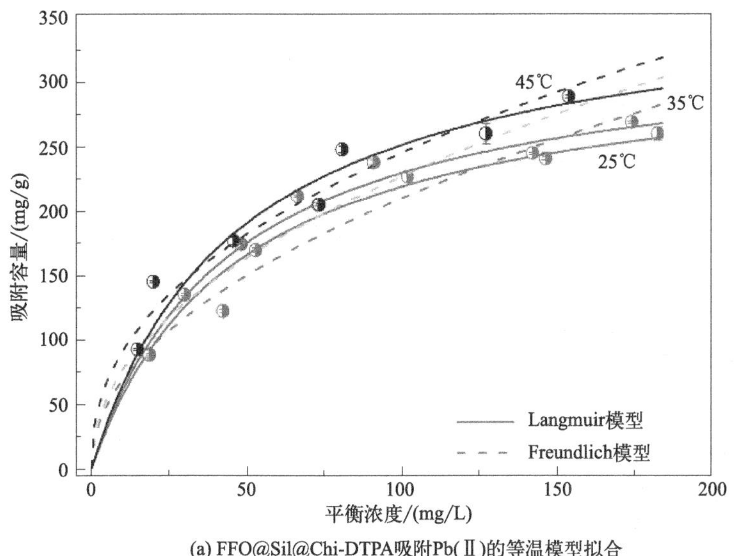

(a) FFO@Sil@Chi-DTPA吸附Pb(Ⅱ)的等温模型拟合

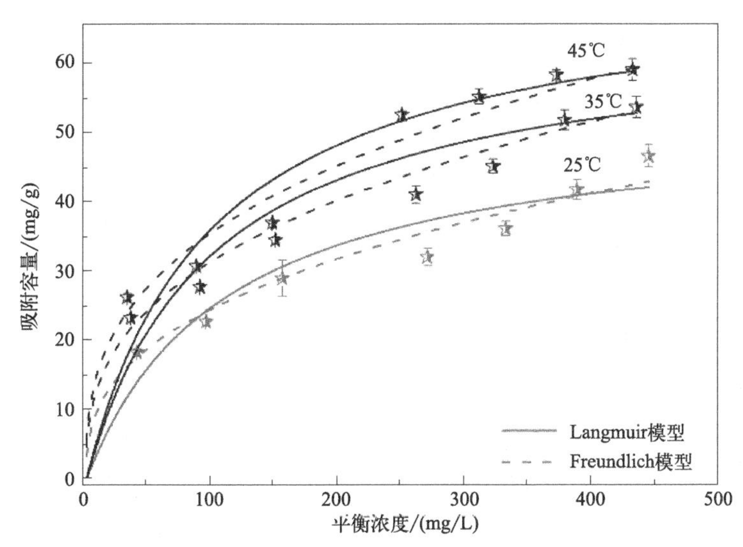

(b) FFO@Sil@Chi吸附Pb(Ⅱ)的等温模型拟合

图 5-17 不同 Pb(Ⅱ) 初始浓度对吸附结果的影响和 Langmuir 和 Freundlich 吸附等温模型的拟合

表 5-4 Pb(Ⅱ) 在 FFO@Sil@Chi-DTPA 和 FFO@Sil@Chi 表面上吸附的等温线模型参数

吸附剂	温度/℃	Langmuir 模型			Freundlich 模型		
		K_L/(L/mg)	q_m/(mg/g)	R^2	K_F/($mg^{1-1/n} \cdot L^{1/n}$/g)	$1/n$	R^2
FFO@Sil@Chi-DTPA	25	0.021	322.58	0.997	22.15	0.4880	0.941
	35	0.022	333.33	0.993	25.35	0.4757	0.923
	45	0.021	370.00	0.991	33.44	0.4323	0.929

续表

吸附剂	温度/℃	Langmuir 模型			Freundlich 模型		
		K_L/(L/mg)	q_m/(mg/g)	R^2	K_F/($mg^{1-1/n}\cdot L^{1/n}$/g)	1/n	R^2
FFO@Sil@Chi	25	0.009	52.63	0.920	4.45	0.3719	0.903
	35	0.010	64.94	0.933	6.12	0.3559	0.9281
	45	0.010	72.46	0.970	7.21	0.3473	0.949

根据 Langmuir 方程计算可以得到，在25℃时，FFO@Sil@Chi-DTPA 对 Pb(Ⅱ)的最大吸附容量为322.58mg/g，而 FFO@Sil@Chi 的最大吸附容量为52.63mg/g，这表明 DTPA 的接枝改性显著增强了吸附剂对 Pb(Ⅱ) 的吸附性能。从表5-4中可以得到在不同温度下，FFO@Sil@Chi-DTPA 对 Pb(Ⅱ) 的吸附能力都高于 FFO@Sil@Chi，这表明 FFO@Sil@Chi-DTPA 对废水中 Pb(Ⅱ) 的去除具有巨大潜力。

5.3.3.4 吸附过程的热力学研究

研究不同温度（25℃、35℃和45℃）下吸附剂 FFO@Sil@Chi 和 FFO@Sil@Chi-DTPA 对 Pb(Ⅱ) 吸附性能的影响。从图5-17中可以看出，当吸附反应时的温度从25℃增加到45℃时，FFO@Sil@Chi-DTPA 对 Pb(Ⅱ) 的吸附容量从322.58mg/g增加到370.00mg/g，表明 FFO@Sil@Chi-DTPA 对 Pb(Ⅱ) 的吸附是一个吸热过程，并且温度越高越有利于反应的进行，这主要是因为在高温下 Pb(Ⅱ) 的迁移率增加，因此吸附过程也加速。

为了进一步研究吸附过程的热力学作用机制，对吸附剂 FFO@Sil@Chi-DTPA 和 FFO@Sil@Chi 吸附 Pb(Ⅱ) 的表面热力学参数（$\Delta G^{\ominus}$、$\Delta H^{\ominus}$ 和 $\Delta S^{\ominus}$）[见式(2-5)和式(2-6)] 以及活化能（E_a）和黏附概率（S^*）进行了拟合计算。

黏附概率（S^*）能在一定程度上反映吸附质与吸附剂之间的作用机理，与吸附质在吸附剂表面的覆盖度（θ）、活化能以及温度有关。污染物吸附到吸附剂表面的表面活化能（E_a）由式(5-1) 计算：

$$\ln(1-\theta)=\ln S^*+\frac{E_a}{RT} \tag{5-1}$$

表面覆盖率 θ 可由式(5-2) 计算：

$$\theta=1-\frac{C_e}{C_i} \tag{5-2}$$

式中 C_i——吸附的初始浓度；

C_e——吸附的平衡浓度。

在不同温度下，以 $\ln(1-\theta)$ 对 $1/T$ 作图，斜率为 $\frac{E_a}{R}$ 值，截距为 $\ln S^*$，R 是摩尔气体常数 [8.314J/(mol·K)]，即可获得活化能（E_a）和黏附概率（S^*）。E_a 值为负值时，表明较低的溶液温度有利于污染物的吸附去除，吸附过程本质上是放热的；

E_a 值为正值时，表明较高的溶液温度有利于污染物的吸附去除，吸附过程本质上是吸热过程。S^* 数值的大小可在一定程度上指示吸附机理。$S^*>1$ 表明吸附质与吸附剂不黏，无吸附；$S^*=1$ 表明吸附质与吸附剂之间存在线性的黏着关系，可能是物理吸附与化学吸附机理的共存；$0<S^*<1$ 表明吸附质对吸附剂具有良好的黏附性，主要表现为物理吸附；$S^*=0$ 说明吸附质对吸附剂的无限黏附，主要表现为化学吸附机理。

从表5-5中可以看出随着温度从25℃升高到45℃，$\Delta G^{\ominus}$ 的值逐渐降低，这表明由于Pb(Ⅱ)在升高的温度下的迁移率增加，高温加剧了吸附过程的进行。$\Delta H^{\ominus}$ 和 E_a 值均为正值，表明吸附过程本质上是吸热的，较高的溶液温度有利于污染物的吸附去除。此外，$\Delta S^{\ominus}$ 的值也为正值，表明污染物在吸附剂上吸附过程中的随机性增加。经过计算发现FFO@Sil@Chi-DTPA和FFO@Sil@Chi对Pb(Ⅱ)的 S^* 分别为0.00019和0.00111，非常接近于0，表明吸附过程主要遵循化学吸附。

表5-5 FFO@Sil@Chi和FFO@Sil@Chi-DTPA吸附Pb(Ⅱ)的热力学参数

吸附剂	$\Delta G^{\ominus}$/(kJ/mol)			$\Delta H^{\ominus}$ /(kJ/mol)	$\Delta S^{\ominus}$ /[kJ/(mol K)]	E_a /(J/g mol)	S^* /×10^{-3}
	25℃	35℃	45℃				
FFO@Sil@Chi-DTPA	−21.03	−21.63	−23.08	9.69	0.103	0.21	0.19
FFO@Sil@Chi	−20.15	−20.75	−22.18	10.28	0.101	0.0025	1.11

5.3.3.5 离子强度的影响

实验中通过使用0、0.02mol/L、0.04mol/L、0.06mol/L、0.08mol/L和0.1mol/L的共存 $NaNO_3$ 来进行。从图5-18可以发现，随着 $NaNO_3$ 浓度从0增加到0.10mol/L，FFO@Sil@Chi-DTPA对Pb(Ⅱ)的吸附量从117.14mg/g减少到97.09mg/g，FFO@Sil@Chi对Pb(Ⅱ)的吸附量从28.34mg/g降低至13.34mg/g，这说明离子强度对Pb(Ⅱ)的吸附具有抑制作用。这主要是因为在含铅溶液中，加入 $NaNO_3$ 中的钠离子在吸附过程中可能与Pb(Ⅱ)竞争吸附剂表面的有效活性位点，导致吸附剂对Pb(Ⅱ)的吸附能力随着钠离子的加入量的增加而下降。

5.3.3.6 吸附剂的再生和重复使用性能研究

从图5-19可以看出，随着吸附循环次数的增加，吸附剂FFO@Sil@Chi-DTPA对Pb(Ⅱ)的吸附能力逐渐降低。造成这种现象的主要原因可能是吸附-解吸循环洗涤步骤中吸附剂的损失以及解吸过程中不能完全解吸导致吸附剂上吸附位点的部分损失。此外，FFO@Sil@Chi-DTPA的铁离子浸出量随着循环次数的增加逐渐增加，从最初的0.06mg/L增加至0.91mg/L。因此，随着浸出铁离子量的增加，吸附剂逐渐被破坏，也会导致吸附剂吸附性能的下降。再生实验结果表明，FFO@Sil@Chi-DTPA具有良好的再生性能，可作为一种高效、快速的分离吸附剂，用于对单一污染物系统中的Pb(Ⅱ)进行去除和预富集。

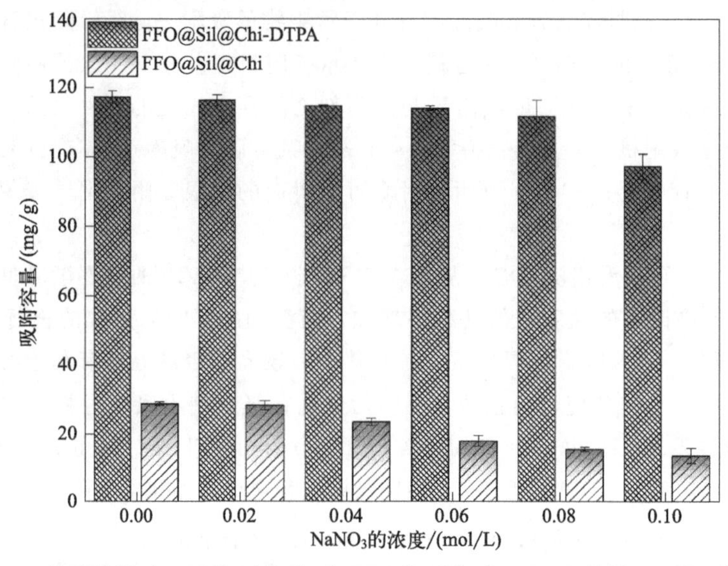

图 5-18 离子强度对 FFO@Sil@Chi 和 FFO@Sil@Chi-DTPA 吸附 Pb(Ⅱ) 的影响

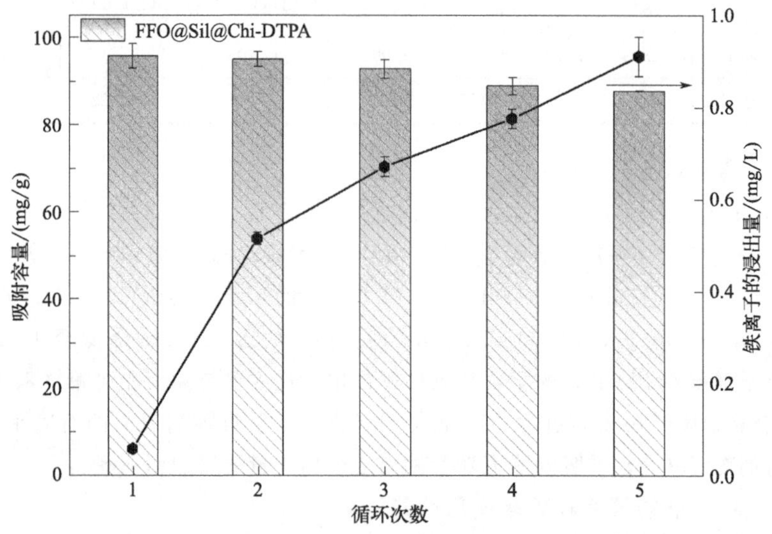

图 5-19 FFO@Sil@Chi-DTPA 对 Pb(Ⅱ) 的可重复利用性和吸附剂中铁离子的浸出量的测定

5.3.4 吸附机理的确认与讨论

为了确认吸附剂对 Pb(Ⅱ) 的吸附，首先分析了 FFO@Sil@Chi-DTPA 吸附 Pb(Ⅱ) 前后的 EDS 能谱图。从图 5-20 可以看出，在吸附 Pb(Ⅱ) 之前，FFO@Sil@Chi-DTPA 表面的主要组成元素是 C、N、O、Fe 和 Si。在吸附 Pb(Ⅱ) 之后，从 FFO@Sil@Chi-DTPA+Pb 的 EDS 图谱中观察到 Pb 元素的特征峰，表明铅离子被 FFO@Sil@Chi-DTPA 成功捕获。

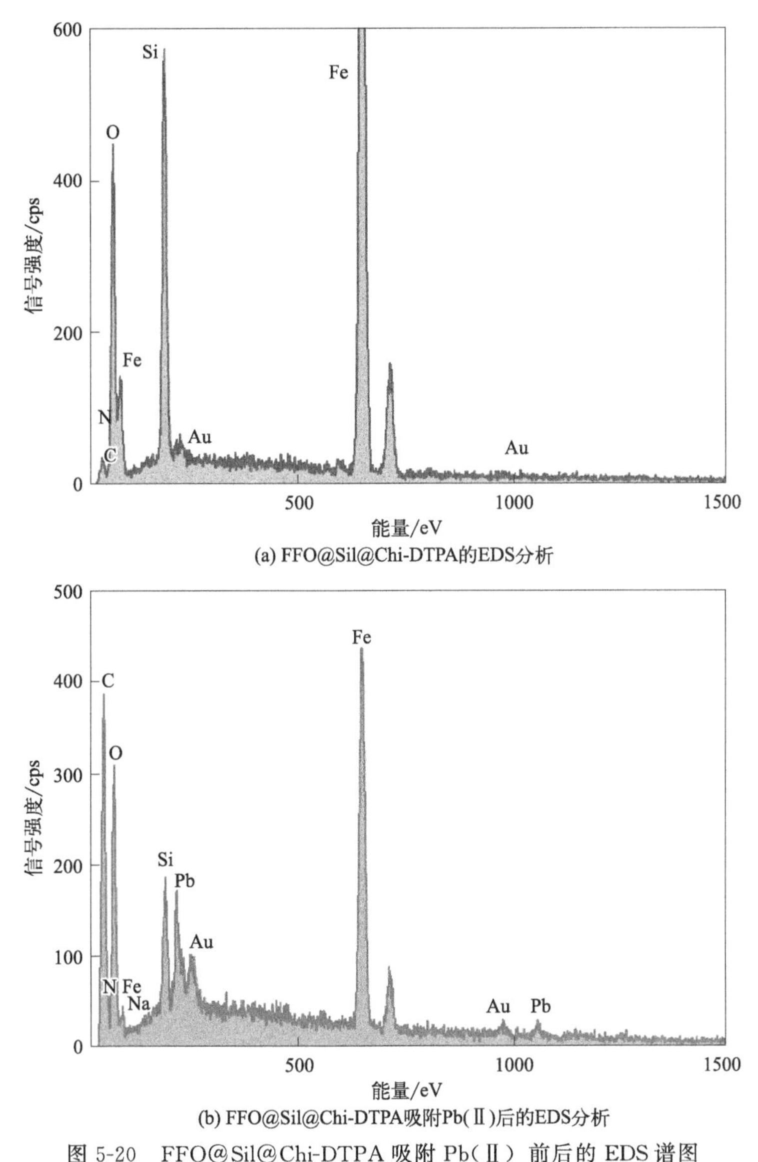

(a) FFO@Sil@Chi-DTPA的EDS分析

(b) FFO@Sil@Chi-DTPA吸附Pb(Ⅱ)后的EDS分析

图5-20 FFO@Sil@Chi-DTPA吸附Pb(Ⅱ)前后的EDS谱图

为了确定吸附剂对Pb(Ⅱ)的吸附机理，分析了FFO@Sil@Chi-DTPA吸附Pb(Ⅱ)前后的FTIR光谱。从图5-21可以看出，FFO@Sil@Chi-DTPA+Pb的FTIR光谱中在824.33cm^{-1}处出现一个归因于Pb—O的新峰，并且位于1632.47cm^{-1}处的C═O伸缩振动表现出明显的位移，表明FFO@Sil@Chi-DTPA成功捕获了水溶液中的Pb(Ⅱ)，这些变化表明吸附剂表面的羧基官能团参与了Pb(Ⅱ)的吸附。

如图5-22所示，Pb 4f的峰出现在FFO@Sil@Chi-DTPA+Pb的XPS的图谱上，表明Pb(Ⅱ)被成功吸附在吸附剂上。

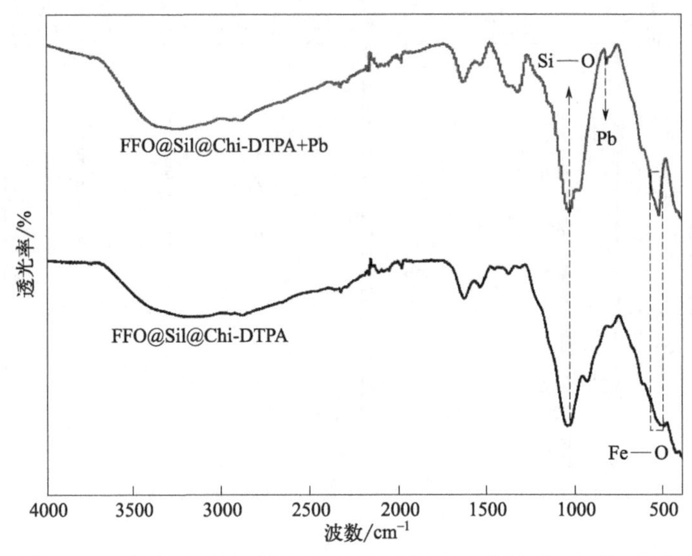

图 5-21 吸附 Pb(Ⅱ) 前后 FFO@Sil@Chi-DTPA 的 FTIR 分析

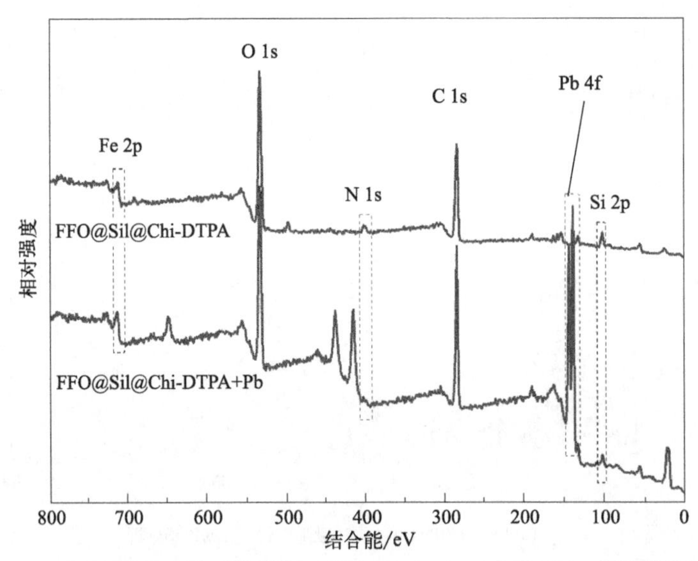

图 5-22 吸附 Pb(Ⅱ) 前后 FFO@Sil@Chi-DTPA 的 XPS 全图谱分析

Pb 4f 的高分辨率 XPS 光谱显示在图 5-23 中，可以看出 FFO@Sil@Chi-DTPA+Pb 在 143.28eV、138.49eV 处的峰分别归因于 Pb(Ⅱ) 的 Pb $4f_{5/2}$ 和 Pb $4f_{7/2}$。

为了详细了解吸附过程的机理，对比分析了吸附剂 FFO@Sil@Chi-DTPA 和 FFO@Sil@Chi-DTPA+Pb(Ⅱ) 样品的 O 1s 和 N 1s 的高分辨率 XPS 光谱，如图 5-24 所示。

在图 5-24(a) 中，吸附剂 FFO@Sil@Chi-DTPA 的 O 1s 光谱有四个不同的峰，其结合能分别位于 533.57 (分配给 Fe—O)、532.70 (分配给 C═O)、531.87 (分配

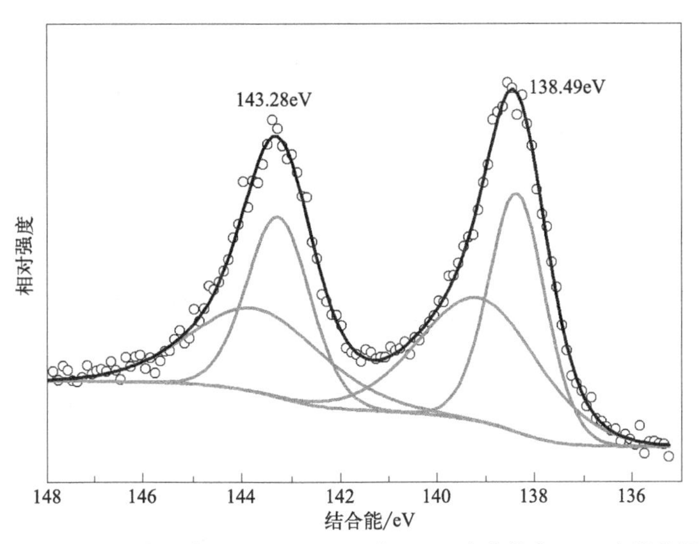

图 5-23 FFO@Sil@Chi-DTPA+Pb 的 Pb 4f 高分辨率 XPS 光谱分析

给 C—O）和 530.05eV（分配给 Si—O—Si）处。吸附 Pb(Ⅱ）后，C═O 和 C—O 中 O 原子的结合能发生了变化，表明这些基团参与了吸附反应。对于图 5-24(b）中的 N 1s 光谱，观察到三个单独的峰，它们分别分配给 N—C（394.03eV）、—NH/—NH_2（399.40eV）和—NH_3^+（401.80eV）。在捕获 Pb(Ⅱ）后，—NH/—NH_2 峰向更高的结合能位置移动，这是由于 N 和 Pb(Ⅱ）之间共享的电子对键占据了原本属于 N 原子的孤对电子。这些分析说明 FFO@Sil@Chi-DTPA 表面的羧基、羟基和氨基官能团都参与了对 Pb(Ⅱ）的捕获。

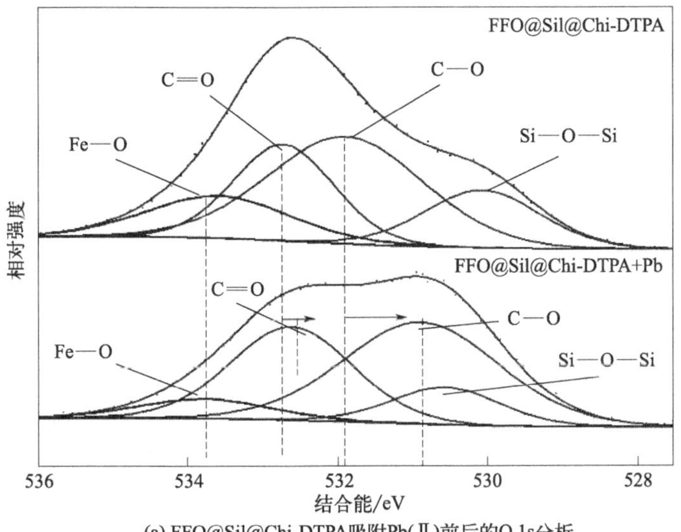

(a) FFO@Sil@Chi-DTPA吸附Pb(Ⅱ)前后的O 1s分析

图 5-24

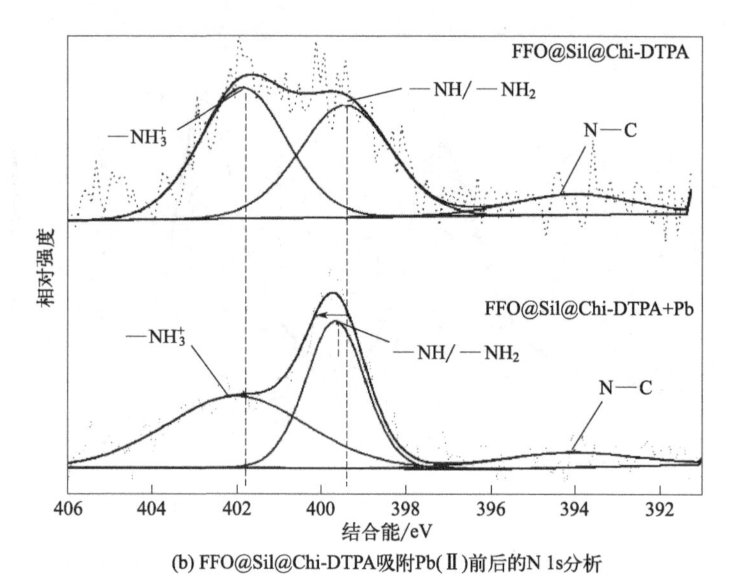

(b) FFO@Sil@Chi-DTPA吸附Pb(Ⅱ)前后的N 1s分析

图 5-24 吸附 Pb(Ⅱ) 前后的 O 1s(a) 和 N 1s(b) 的高分辨率 XPS 光谱分析

根据以上分析结果，在含铅废水中，Pb(Ⅱ) 可以通过与吸附剂表面的有效官能团（通过静电引力与—COO^-结合；通过氢键与羟基结合以及通过络合作用与氨基配位）形成共价金属络合物吸附在 FFO@Sil@Chi-DTPA 上，以达到去除溶液中铅离子的目的。

5.4 本章小结

在本章中，通过酰胺化反应成功制备了 DTPA 功能化改性的磁性壳聚糖吸附剂 FFO@Chi-DTPA 和 FFO@Sil@Chi-DTPA。对所制备的吸附剂 FFO@Sil、FFO@Chi、FFO@Sil@Chi、FFO@Chi-DTPA 和 FFO@Sil@Chi-DTPA，通过 SEM、EDS、EDS Mapping、TEM 和元素分析对微观形态以及元素含量进行了分析，采用 FTIR、XPS 和 XRD 光谱分析对这些吸附剂表面的官能团和元素种类以及晶体结构进行了详细的分析，利用 VSM 和 TGA 对吸附剂进行了磁性能和热稳定的分析，通过 BET 和 BJH 对吸附剂的比表面积和孔径分布进行了全面的分析。这些表征结果说明吸附剂 FFO@Sil、FFO@Chi、FFO@Sil@Chi、FFO@Chi-DTPA 和 FFO@Sil@Chi-DTPA 都被成功合成，并且都具有良好的磁分离性能，可以通过添加外部磁场来实现吸附剂的快速磁分离。

首先，将吸附剂 FFO@Chi、FFO@Sil@Chi、FFO@Chi-DTPA 和 FFO@Sil@Chi-DTPA 用于多金属离子混合溶液中 Pb(Ⅱ) 的高选择性吸附。FFO@Sil@Chi-DTPA 和 FFO@Chi-DTPA 对多金属离子混合溶液中的 Pb(Ⅱ) 均具有高选择性亲和力，在 pH 6.0 时对 Pb(Ⅱ) 的选择性吸附容量分别达到 107.71mg/g 和 104.62mg/g。

FFO@Sil@Chi 和 FFO@Chi 具有优异的 Ag(Ⅰ) 捕获能力，在 pH 6.0 时对 Ag(Ⅰ) 的选择性吸附容量分别达到 71.63mg/g 和 77.53mg/g。这表明了吸附剂酰胺化前后改变了选择性吸附的金属类型，同时也增加了酰胺化吸附剂对 Pb(Ⅱ) 的吸附能力。

另外，对吸附剂的选择性系数 S_{Pb} 计算结果表明，吸附剂 FFO@Sil@Chi-DTPA 和 FFO@Chi-DTPA 在 pH 6.0 时分别达到 72.28%和 70.11%，而 FFO@Sil@Chi 和 FFO@Chi 在整个 pH 值范围内都保持相对较低的值。同时，溶液的 pH 值对吸附剂的稳定性也具有关键性的影响。从实验结果可以看出用二氧化硅惰性层包覆磁核和表面有机层的引入都可以提高吸附剂的耐酸性。

吸附剂 FFO@Sil@Chi-DTPA 和 FFO@Sil@Chi 用于铅离子单金属污染体系的吸附实验，可以得到以下几点结论。

① 吸附剂 FFO@Sil@Chi-DTPA 对 Pb(Ⅱ) 的吸附量在 pH 6.0 时表现出最大吸附容量值为 128.93mg/g，几乎是 FFO@Sil@Chi 吸附容量 21.55mg/g 的 6 倍。

② 吸附可以在 90min 内达到平衡，此时吸附剂 FFO@Sil@Chi-DTPA 和 FFO@Sil@Chi 的最大吸附容量分别达到 150.72mg/g 和 27.70mg/g。通过动力学的分析可以得到，Pb(Ⅱ) 吸附的限速步骤是吸附剂 FFO@Sil@Chi-DTPA 表面上活性位点与 Pb(Ⅱ) 之间的电子共享或交换的化学吸附过程。

③ 不同铅离子初始浓度的实验表明吸附剂 FFO@Sil@Chi-DTPA 对 Pb(Ⅱ) 的最大吸附容量可以达到 259.45mg/g，远高于吸附剂 FFO@Sil@Chi 的最大吸附容量 46.48mg/g。吸附等温线模型拟合得出吸附剂对 Pb(Ⅱ) 的吸附行为，可以通过 Langmuir 模型更好地描述，在 25℃时，FFO@Sil@Chi-DTPA 对 Pb(Ⅱ) 的最大吸附容量为 322.58mg/g，优于 FFO@Sil@Chi 的最大吸附容量 52.63mg/g。

④ 不同反应温度对吸附实验的影响表明，吸附剂 FFO@Sil@Chi-DTPA 和 FFO@Sil@Chi 对 Pb(Ⅱ) 的吸附容量随着反应过程中环境温度从 25℃到 45℃而逐渐增加。吸附热力学拟合的结果说明吸附剂对 Pb(Ⅱ) 的吸附是一个自发、吸热和有序的过程。

⑤ 经过对吸附剂进行再生实验可以实现 FFO@Sil@Chi-DTPA 的循环再利用，在 5 个吸附-解吸循环后，FFO@Sil@Chi-DTPA 对 Pb(Ⅱ) 的吸附依旧可以达到 87.7mg/g，说明该吸附剂具备再生性能，可以作为高效、快速的分离吸附剂用于 Pb(Ⅱ) 的去除和预富集。

⑥ 通过对吸附 Pb(Ⅱ) 前后的吸附剂进行了 EDS、FTIR 和 XPS 的表征测试分析，结果表明 FFO@Sil@Chi-DTPA 吸附铅离子的主要机制是吸附剂表面的羧基、羟基和氨基官能团与 Pb(Ⅱ) 的络合作用、离子交换以及静电吸引作用。

第6章 阴离子协同作用增强吸附剂对复合污染废水的处理效能研究

6.1 概述

本书前4章主要是针对重金属这一种类型的污染物的去除研究，然而废水中通常共存着性质各异的多种类型的污染物。尤其在染料废水中经常发现伴随着其他含量较高的有毒化学物质，特别是重金属离子，它们在染色过程中作为高效媒染剂，不可避免地随着不断排放的染色废水进入天然水体。染料和重金属共存的污染废水已成为世界范围内的重大环境问题。由于废水中这两类有害污染物的化学、物理和生物性质的不同，使得同时处理这两类污染物面临着巨大挑战。因此，有必要开发新的治理策略，将含有染料和重金属离子的废水在排放到受纳水体之前被完全消除或将其含量降到最低。

目前，大部分研究主要集中在去除单一的重金属或染料废水，同时吸附去除复合废水中这两种污染物的研究鲜见报道。其原因主要是废水中共存的重金属和染料倾向于吸附在吸附剂的同一活性位点上，会导致污染物的竞争吸附效应，从而抑制了单一污染物的去除效率。可以通过改变表面官能团的类型设计一系列合适的吸附剂以期实现同时去除复合废水中的多种类型的污染物。Zhao等报道了EDTA修饰的双功能化β-环糊精吸附剂用于同时吸附Cu(Ⅱ)和染料。该研究结果表明，吸附剂在Cu(Ⅱ)-染料体系中对Cu(Ⅱ)的吸附性能明显高于单一的Cu(Ⅱ)体系。在这种双组分共存系统中，吸附剂对某种污染物的吸附性能大于其单独使用时的效果，称为协同效应。还有其他类似的协同效应的报道。Li等使用聚多巴胺磁性双功能材料去除有毒金属和阴离子染料。结果表明，在阴离子染料的存在下，吸附剂PDA-LDH对金属离子的吸附能力显著提高。

因此，可以在吸附剂表面引入有效的活性官能团，实现对两种污染物的同时去除，并在阴离子染料存在下通过协同作用增强吸附剂对金属离子的吸附能力。这种现象归因于阴离子染料的协同作用，即阴离子协同作用。总之，有必要开发具有优异选择性吸附能力和能够同时去除复合废水中金属离子和有机染料的新型多功能吸附剂。

基于上述研究，选取甲基蓝（MB）作为目标阴离子染料，研究吸附剂 FFO@Sil@Chi 和 FFO@Sil@Chi-DTPA 在阴离子染料存在的情况下对染料和多金属离子共存的复合废水中金属离子的选择性吸附情况。首先通过溶液的 pH 值、接触时间、染料的初始浓度、反应温度、离子强度等因素研究了该两种吸附剂对甲基蓝（MB）的吸附能力。在 MB 存在的情况下研究 FFO@Sil@Chi 对复合废水中银离子的选择性吸附情况以及 MB 和 Ag(Ⅰ) 组成的二元污染物体系中彼此之间的协同吸附效果。类似地，系统研究 FFO@Sil@Chi-DTPA 对 MB 和共存的多金属离子组成的复合废水中对铅离子的增强选择性吸附情况，以及 MB 与 Pb(Ⅱ) 组成的二元污染物体系中两种污染物之间相互的增强吸附作用。

6.2 实验内容

6.2.1 主要试剂及仪器

6.2.1.1 主要试剂

甲基蓝（$C_{37}H_{27}N_3Na_2O_9S_3$，分析纯）、硝酸银（$AgNO_3$，分析纯）、硝酸铅［$Pb(NO_3)_2$，分析纯］、硝酸钴（六水）［$Co(NO_3)_2 \cdot 6H_2O$，分析纯］、硝酸锌（六水）［$Zn(NO_3)_2 \cdot 6H_2O$，分析纯］、硝酸锶［$Sr(NO_3)_2$，分析纯］、硝酸镍（六水）［$Ni(NO_3)_2 \cdot 6H_2O$，分析纯］、硝酸镉（四水）［$Cd(NO_3)_2 \cdot 4H_2O$，分析纯］、乙二胺四乙酸二钠（$C_{10}H_{14}N_2Na_2O_8$，分析纯）、硝酸（$HNO_3$，分析纯）、氢氧化钠（NaOH，分析纯）、无水乙醇（C_2H_6O，分析纯）、四氧化三铁（Fe_3O_4，50nm）、壳聚糖（脱乙酰度 95%）、正硅酸乙酯（$C_8H_{20}O_4Si$，分析纯）、氨水［$NH_3(aq)$，10%］、环己烷（C_6H_{12}，分析纯）、司盘 80（Span-80，分析纯）、戊二醛（$C_5H_8O_2$，分析纯）以及多元素混合标准溶液（100μg/mL，包含 Ag、Cd、Co、Cr、Cu、Ga、In、K、Li、Mg、Na、Ni、Pb、Se、Sr、Zn、Fe 等）。

6.2.1.2 主要仪器

UV1102 Ⅱ型紫外可见分光光度计、KQ-500VDE 型双频数控超声波清洗器、DHG-9140A 型电热恒温鼓风干燥箱、RW20 数显型 IKA 悬臂搅拌器、B15-1 型恒温磁力搅拌器、SHA-C 型恒温水浴振荡器、PHS-3C 型 pH 计、FA2004 型舜宇恒平仪器、SPECTRO GENESIS 型电感耦合等离子体原子发射光谱仪、Nicolet iS50 型傅里叶变换红外光谱仪、SU8010 型场发射扫描电镜、DMAX/2C 型 X 射线衍射仪、ESCALAB250Xi 型射线光电子能谱仪、Quadrasorb 2MP 型比表面积和孔径分析仪、Unicube 型元素分析仪、STA449F3 型热重分析仪以及 PPMS DynaCool 9 型振动磁强计。

6.2.2 磁性吸附剂对阴离子染料甲基蓝去除效能的研究

首先研究了磁性吸附剂 FFO@Sil@Chi 和 FFO@Sil@Chi-DTPA 对甲基蓝废水的

吸附性能。所有实验均进行 3 次，取平均值作为最后的实验结果，计算标准差作为实验中结果的误差。

6.2.2.1 溶液 pH 值的影响

分别配置 pH 值 2.0～10.0 初始浓度为 600mg/L 的甲基蓝溶液。然后分别称取 20mg FFO@Sil@Chi 和 FFO@Sil@Chi-DTPA 加入 50mL 的具塞锥形瓶中，然后分别加入 20mL 各 pH 值下的 MB 溶液，放入 25℃ 和 150r/min 的恒温水浴振荡器中，连续反应数小时，待吸附达到平衡后，采用磁分离对吸附剂进行分离，上清液中甲基蓝的浓度采用 UV1102 Ⅱ紫外可见分光光度计在 626nm 处进行测定。

6.2.2.2 吸附时间的影响

实验选取甲基蓝的初始浓度为 600mg/L，溶液的 pH 值为 10.0，研究吸附剂 FFO@Sil@Chi 和 FFO@Sil@Chi-DTPA 在 0～480min 内不同时间点下吸附甲基蓝的结果，并将实验数据用于动力学模型的拟合。首先准确称取 40mg 的吸附剂 FFO@Sil@Chi 和 FFO@Sil@Chi-DTPA 分别加入 100mL 的具塞锥形瓶中，加入 40mL 配置好的甲基蓝溶液，在恒温振荡器中 25℃ 和 150r/min 的条件下进行振荡数小时，在 1min、5min、10min、15min、30min、45min、60min、90min、120min、150min、180min、240min、360min 和 480min 的时间点下取样，并采用 UV1102 Ⅱ紫外可见分光光度计在 626nm 处测定样品中 MB 的浓度与其初始浓度。

6.2.2.3 初始浓度的影响

实验中甲基蓝溶液的不同初始浓度设定为 100～800mg/L，溶液的 pH 值为 10.0，温度为 25℃，研究吸附剂 FFO@Sil@Chi 和 FFO@Sil@Chi-DTPA 在不同的甲基蓝初始浓度下的吸附结果，并用于吸附等温线模型的拟合。控制吸附实验过程中吸附剂的浓度为 1g/L，在恒温振荡器中振荡数小时至吸附达到平衡后，采用磁分离对吸附剂进行固液分离，并测定样品中甲基蓝的浓度。

6.2.2.4 反应温度的影响

在 25℃、35℃和 45℃三种不同的温度下开展了不同的初始甲基蓝浓度的实验，以评估甲基蓝在吸附剂 FFO@Sil@Chi 和 FFO@Sil@Chi-DTPA 上的热力学行为。

6.2.2.5 离子强度的影响

在甲基蓝的初始浓度为 600mg/L，溶液的 pH 值为 10.0，温度为 25℃，离子强度分别为 0、0.02mol/L、0.04mol/L、0.06mol/L、0.08mol/L 和 0.1mol/L 的条件下在恒温振荡器中待反应达到平衡后，采用外加磁铁实现固液分离，上清液中甲基蓝的残留浓度采用 UV1102 Ⅱ紫外可见分光光度计测定。

6.2.2.6 吸附剂的循环再生

循环再生实验中采用无水乙醇作为甲基蓝的洗脱剂，在吸附剂吸附甲基蓝饱和后固液分离，然后加入 20mL 的无水乙醇继续在恒温水浴振荡器中反应数小时以达到解吸的目的。然后用蒸馏水冲洗吸附剂数次得到再生的吸附剂用于下一次吸附实验。

6.2.3 MB共存对磁性壳聚糖处理银离子效能的影响研究

6.2.3.1 不同MB浓度对磁性壳聚糖选择性吸附Ag(Ⅰ)的影响

首先研究了在甲基蓝共存情况下吸附剂FFO@Sil@Chi对复合废水（多金属离子混合溶液和MB共存的废水）中Ag(Ⅰ)的选择性吸附情况。配置了含有不同MB初始浓度的复合废水，MB的初始浓度分别设置为0，10mg/L、20mg/L、30mg/L、40mg/L、50mg/L、75mg/L和100mg/L，溶液的pH值为6.0，其中金属离子Pb(Ⅱ)、Zn(Ⅱ)、Cu(Ⅱ)、Ni(Ⅱ)、Sr(Ⅱ)、Ag(Ⅰ)和Cd(Ⅱ)的浓度分别为150mg/L。实验中准确称取20mg的FFO@Sil@Chi加入50mL的具塞锥形瓶中，然后加入20mL配置好的不同MB浓度复合废水，在25℃的恒温水浴振荡器中150r/min的条件下进行振荡数小时直至吸附达到平衡。然后采用磁分离将吸附饱和的吸附剂从溶液中分离出来，采用ICP-OES和UV1102 Ⅱ紫外可见分光光度计分别测定上清液中的各个金属离子和MB的浓度。

6.2.3.2 二元污染体系中同时去除Ag(Ⅰ)和MB的效能研究

在两种类型污染物共存的体系中研究Ag(Ⅰ)和MB对彼此吸附的互相影响主要研究内容如下。

(1) MB共存时对FFO@Sil@Chi吸附Ag(Ⅰ)的影响

实验中配置Ag(Ⅰ)的初始浓度分别为100mg/L、150mg/L、200mg/L、250mg/L、300mg/L、350mg/L、400mg/L和450mg/L的液体，分别设置Ag-0MB、Ag-20MB和Ag-40MB体系（共存的MB的浓度分别为0、20mg/L和40mg/L)，研究吸附剂FFO@Sil@Chi在这三种不同体系中对Ag(Ⅰ)的吸附性能。准确称取若干份20mg的FFO@Sil@Chi分别置于50mL的具塞锥形瓶中，分别加入上述三种体系的液体20mL，然后将该锥形瓶置于恒温水浴振荡器中，在25℃和150r/min的条件下进行振荡数小时直至吸附达到平衡。然后采用磁分离将吸附饱和的吸附剂从溶液中分离出来，采用ICP-OES和UV1102 Ⅱ紫外可见分光光度计分别测定上清液中的Ag(Ⅰ)和MB的浓度。

(2) Ag(Ⅰ)共存时对FFO@Sil@Chi吸附MB的影响

与上述实验类似，实验中设置共存Ag(Ⅰ)的浓度分别为0、10mg/L和20mg/L，配置MB的初始浓度分别为100mg/L、150mg/L、200mg/L、250mg/L、300mg/L、350mg/L、400mg/L和450mg/L的液体，分别设置MB-0Ag、MB-10Ag和MB-20Ag体系，研究吸附剂FFO@Sil@Chi在这三种不同体系中对MB的吸附结果。实验过程和测定方法与上述一致。

6.2.4 MB共存对DTPA功能化吸附剂处理铅离子效能的影响研究

6.2.4.1 不同MB浓度对FFO@Sil@Chi-DTPA选择性吸附Pb(Ⅱ)的影响

首先研究了在甲基蓝共存情况下吸附剂FFO@Sil@Chi-DTPA对复合废水中Pb(Ⅱ)的选择性吸附情况。配置了含有不同初始浓度MB的复合废水，MB的初始浓度分别设置为0、10mg/L、20mg/L、30mg/L、40mg/L、50mg/L和100mg/L，溶液的pH为6.0，其中共存的金属离子Pb(Ⅱ)、Zn(Ⅱ)、Cu(Ⅱ)、Ni(Ⅱ)、Sr(Ⅱ)、Ag(Ⅰ)和Cd(Ⅱ)的浓度分别为150mg/L。实验中准确称取20mg的吸附剂FFO@Sil@Chi-DTPA加入50mL的具塞锥形瓶中，然后加入20mL配置好的含有不同MB浓度的复合废水，在恒温水浴振荡器25℃和150r/min的条件下振荡数小时直至吸附达到平衡。然后采用磁分离对吸附剂进行固液分离，采用ICP-OES和UV1102Ⅱ紫外可见分光光度计分别测定上清液中的各个金属离子和MB的浓度。

6.2.4.2 二元污染体系中同时去除Pb(Ⅱ)和MB的研究

在两种类型污染物共存的体系中研究Pb(Ⅱ)和MB对彼此吸附的互相影响，主要研究内容如下。

(1) MB存在时对FFO@Sil@Chi-DTPA吸附Pb(Ⅱ)的影响

实验分别设置Pb-0MB、Pb-20MB和Pb-50MB体系[在共存的MB的浓度分别为0、20mg/L和50mg/L，Pb(Ⅱ)初始浓度分别为100mg/L、150mg/L、200mg/L、250mg/L、300mg/L、350mg/L和400mg/L]，研究吸附剂FFO@Sil@Chi-DTPA在这三种不同体系中对Pb(Ⅱ)的吸附性能。准确称取若干份20mg的FFO@Sil@Chi-DTPA分别置于50mL的具塞锥形瓶中，分别加入20mL上述三种体系的液体，然后将该锥形瓶置于恒温水浴振荡器，在25℃和150r/min的条件下振荡数小时直至吸附达到平衡。再采用磁分离对吸附剂进行固液分离，利用ICP-OES和UV1102Ⅱ紫外可见分光光度计分别测定上清液中的Pb(Ⅱ)和MB的浓度。

(2) Pb(Ⅱ)存在时对FFO@Sil@Chi-DTPA吸附MB的影响

与上述实验类似，实验中设置共存Pb(Ⅱ)的浓度分别为0、10mg/L和20mg/L配置MB的初始浓度分别为100mg/L、200mg/L、300mg/L、400mg/L、500mg/L、600mg/L、700mg/L和800mg/L的液体，分别设置MB-0Pb、MB-10Pb和MB-20Pb体系，研究吸附剂FFO@Sil@Chi-DTPA在这三种不同体系中对MB的吸附实验。实验过程和测定方法与上述一致。

6.3 结果与讨论

6.3.1 磁性吸附剂对MB吸附性能的研究

6.3.1.1 溶液pH值的影响

考虑到甲基蓝的最大吸收波长和颜色在pH 2.0～10.0范围内几乎不变，因此，本研究考察了FFO@Sil@Chi-DTPA和FFO@Sil@Chi在pH 2.0～10.0的范围内对MB的吸附性能。

如图6-1所示，随着pH值的增加，吸附剂FFO@Sil@Chi-DTPA和FFO@Sil@Chi对MB的吸附容量逐渐降低。

FFO@Sil@Chi-DTPA和FFO@Sil@Chi对MB的吸附容量在pH 2.0时达到最大值，

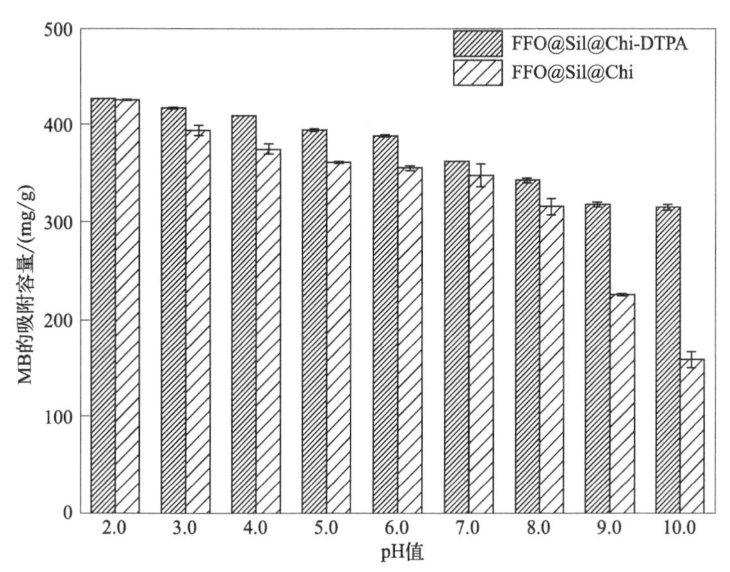

图 6-1 溶液 pH 值对 FFO@Sil@Chi-DTPA 和 FFO@Sil@Chi 吸附 MB 的影响

分别为 426.82mg/g、425.19mg/g。随着溶液 pH 值从 3.0 增加至 9.0，吸附容量逐渐下降，最终在 pH 10.0 时 FFO@Sil@Chi-DTPA 和 FFO@Sil@Chi 达到最小吸附容量，分别为 315.11mg/g、157.64mg/g。从实验结果可以看出，FFO@Sil@Chi-DTPA 对 MB 的吸附能力在整个 pH 值范围内均高于 FFO@Sil@Chi，表明通过在 FFO@Sil@Chi 的表层引入 DTPA 有机层使得到的吸附剂 FFO@Sil@Chi-DTPA 在很宽的 pH 值范围内都能保持对 MB 的高效吸附性能，这是由于 MB 中含有的正电荷结构（$=N^+H-$）与 FFO@Sil@Chi-DTPA 表面的$-COO^-$官能团之间存在静电吸引，因此表现出比 FFO@Sil@Chi 更高的吸附性能。当 MB 溶液的 pH 值为 10.0 时，两种吸附剂的吸附能力差异最大。

因此，为了更好地研究 FFO@Sil@Chi-DTPA 在 MB 上的吸附过程，选择 pH 10.0 作为研究吸附剂对 MB 的吸附性能的后续研究条件。

6.3.1.2 吸附时间的影响以及动力学模型的拟合

研究不同的接触时间对 FFO@Sil@Chi-DTPA 和 FFO@Sil@Chi 吸附 MB 的影响，结果如图 6-2 所示。

在反应最开始的 90min 内，吸附剂 FFO@Sil@Chi-DTPA 去除了 85.81%的 MB，随着时间的增加，吸附速率逐渐降低，最终在接近 180min 时吸附剂对 MB 的吸附达到平衡，此时 FFO@Sil@Chi-DTPA 和 FFO@Sil@Chi 对 MB 的吸附容量分别为 427.00mg/g 和 151.39mg/g。可以看出经过酰胺化反应接枝 DTPA 之后的吸附剂对甲基蓝染料有更好的吸附性能。

为了研究吸附剂 FFO@Sil@Chi-DTPA 和 FFO@Sil@Chi 对 MB 的吸附动力学机制，即吸附过程的速率控制步骤，采用 PSO、PSO、Elovich 方程和粒子内扩散模型［式(2-7)～式(2-10)］四种动力学模型对吸附 MB 的动力学数据进行拟合分析。

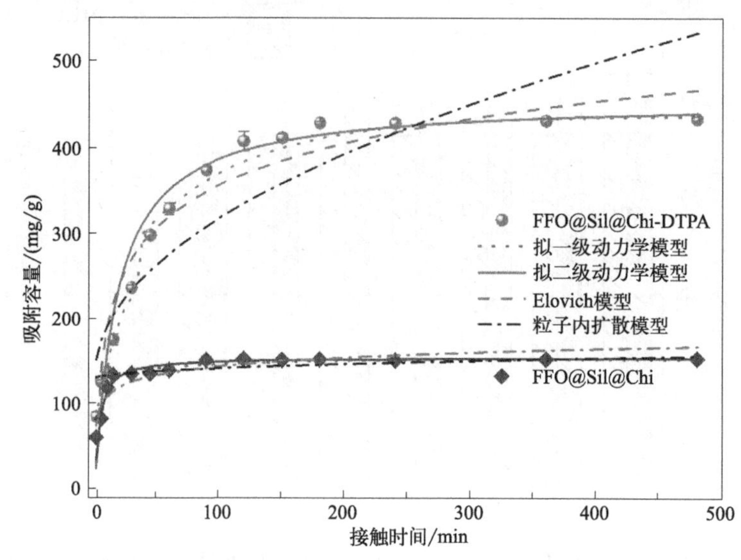

图 6-2 接触时间对 FFO@Sil@Chi-DTPA 和 FFO@Sil@Chi 吸附 MB 的影响及四种动力学模型的拟合

表 6-1 MB 在吸附剂上的拟一级、拟二级、Elovich 模型及粒子内扩散吸附动力学参数

动力学模型	参数	甲基蓝	
		FFO@Sil@Chi-DTPA	FFO@Sil@Chi
实验数据	q_{exp}/(mg/g)	432.00	152.55
拟一级动力学模型	q_{e1}/(mg/g)	405.60	140.62
	K_1/min^{-1}	0.0116	0.0070
	R^2	0.894	0.831
拟二级动力学模型	q_{e2}/(mg/g)	454.55	153.85
	K_2	0.0001	0.0019
	R^2	0.998	0.999
Elovich	A	27.082	74.503
	B	71.016	14.895
	R^2	0.932	0.862
粒子内扩散模型	K_i/[g/(mg · $min^{1/2}$)]	18.2520	1.1965
	C	132.86	129.11
	R^2	0.805	0.875

通过对比动力学模型的相关系数 R^2（拟合的相关参数见表 6-1），可以发现 PSO 模型对吸附剂 FFO@Sil@Chi-DTPA 和 FFO@Sil@Chi 拟合得到的相关系数均高于其他模型，

其值分别为 $R^2_{FFO@Sil@Chi\text{-}DTPA}=0.998$，$R^2_{FFO@Sil@Chi}=0.999$，且计算得到的 q_{e2}（454.55mg/g）与实验值（432.00mg/g）接近。因此，拟二级动力学是描述吸附过程的最佳模型，吸附剂对MB的吸附是通过吸附剂和MB之间的电子共享或交换的化学吸附过程。

6.3.1.3 初始浓度的影响以及吸附等温线的拟合

从图6-3中可以看出，随着MB初始浓度的增加，吸附剂FFO@Sil@Chi-DTPA和FFO@Sil@Chi对MB的吸附容量逐渐增加并在高浓度下达到吸附饱和。这是因为在较低的初始MB浓度下，吸附剂的表面有足够多的活性位点用以捕获MB分子。

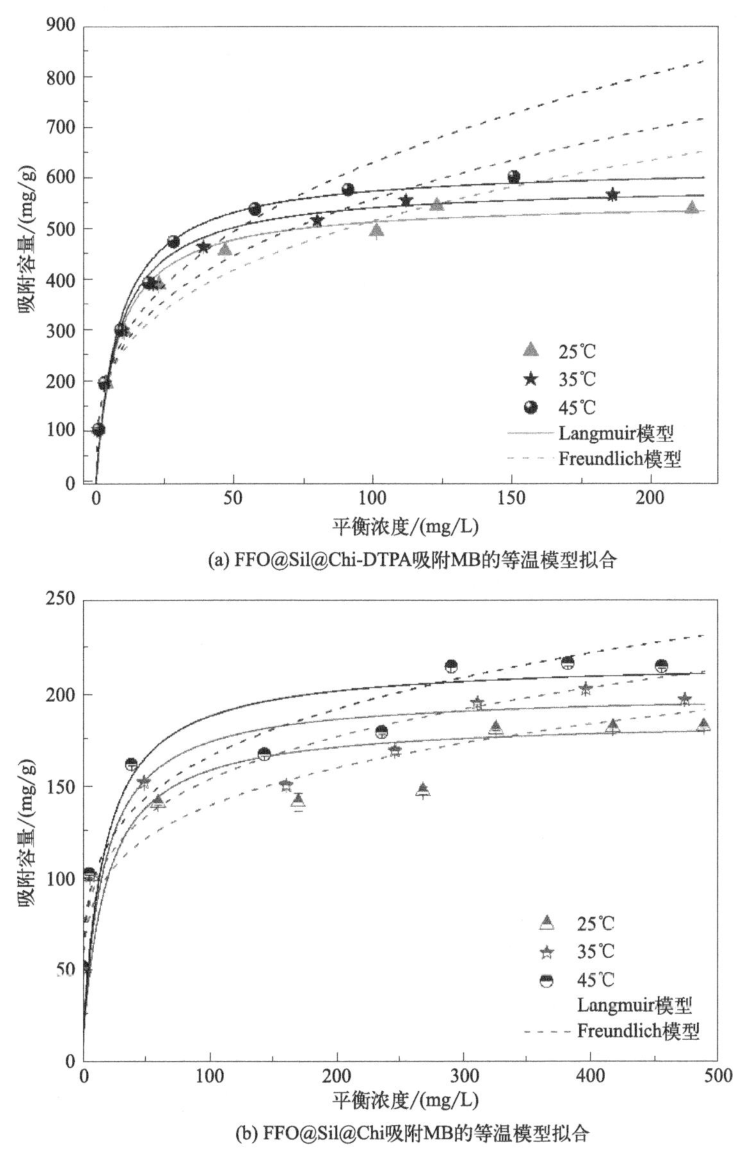

(a) FFO@Sil@Chi-DTPA吸附MB的等温模型拟合

(b) FFO@Sil@Chi吸附MB的等温模型拟合

图6-3 不同MB初始浓度对吸附结果的影响以及吸附等温模型的拟合

在25℃时，实验结果数据表明FFO@Sil@Chi对MB的最大吸附容量为181.37mg/g，远低于FFO@Sil@Chi-DTPA的最大吸附容量546.73mg/g。这些结果表明酰胺化之后吸附剂在表面引入了新的官能团，增加了对染料的吸附能力，有利于吸附剂在染料废水中的应用。

为了探索和阐明污染物与吸附剂之间的吸附机理，采用Langmuir和Freundlich两种吸附等温模型对等温吸附行为进行拟合，等温模型的线性方程见式(2-3)和式(2-4)。

拟合结果（表6-2）表明，Langmuir等温吸附模型的R^2（>0.99）值高于Freundlich等温吸附模型，所以Langmuir等温吸附模型更适合吸附剂对MB的吸附过程。这意味着FFO@Sil@Chi-DTPA和FFO@Sil@Chi对MB的吸附是单层吸附。

表6-2 FFO@Sil@Chi-DTPA和FFO@Sil@Chi吸附MB拟合的Langmuir和Freundlich参数

吸附剂	温度/℃	Langmuir模型			Freundlich模型		
		K_L/(L/mg)	q_m/(mg/g)	R^2	K_F/($mg^{1-1/n}\cdot L^{1/n}$/g)	$1/n$	R^2
FFO@Sil@Chi-DTPA	25	0.127	555.55	0.998	130.13	0.2996	0.951
	35	0.120	558.24	0.999	129.23	0.3183	0.954
	45	0.117	624.00	0.998	126.66	0.3493	0.955
FFO@Sil@Chi	25	0.056	185.19	0.993	54.46	0.2020	0.925
	35	0.063	200.00	0.993	58.77	0.2067	0.961
	45	0.061	217.39	0.991	61.41	0.2142	0.958

根据Langmuir方程，拟合计算得到在25℃时，FFO@Sil@Chi-DTPA对MB的最大吸附容量为555.55mg/g，远高于FFO@Sil@Chi的最大吸附容量185.19mg/g。

6.3.1.4 反应温度的影响以及热力学的研究

在不同的反应温度下，吸附剂FFO@Sil@Chi和FFO@Sil@Chi-DTPA对MB的吸附也存在不同的结果。从表6-2中可以看出，当温度从25℃增加到45℃时，拟合得到的最大吸附容量随着温度的升高而增加，FFO@Sil@Chi-DTPA对MB的吸附容量从555.55mg/g增加到624.00mg/g，FFO@Sil@Chi对MB的吸附容量从185.19mg/g增加到217.39mg/g，表明FFO@Sil@Chi-DTPA和FFO@Sil@Chi对MB的吸附是一个吸热过程，并且温度越高越有利于反应的进行。

为了进一步探索吸附过程的主要机制，对吸附剂FFO@Sil@Chi-DTPA和FFO@Sil@Chi吸附MB的热力学参数（$\Delta G^\ominus$、$\Delta H^\ominus$和$\Delta S^\ominus$）以及活化能（E_a）和黏附概率（S^*）进行了研究。

吉布斯自由能变化（$\Delta G^\ominus$）、焓变（$\Delta H^\ominus$）和熵变（$\Delta S^\ominus$）、污染物吸附到吸附剂表面的表面活化能（E_a）和表面覆盖率θ分别由式(2-5)、式(2-6)、式(5-1)和式(5-2)计算。

从表6-3可以得出，随着温度从25℃升高到45℃，标准吉布斯自由能$\Delta G^\ominus$逐渐降低，这表明高温下更利于吸附过程的进行，这是因为 MB 随着温度的升高迁移率增加。

表 6-3　FFO@Sil@Chi 和 FFO@Sil@Chi-DTPA 吸附 MB 的热力学参数

吸附剂	$\Delta G^{\ominus}$/(kJ/mol)			$\Delta H^{\ominus}$ /(kJ/mol)	$\Delta S^{\ominus}$ /[kJ/(mol·K)]	E_a /[J/(g·mol)]	S^* /×10^{-3}
	25℃	35℃	45℃				
FFO@Sil@Chi	−23.74	−24.61	−25.89	8.41	0.107	0.058	0.30
FFO@Sil@Chi-DTPA	−26.87	−28.15	−29.22	8.09	0.118	0.081	3.38

$\Delta H^{\ominus}$ 和 E_a 的正值表明 MB 在吸附剂表面的吸附是一个吸热过程。此外，$\Delta S^{\ominus}$ 值为正值表明污染物在吸附剂上吸附过程中的随机性增加。计算发现 FFO@Sil@Chi-DTPA 和 FFO@Sil@Chi 对 MB 的 S^* 分别为 0.00338 和 0.0003，非常接近于零，表明吸附过程主要遵循化学吸附。

6.3.1.5　离子强度的影响

离子强度的影响是在含有不同浓度 $NaNO_3$（0，0.02mol/L、0.04mol/L、0.06mol/L、0.08mol/L 和 0.1mol/L 的 $NaNO_3$）的 MB 溶液中开展的，影响见图 6-4。

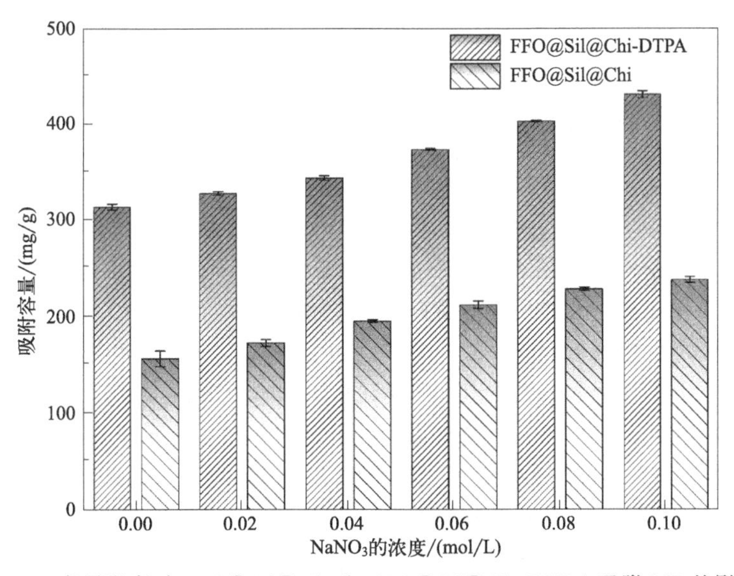

图 6-4　离子强度对 FFO@Sil@Chi 和 FFO@Sil@Chi-DTPA 吸附 MB 的影响

从图 6 4 中可以发现，$NaNO_3$ 的存在对 MB 的吸附具有促进的作用。随着 $NaNO_3$ 的浓度从 0 增加到 0.10mol/L，FFO@Sil@Chi-DTPA 对 MB 的吸附容量从 315.11mg/g 增加到 431.48mg/g，FFO@Sil@Chi 的吸附容量从 157.64mg/g 增加到 239.02mg/g。这主要是由于盐离子作用增加了 MB 染料分子的二聚化作用，产生了 MB 的二聚体。因此，在这种条件下吸附剂对 MB 更高的吸附容量归因于 Na^+ 诱导 MB 染料分子的聚集，增加了 FFO@Sil@Chi-DTPA 和 FFO@Sil@Chi 对 MB 的吸附程度。

6.3.1.6 吸附剂的循环再生

从图 6-5 可以看出，随着吸附循环次数的增加，FFO@Sil@Chi-DTPA 和 FFO@Sil@Chi 对 MB 的吸附能力逐渐降低，分别从初始的 359.69mg/g 和 174.62mg/g 降低至第 5 次循环的 324.06mg/g 和 146.04mg/g。

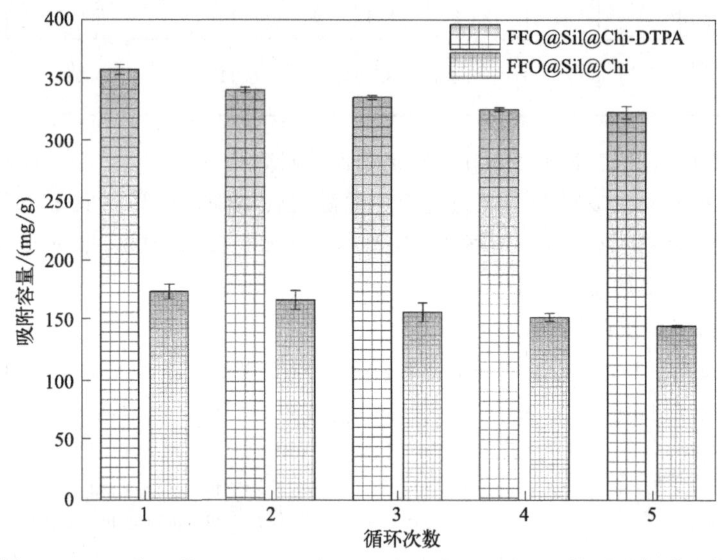

图 6-5 FFO@Sil@Chi-DTPA 和 FFO@Sil@Chi 对 MB 的可重复利用性

造成这种现象的主要原因可能是多次的吸附-解吸循环洗涤步骤中吸附剂的损失，另外，解吸过程中不能完全解吸导致吸附剂上的吸附位点的部分损失，也会造成吸附容量的下降。再生实验结果表明，合成的 FFO@Sil@Chi-DTPA 具有良好的再生性能，可作为一种高效、快速的分离吸附剂，捕获溶液中的 MB。

6.3.1.7 吸附机理的探讨

对吸附 MB 前后的吸附剂 FFO@Sil@Chi 和 FFO@Sil@Chi-DTPA 进行了 EDS、FTIR 和 XPS 分析，探讨了吸附过程可能涉及的机理。首先，采用 EDS 表征确认吸附剂 FFO@Sil@Chi 和 FFO@Sil@Chi-DTPA 吸附 MB 前后表面元素的种类。

从图 6-6 中可以看出，吸附剂 FFO@Sil@Chi 和 FFO@Sil@Chi-DTPA 的主要构成元素是 C、N、O、Si 和 Fe。吸附 MB 之后在 FFO@Sil@Chi＋MB 和 FFO@Sil@Chi-DTPA＋MB 上都分别检测到了 S 元素。

S 元素来源于 MB 分子结构中的—SO_3^-（图 6-7），说明吸附污染物之后吸附剂表面存在 MB 分子，证明 FFO@Sil@Chi 和 FFO@Sil@Chi-DTPA 成功地捕获了 MB。

如图 6-8 所示，在吸附 MB 后的 FFO@Sil@Chi 和 FFO@Sil@Chi-DTPA 的 FTIR 光谱中观察到在 1600cm^{-1} 处出现了一个新峰，是属于 MB 中芳香环的伸缩振动，表明 MB 成功被吸附剂捕获。

FFO@Sil@Chi-DTPA＋MB 光谱中 1632.47cm^{-1} 处的 C═O 伸缩振动，明显地

位移至 1617.74cm^{-1} 处，表明 FFO@Sil@Chi-DTPA 上的羧基官能团参与了 MB 的吸附。在 FFO@Sil@Chi+MB 和 FFO@Sil@Chi-DTPA+MB 的 FTIR 光谱上 1405 和 1340cm^{-1} 处的峰归属于 MB 中 S═O 和 S—O 的伸缩振动峰，FFO@Sil@Chi+MB 光谱中 1553cm^{-1} 处的氨基官能团伸缩振动表现出明显的偏移至 1578cm^{-1}。这些变化表明氨基参与了 MB 的吸附。

吸附 MB 前后的吸附剂 FFO@Sil@Chi 和 FFO@Sil@Chi-DTPA 的 XPS 表征结果也证明 MB 被吸附剂成功捕获。从 XPS 全谱图（图 6-9）可以看出，吸附剂吸附污染物前后的主要元素主要是 C、N、O、Si 和 Fe。

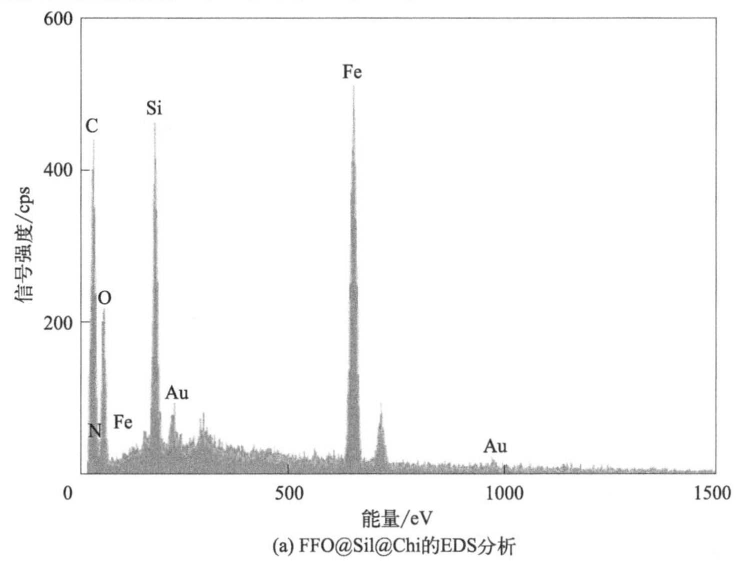

(a) FFO@Sil@Chi的EDS分析

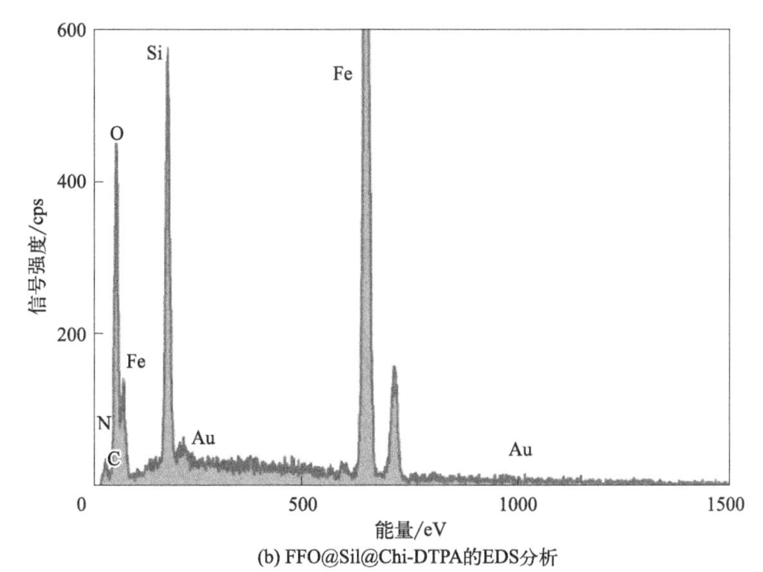

(b) FFO@Sil@Chi-DTPA的EDS分析

图 6-6

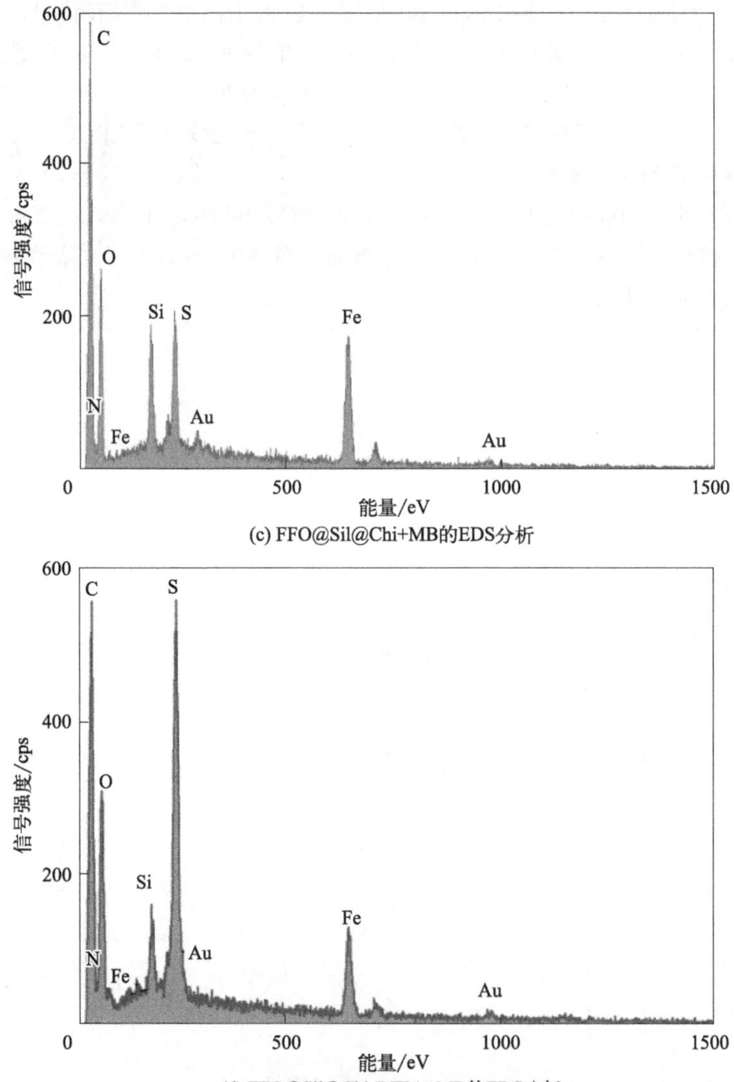

(c) FFO@Sil@Chi+MB的EDS分析

(d) FFO@Sil@Chi-DTPA+MB的EDS分析

图 6-6 吸附剂吸附 MB 前后的 EDS 谱图

图 6-7 甲基蓝的分子结构

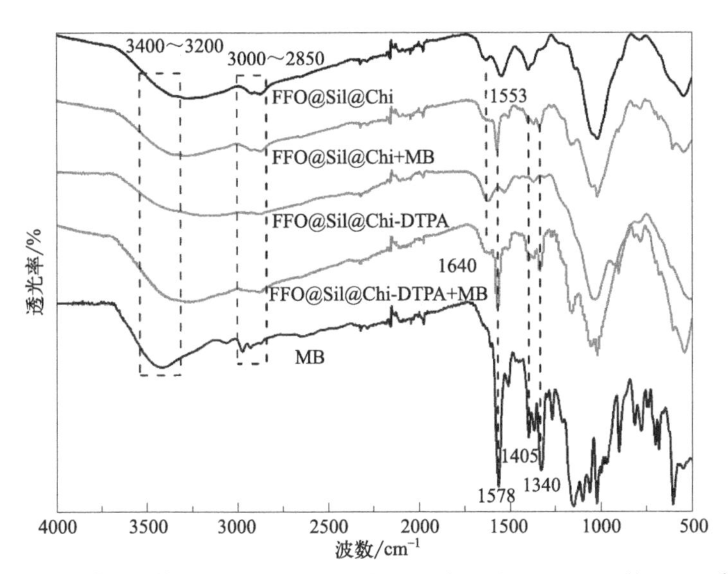

图 6-8　吸附 MB 前后 FFO@Sil@Chi 和 FFO@Sil@Chi-DTPA 的 FTIR 分析

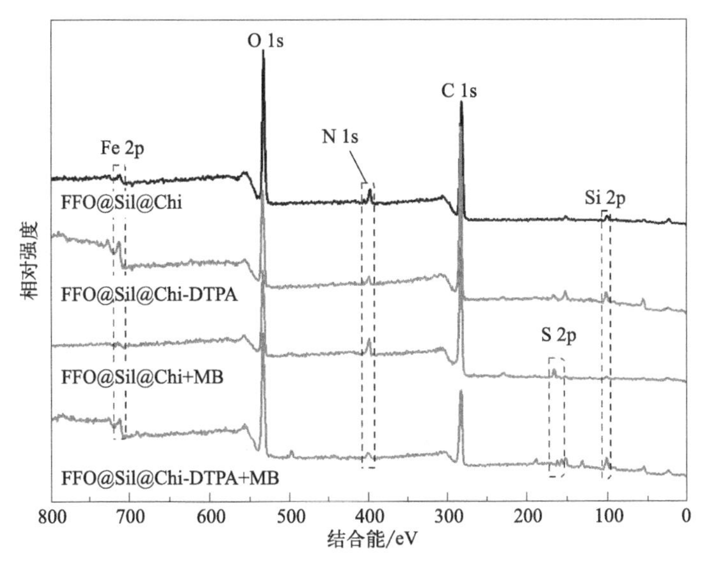

图 6-9　吸附 MB 前后 FFO@Sil@Chi 和 FFO@Sil@Chi-DTPA 的 XPS 全谱图

吸附 MB 后，在 FFO@Sil@Chi＋MB 和 FFO@Sil@Chi-DTPA＋MB 中可以清楚地看到 S 2p 的峰，表明污染物被成功吸附在吸附剂上，这与 EDS 的表征结果一致。FFO@Sil@Chi 和 FFO@Sil@Chi-DTPA 吸附 MB 后的 S 2p 的高分辨率 XPS 光谱如图 6-10 所示，表明 FFO@Sil@Chi 和 FFO@Sil@Chi-DTPA 成功捕获了 MB。

从图 6-10 中还可以看出，FFO@Sil@Chi-DTPA＋MB 的 XPS 光谱中 S 2p 峰可以解卷积为 S═O（169.18eV）、S—O（167.79eV）和 S—C（164.77eV）处的三个峰，

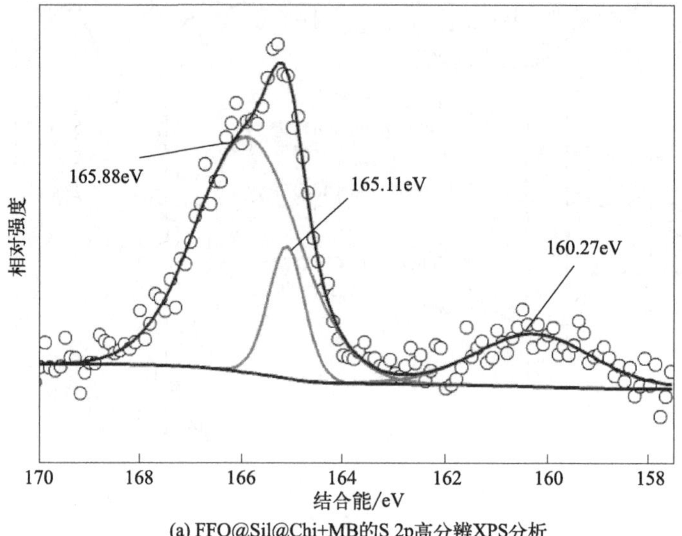

(a) FFO@Sil@Chi+MB的S 2p高分辨XPS分析

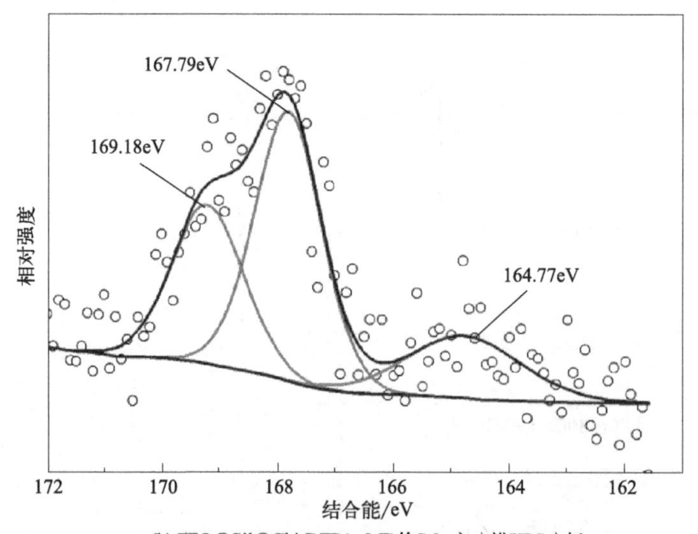

(b) FFO@Sil@Chi-DTPA+MB的S 2p高分辨XPS分析

图 6-10 FFO@Sil@Chi+MB(a) 和 FFO@Sil@Chi-DTPA+MB(b) 的 S 2p 高分辨率 XPS 光谱

而 FFO@Sil@Chi+MB 中的 S 峰则分别位于 165.88eV、165.11eV 和 160.27eV 处，说明 DTPA 功能化之后的吸附剂对 MB 的吸附作用力更强，使得吸附剂表面的元素的结合能的位置变化更大。

对 FFO@Sil@Chi-DTPA 和 FFO@Sil@Chi-DTPA+MB 样品的 O 1s 和 N 1s 的高分辨率 XPS 光谱进行了分析，以详细了解吸附过程中吸附剂 FFO@Sil@Chi-DTPA 表面官能团的作用。

在图 6-11(a) 中，FFO@Sil@Chi-DTPA 的 O 1s 光谱有 4 个不同的峰，其结合能分别位于 533.57eV（分配给 Fe—O)、532.70eV（分配给 C ═O)、531.87eV（分配给 C—O）和 530.05eV（分配给 Si—O—Si）处。对于负载 MB 后的吸附剂，观察到 O ═C—O 的结合能发生变化，表明 FFO@Sil@Chi-DTPA 表面的羧基官能团与 MB 分子中带正电荷的氨基官能团存在相互作用。对于图 6-11(b) 中的 N 1s 光谱，观察到 3 个单独的峰，它们分别被分配给 N—C（394.03eV)、—NH/—NH_2（399.40eV）和—NH_3^+（401.80eV)。吸收 MB 后，观察到—NH_3^+ 的运动（从 401.80eV 到 401.48eV)，可以证实吸附剂表面的外部活性位点与 MB 分子之间还存在静电引力。

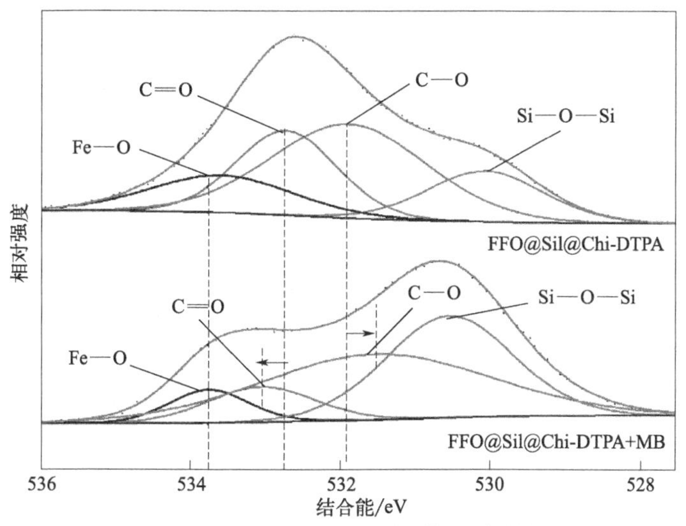

(a) FFO@Sil@Chi-DTPA吸附MB前后的O 1s高分辨XPS分析

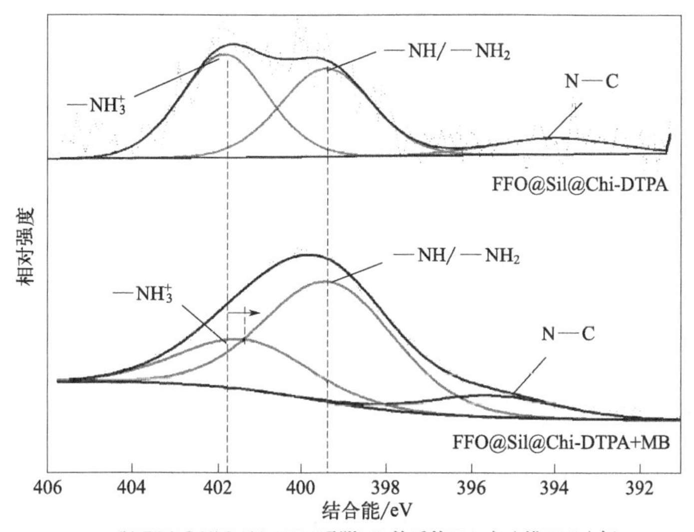

(b) FFO@Sil@Chi-DTPA吸附MB前后的N 1s高分辨XPS分析

图 6-11　FFO@Sil@Chi-DTPA 吸附 MB 前后的 O 1s 和 N 1s 的高分辨率 XPS 光谱

综上所述，吸附剂在吸附MB的过程中，主要是吸附剂表面的有效活性官能团参与了对MB分子的捕获，同时还存在氢键的作用。DTPA功能化之后的吸附剂，由于羧基官能团的引入使得吸附剂与MB之间的静电相互作用加强，吸附性能得以提升，表现出更高的吸附容量。

6.3.2 MB协同作用增强磁性壳聚糖对Ag（Ⅰ）的选择性吸附效能的研究

6.3.2.1 不同MB浓度对磁性壳聚糖选择性吸附Ag(Ⅰ)的影响

随着工业化的快速发展，重金属和染料不可避免地共存于造纸、印染和汽车生产等工业活动的实际废水中。这两类污染物物理化学性质不同，大大增加了对环境的危害和有效治理的难度。因此，采用对Ag(Ⅰ)具有最高吸附容量和性质稳定的吸附剂FFO@Sil@Chi，进一步研究在含Ag(Ⅰ)的多金属离子与染料共存的复合废水中吸附剂对Ag(Ⅰ)的吸附行为。

采用吸附剂FFO@Sil@Chi研究了由多金属离子溶液和不同浓度的MB（0～100mg/L）组成的复合废水中金属离子的吸附行为。从图6-12可以看出，在不同浓度的MB共存的条件下，FFO@Sil@Chi均表现出对Ag(Ⅰ)的高选择性吸附能力，同时也吸附溶液中的MB。

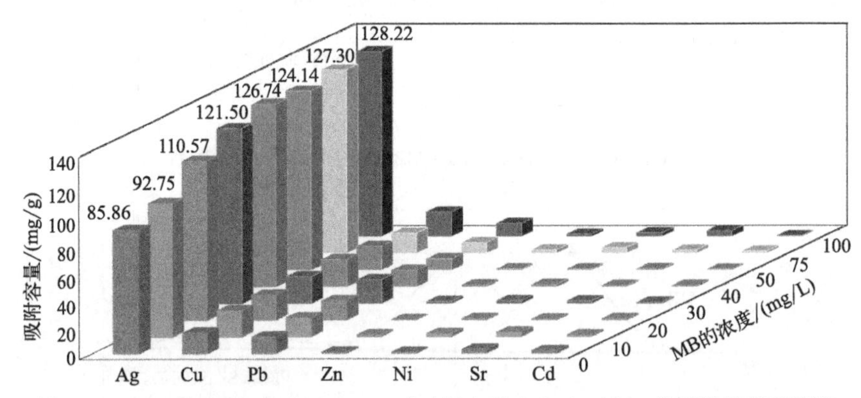

图6-12 FFO@Sil@Chi在pH 6.0时对复合废水中Ag(Ⅰ)的吸附性能的研究

当共存的MB的初始浓度范围为0～40mg/L时，Ag(Ⅰ)选择性吸附容量显著地从85.85mg/g增加到126.74mg/g。这可能是因为吸附剂在吸附金属离子的同时吸附MB，并且MB结构中的磺酸官能团为金属离子提供了额外的活性位点（甲基蓝的分子结构如图6-7所示），磺酸基中的S原子上存在的自由孤对电子与Ag(Ⅰ)配位形成相应的配合物，有利于去除溶液中的Ag(Ⅰ)。因此，随着MB浓度的增加，吸附剂对Ag(Ⅰ)的选择性吸附容量逐渐增加。

然而，吸附剂FFO@Sil@Chi表面的活性位点是有限的，当所有活性位点都被占据时，过量的MB无法吸附在吸附剂表面。当共存的MB浓度超过40mg/L时，共吸附不会进一步提高，Ag(Ⅰ) 的选择性吸附量保持在 120mg/g 左右。

从图 6-13(a) 中可以看出，随着共存 MB 浓度的增加对 Ag(Ⅰ) 的选择性系数 S_{Ag} 并没有太大的变化，说明 MB 的加入并没有对吸附剂 FFO@Sil@Chi 的选择性能产生影响。从图 6-13(b) 中可以看出，吸附剂 FFO@Sil@Chi 在捕获复合废水中金属离子的同时对 MB 也有一定的吸附作用，但是随着共存 MB 浓度的增加，吸附剂表面有效的活性位点吸附达到饱和，无法捕获更多的 MB，因此共存 MB 的初始浓度为 50mg/L、75mg/L 和 100mg/L 时混合溶液中 MB 的剩余量较多。

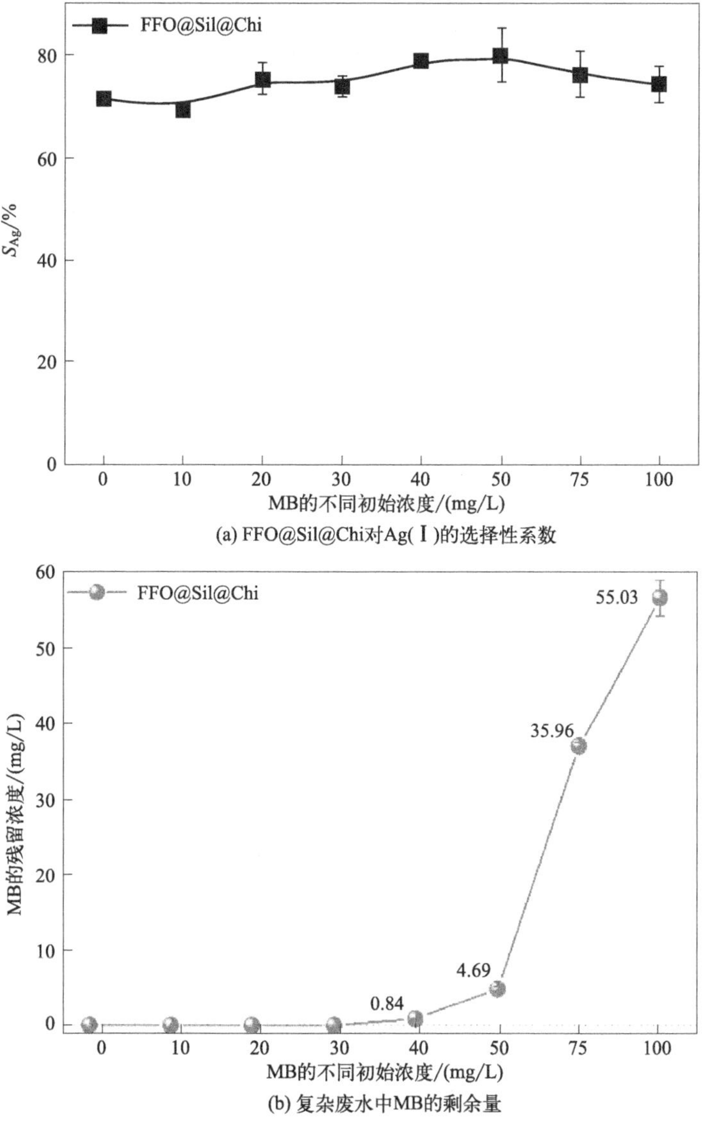

图 6-13　FFO@Sil@Chi 对 Ag(Ⅰ) 的选择性系数（S_{Ag}）、多金属离子和不同初始浓度的 MB 共存的复合废水中 MB 的剩余量

6.3.2.2 二元污染物体系中同时去除Ag(Ⅰ)和MB的研究

由图6-13(b)的结果可知，在多金属离子共存的溶液中共存的MB浓度≤40mg/L时，FFO@Sil@Chi不仅可以吸附金属离子，而且可以捕获溶液中共存的MB分子，并在这个过程中增强了对Ag(Ⅰ)的选择性吸附。因此，在研究共存MB对吸附剂吸附Ag(Ⅰ)的影响时，共存MB的浓度可分别设置为0、20mg/L和40mg/L。

从图6-14中可以看出，在不同的初始Ag(Ⅰ)浓度下，FFO@Sil@Chi对二元体系中Ag(Ⅰ)的吸附能力随着共存MB量的增加而增加。

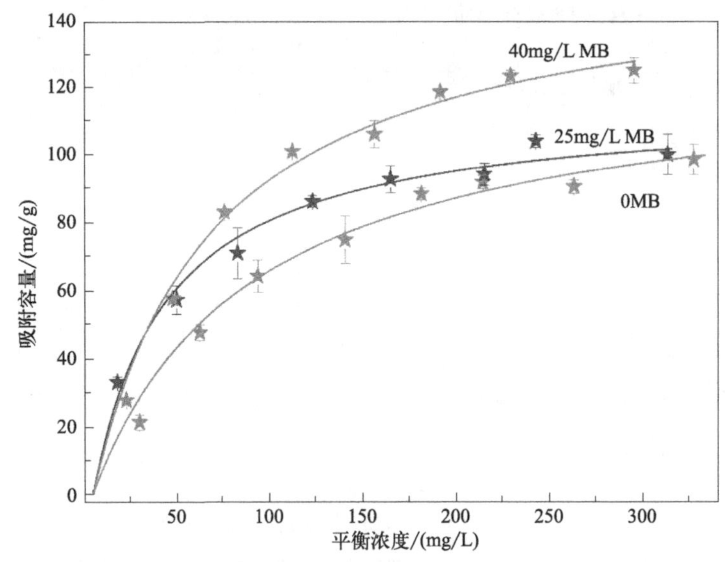

图6-14 不同浓度的MB存在时对FFO@Sil@Chi吸附不同初始浓度的Ag(Ⅰ)的影响

具体而言，在Ag-0MB、Ag-20MB和Ag-40MB体系中，吸附剂对Ag(Ⅰ)的最大吸附量分别达到116.28mg/g、126.58mg/g和156.25mg/g，显示出MB对银离子选择性吸附的增强作用，这可以解释为吸附剂表面存在特定的活性位点用以吸附Ag(Ⅰ)和MB，然后在FFO@Sil@Chi表面的MB会提供额外的阴离子—SO_3^-基团，这可能为捕获Ag(Ⅰ)提供新的活性位点，从而提高对Ag(Ⅰ)的去除能力。

此外，在Ag-40MB系统中，在高初始Ag(Ⅰ)浓度（≥250mg/L）的溶液中存在残留的MB（图6-15）。

造成这种现象的原因可能是Ag(Ⅰ)的分子量（M_{Ag}=107.87g/mol）小于甲基蓝分子（$M_{甲基蓝}$=799.80g/mol），吸附剂会优先吸附二元污染物系统中的Ag(Ⅰ)。吸附剂表面的活性位点被大量Ag(Ⅰ)占据后，会阻碍MB的吸附。也可能是由于部分MB与溶液中过量的Ag(Ⅰ)络合形成Ag-MB，增加了空间位阻，使其难以与吸附剂的活性位点结合。

在另一方面，研究了在共存的不同Ag(Ⅰ)浓度下FFO@Sil@Chi对不同初始浓

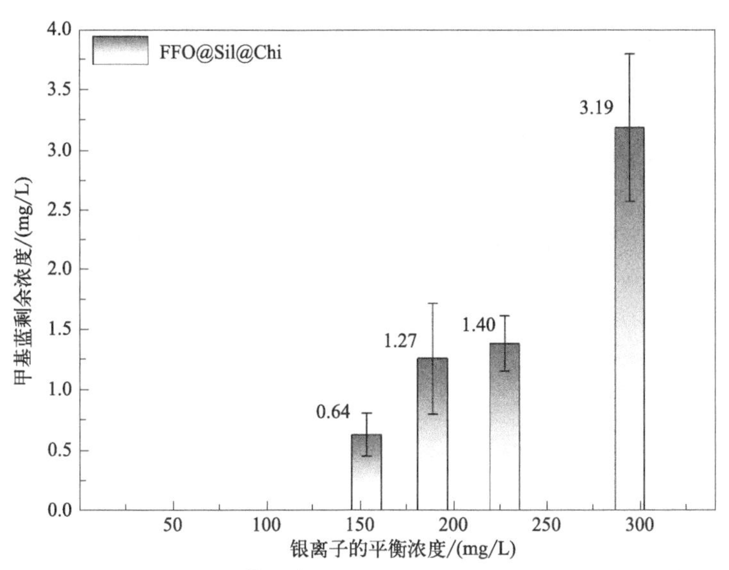

图 6-15 在 Ag-40MB 体系中不同 Ag(Ⅰ) 浓度下溶液中 MB 的残留

度的 MB 的吸附性能的影响。

从图 6-16 可以看出，低浓度 Ag(Ⅰ) 的存在对吸附剂吸附 MB 的吸附容量没有太大的影响，随着 Ag(Ⅰ) 浓度的增加，吸附剂 FFO@Sil@Chi 对 MB 的吸附作用减弱。

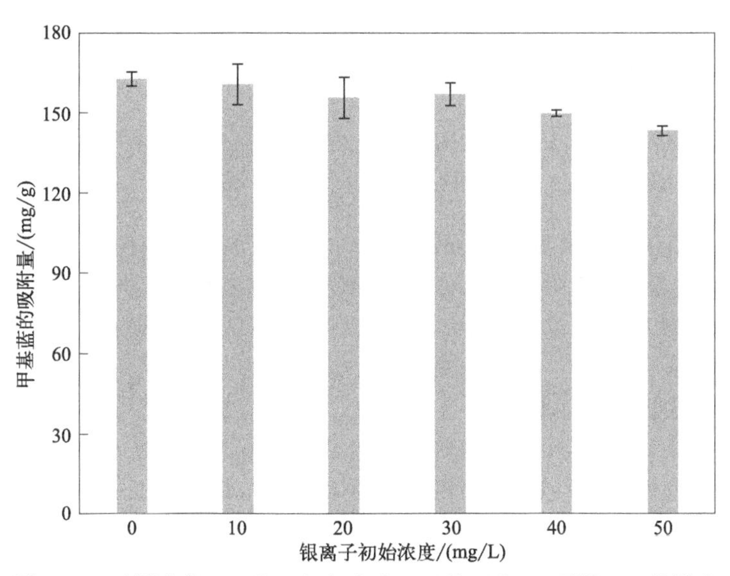

图 6-16 不同浓度 Ag(Ⅰ) 存在时对 FFO@Sil@Chi 吸附 MB 的影响

低 Ag(Ⅰ) 浓度时，吸附剂和 Ag(Ⅰ) 的碰撞概率低，捕获到吸附剂表面的银离子量少，FFO@Sil@Chi 表面大量的活性位点用于对 MB 的捕获。随着 Ag(Ⅰ) 浓度的增大，增加了吸附剂和溶液中 Ag(Ⅰ) 的碰撞概率，一部分含氮官能团通过配位作用优先捕获Ag(Ⅰ)，与Ag(Ⅰ)形成络合物，导致Ag(Ⅰ)占据吸附剂表面的活性位点，从而使MB的吸附能力略有下降。因此，为了确保二元体系中MB的有效去除，选择Ag(Ⅰ)共存浓度0、10mg/L和20mg/L来研究Ag(Ⅰ)对MB吸附的影响。

从图6-17可以看出，在MB初始浓度较低的情况下，Ag(Ⅰ)的存在对MB的吸附有抑制作用，这可能是由于两类污染物对有效活性位点的竞争。随着MB初始浓度的增加，Ag(Ⅰ)的存在对MB的吸附几乎没有影响，这主要是因为高浓度的MB增加了其与吸附剂FFO@Sil@Chi的接触概率。

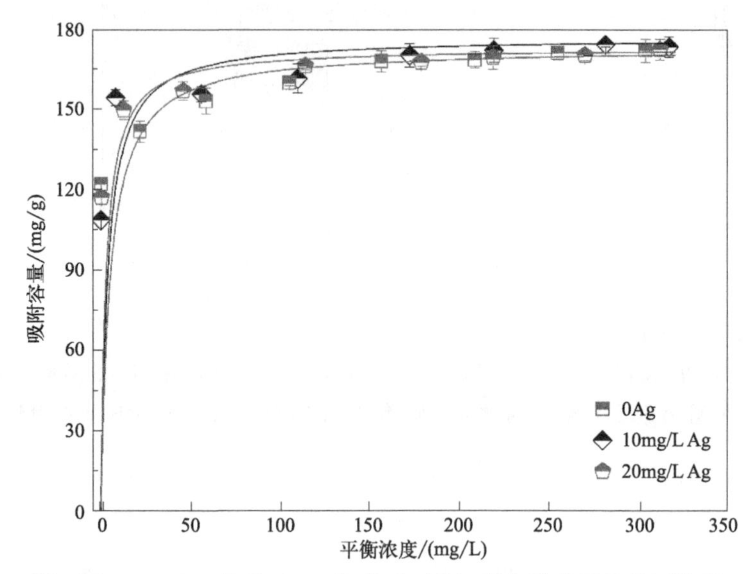

图6-17 0、10mg/L和20mg/L的Ag(Ⅰ)存在时对FFO@Sil@Chi吸附不同初始浓度的MB的影响

上述实验结果说明吸附剂FFO@Sil@Chi在二元污染物[Ag(Ⅰ)+MB]体系中，MB的存在增强了吸附剂对Ag(Ⅰ)的吸附容量，存在协同吸附作用，同时也捕获了溶液中的MB。另一方面，共存的Ag(Ⅰ)几乎不影响吸附剂FFO@Sil@Chi对MB的吸附性能。

6.3.2.3 协同吸附的机理探讨

将吸附剂FFO@Sil@Chi在单污染物体系中[Ag(Ⅰ)和MB的单污染物体系]以及二元污染物共存的体系中的吸附前后的EDS、FTIR和XPS表征进行对比分析，以得到二元污染物体系中吸附剂表面去除污染物的机理。

首先，采用EDS分析对吸附剂FFO@Sil@Chi、FFO@Sil@Chi+Ag、FFO@Sil@Chi+MB和FFO@Sil@Chi+Ag+MB表面的各种元素进行了定性分析。

从图6-18可以看出，在吸附污染物之前，EDS分析的结果表明FFO@Sil@Chi的主要构成元素是C、N、O、Si和Fe。

吸附污染物后，在FFO@Sil@Chi+Ag和FFO@Sil@Chi+MB上分别检测到了

Ag和S元素。尤其是在FFO@Sil@Chi+Ag+MB上同时检测到Ag和S两种元素（S元素来源于MB分子结构中的—SO_3^-）。这些分析结果证明FFO@Sil@Chi同时从重金属-染料混合污染系统中获取这两种污染物。

其次，FTIR光谱也用来分析吸附剂FFO@Sil@Chi单独/共同捕获Ag(Ⅰ)和MB的机理。

从图6-19中可以看出FFO@Sil@Chi吸附污染物后在波长为1700～800cm^{-1}范围内发生了明显的变化。

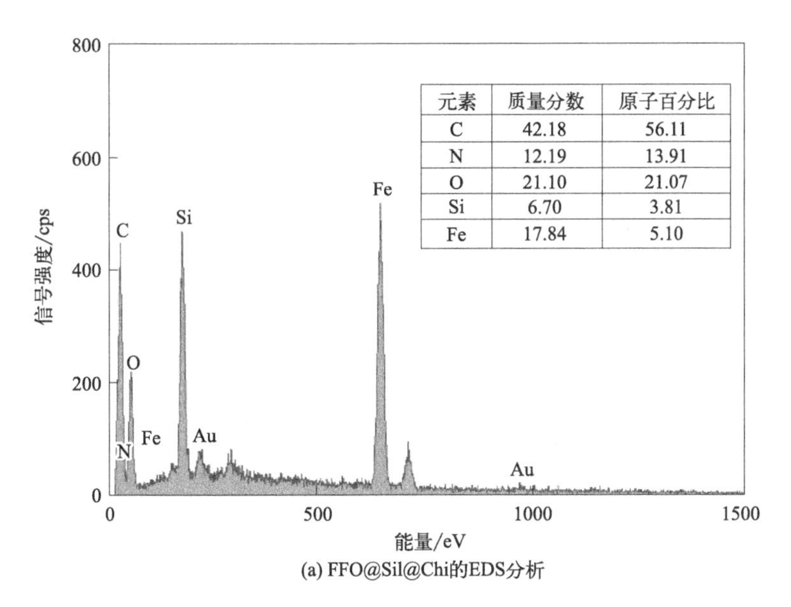

元素	质量分数	原子百分比
C	42.18	56.11
N	12.19	13.91
O	21.10	21.07
Si	6.70	3.81
Fe	17.84	5.10

(a) FFO@Sil@Chi的EDS分析

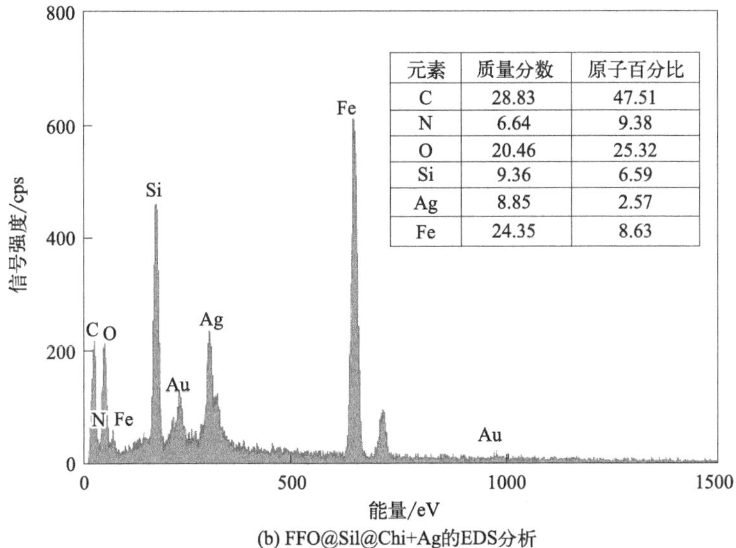

元素	质量分数	原子百分比
C	28.83	47.51
N	6.64	9.38
O	20.46	25.32
Si	9.36	6.59
Ag	8.85	2.57
Fe	24.35	8.63

(b) FFO@Sil@Chi+Ag的EDS分析

图6-18

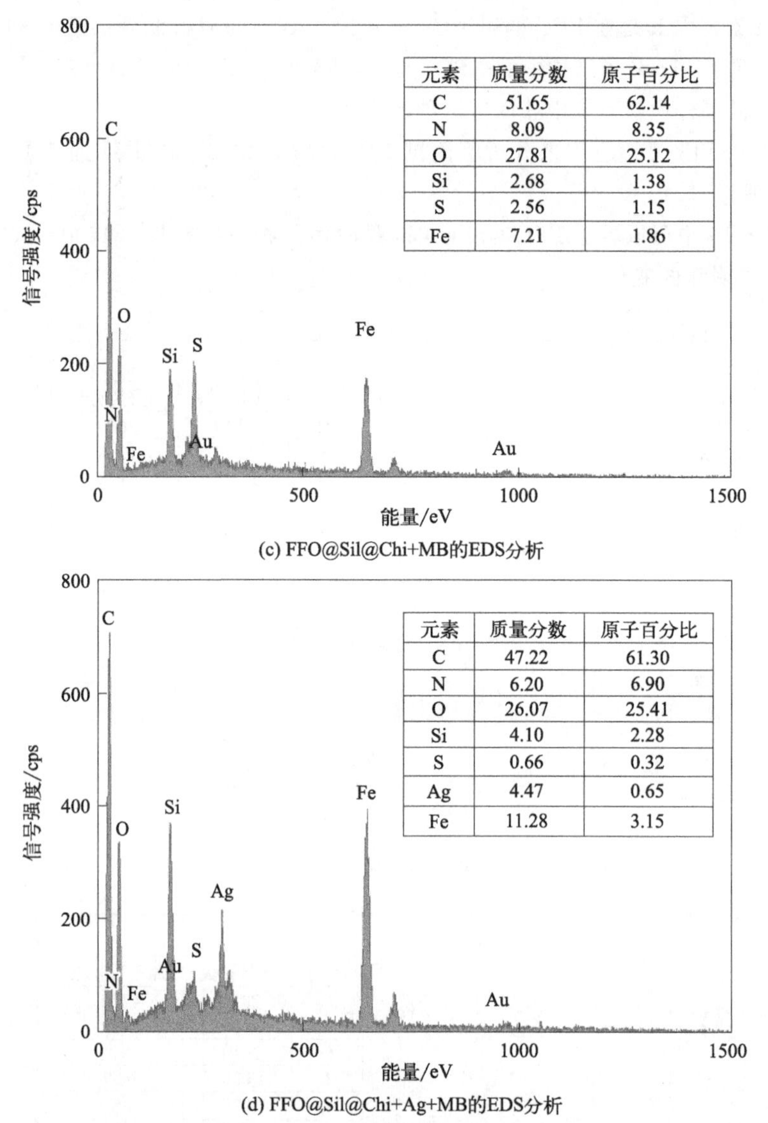

(c) FFO@Sil@Chi+MB的EDS分析

(d) FFO@Sil@Chi+Ag+MB的EDS分析

图 6-18 FFO@Sil@Chi 及吸附 Ag(Ⅰ)、MB 后和同时吸附 Ag(Ⅰ)和 MB 后的 EDS 谱图

单独吸附 Ag(Ⅰ)后在 $1553cm^{-1}$ 处的特征峰消失，并在 $825cm^{-1}$ 处观察到一个新的归属于 Ag(Ⅰ)的峰，表明 FFO@Sil@Chi 通过表面的氨基官能团成功捕获了一定量的目标金属离子。此外，FFO@Sil@Chi＋MB 和 FFO@Sil@Chi＋Ag＋MB 上 $1405cm^{-1}$ 和 $1340cm^{-1}$ 处的峰归因于 MB 中 S═O 和 S—O 的伸缩振动。FFO@Sil@Chi 光谱中 $1553cm^{-1}$ 处的氨基官能团伸缩振动表现出明显的偏移，单独吸附 MB 之后在 FFO@Sil@Chi＋MB 上该伸缩振动峰位移至 $1578cm^{-1}$ 处，FFO@Sil@Chi＋Ag＋MB 位移至 $1580cm^{-1}$ 处。上述的这些变化表明吸附剂 FFO@Sil@Chi 表面的氨基官能团参与了 MB 的吸附。

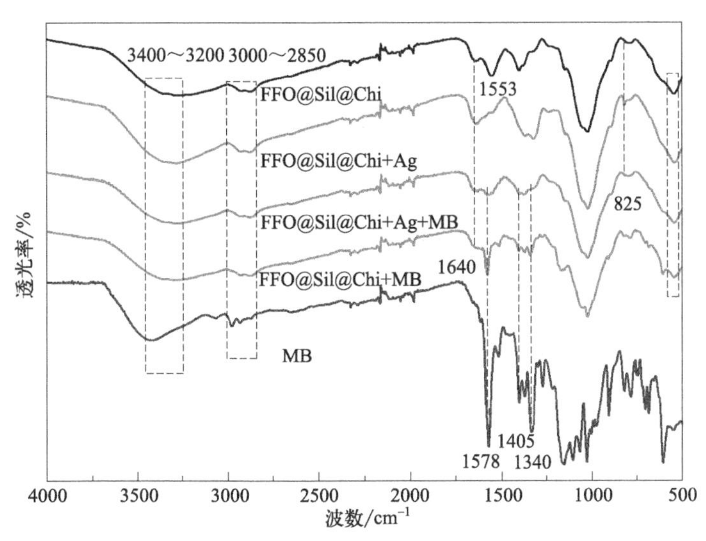

图 6-19　FFO@Sil@Chi 吸附 Ag(Ⅰ) 和 MB 前后的 FTIR 分析

接下来，对吸附剂吸附污染物前后的样品进行了 XPS 的全谱分析以研究污染物与吸附剂之间的结合能的变化。

从 XPS 全谱图（图 6-20）可以看出，吸附剂吸附污染物前后的主要元素是 C、N、O、Si 和 Fe。吸附 Ag(Ⅰ) 后，在 FFO@Sil@Chi＋Ag 和 FFO@Sil@Chi＋Ag＋MB 中可以清楚地看到 Ag 3d 的峰，同样，吸附 MB 后的吸附剂上也出现了 S 2p 峰。这些结果与 EDS 的表征结果一致。

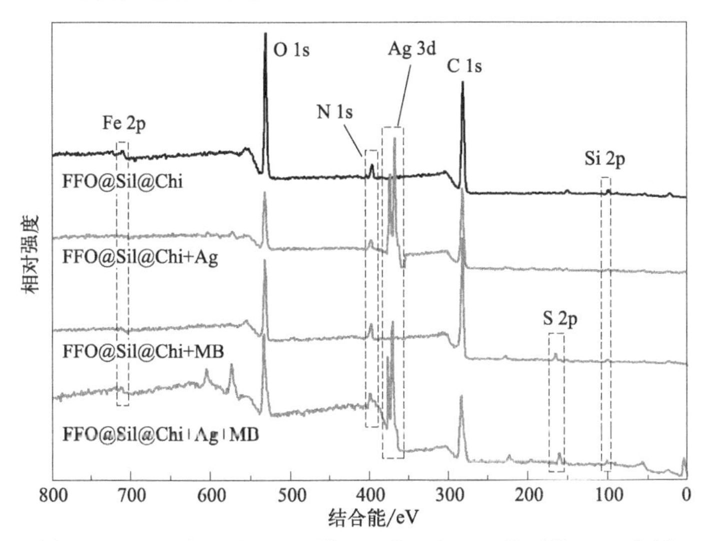

图 6-20　FFO@Sil@Chi 吸附 Ag(Ⅰ) 和 MB 前后的 XPS 分析

为了分析吸附剂中表面不同官能团在吸附污染物中的作用，对吸附剂表面的 O 和 N 元素进行了高分辨的 XPS 光谱分析，如图 6-21 所示。

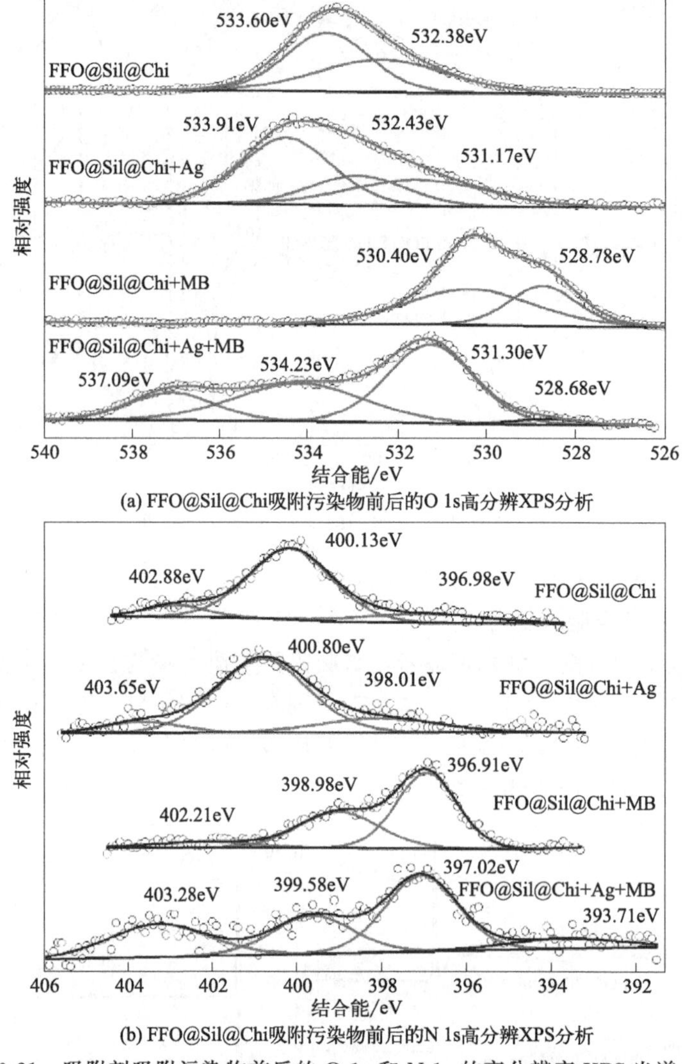

(a) FFO@Sil@Chi吸附污染物前后的O 1s高分辨XPS分析

(b) FFO@Sil@Chi吸附污染物前后的N 1s高分辨XPS分析

图 6-21 吸附剂吸附污染物前后的 O 1s 和 N 1s 的高分辨率 XPS 光谱分析

在图 6-21(a) 中，FFO@Sil@Chi 的高分辨率 O 1s 光谱被解卷积为两个分别位于 533.60eV 和 532.38eV 对应于 C—O 和 Si—O—Si 的不对称峰。捕获 Ag(Ⅰ) 后，C—O 的结合能转移到 533.91eV，并在 531.17eV 处出现新峰，表明吸附剂表面的含氧官能团参与了 Ag(Ⅰ) 的吸附。在吸附 MB 后，观察到 O 1s 中的键结合能向低能量方向移动，这是因为 MB 中含有大量的—SO_3^- 基团，会在 FFO@Sil@Chi 表面引入 S—O/S═O 基团，使吸附剂表面的含氧官能团发生变化，也进一步说明 MB 成功被吸附剂捕获。上述相同现象也存在于同时吸附 Ag(Ⅰ) 和 MB 的高分辨率 XPS 的 O 1s 光谱中。此外，N 1s 光谱显示了 FFO@Sil@Chi 表面具有三种化学类型的氮物质，见图 6-21(b)。

402.88eV 的峰可归因于—NH_3^+，而 400.13eV 和 393.98eV 的峰分别属于

—NH/—NH_2 和 N—C。在吸附 Ag(Ⅰ)后，与上述特征峰相比，三种类型的氮物质略微向更高的结合能移动，这是因为 N 和 Ag(Ⅰ)之间共享的电子对键占据了最初属于 N 原子的孤对电子。捕获 MB 后，观察到—NH_3^+（从 402.88eV 到 402.21eV）和—NH/—NH_2（从 400.13eV 到 398.98eV）的运动，可以证实在吸附剂表面和 MB 分子之间存在静电引力。在 Ag(Ⅰ)和 MB 的二元体系中，在 FFO@Sil@Chi+Ag+MB 的 XPS 高分辨率 N 1s 图谱上出现了一个位于 393.71eV 的新峰，这可能是由 Ag(Ⅰ)和 MB 络合导致的。这些结果验证了吸附剂 FFO@Sil@Chi 表面的含 O 和 N 官能团参与了污染物的吸附过程。

FFO@Sil@Chi 吸附污染物后 Ag 3d 和高分辨率 XPS 的 S 2p 的光谱如图 6-22 所示，表明 FFO@Sil@Chi 成功捕获了不同系统中的污染物。

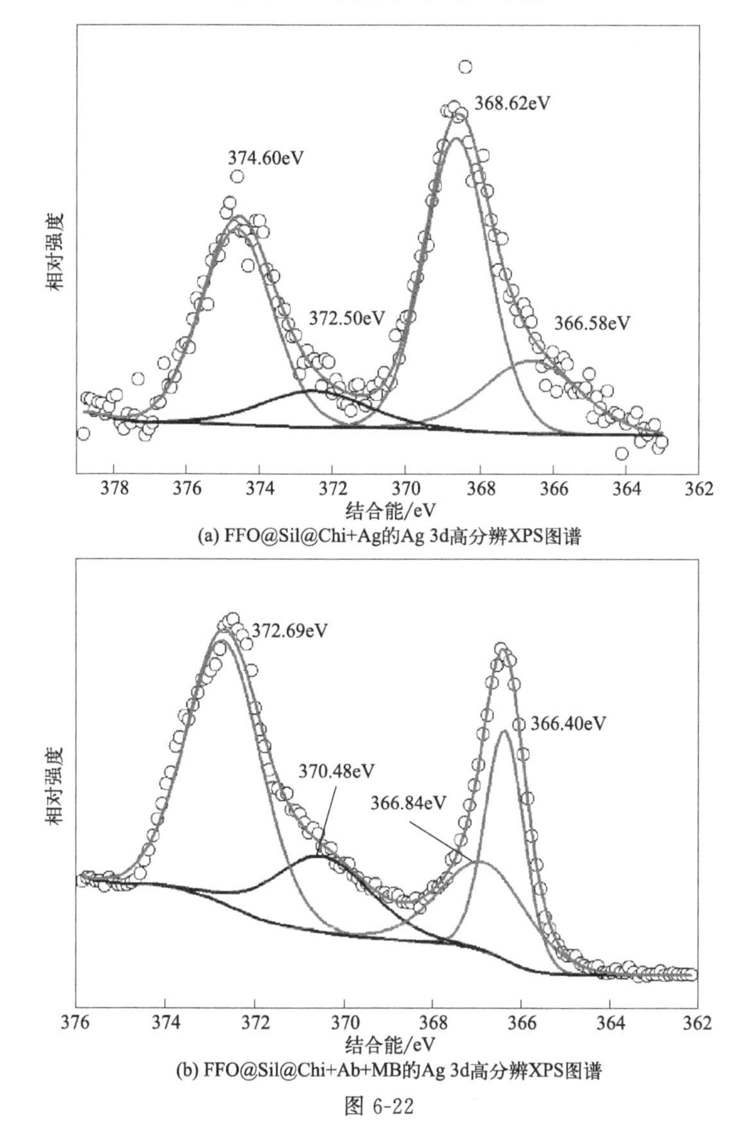

(a) FFO@Sil@Chi+Ag的Ag 3d高分辨XPS图谱

(b) FFO@Sil@Chi+Ab+MB的Ag 3d高分辨XPS图谱

图 6-22

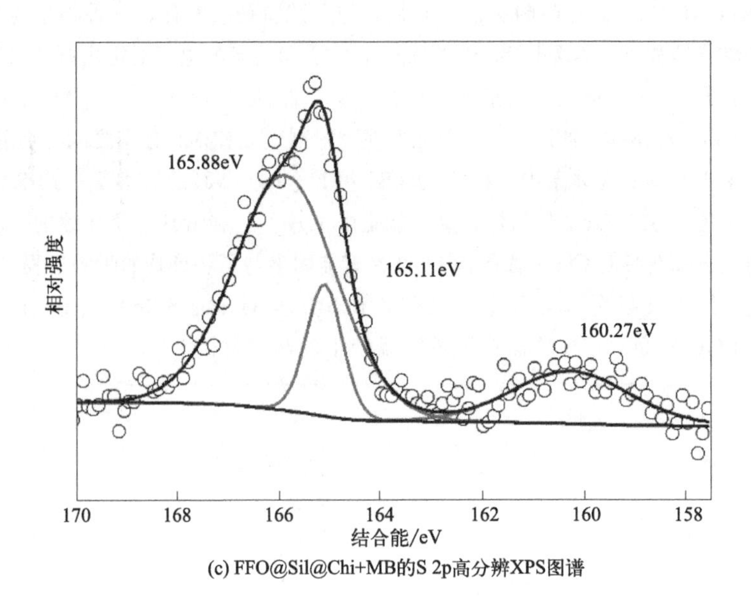

(c) FFO@Sil@Chi+MB的S 2p高分辨XPS图谱

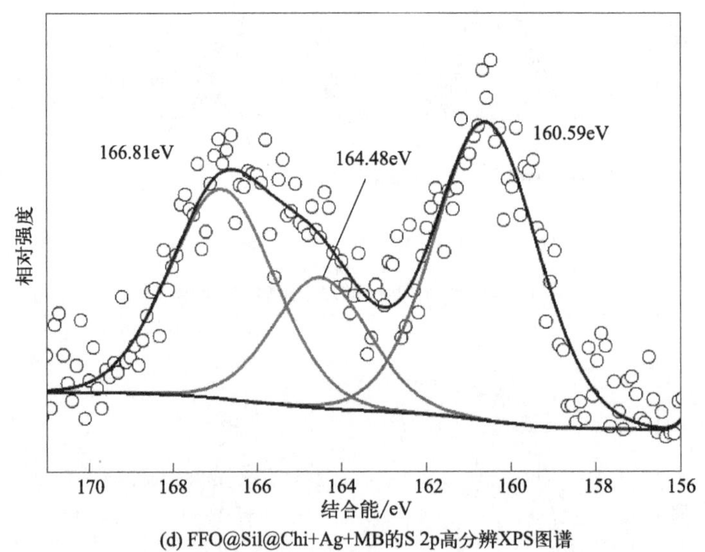

(d) FFO@Sil@Chi+Ag+MB的S 2p高分辨XPS图谱

图 6-22 FFO@Sil@Chi＋Ag 和 FFO@Sil@Chi＋Ag＋MB 的 Ag 3d 的高分辨率 XPS 光谱以及 FFO@Sil@Chi＋MB 和 FFO@Sil@Chi＋Ag＋MB 的 S 2p 的高分辨率 XPS 光谱

根据上述分析结果可以得出：在二元污染物体系中，共存的 MB 通过分子中的磺酸基与溶液中的银离子相互作用，增强了 Ag(Ⅰ) 在共吸附［Ag(Ⅰ)＋MB］体系中的吸附作用，而 MB 的去除几乎不受共存的 Ag(Ⅰ) 影响。基于上述结果，提出了一种共同去除 Ag(Ⅰ) 和 MB 的机制，如图 6-23 所示。

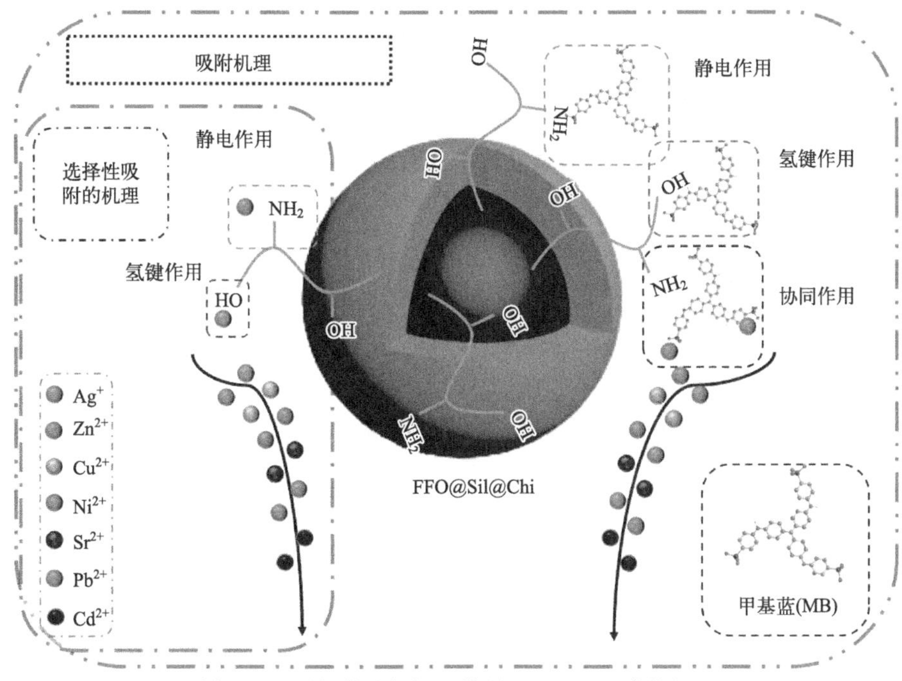

图 6-23 可能的选择性和增强 Ag(Ⅰ) 吸附的机理

6.3.3 MB 协同作用增强 DTPA 功能化吸附剂对 Pb (Ⅱ)的选择性吸附效能的研究

6.3.3.1 不同 MB 浓度对 DTPA 功能化吸附剂选择性吸附 Pb(Ⅱ) 的影响

采用吸附剂 FFO@Sil@Chi-DTPA 研究了在不同浓度的阴离子染料 MB 共存下对多金属离子混合溶液中每种金属离子的吸附性能的影响。

从图 6-24 可以看出，在多金属离子-MB 混合溶液中，吸附剂 FFO@Sil@Chi-DTPA 对 Pb(Ⅱ) 仍有较高的选择性吸附。并且随着共存 MB 的浓度从 0 增加到 100mg/L，FFO@Sil@Chi-DTPA 对 Pb(Ⅱ) 的选择性吸附量逐渐增加，从 111.71mg/g 增加到 268.01mg/g，这表明阴离子染料 MB 的存在增强了吸附剂对复合废水中 Pb(Ⅱ) 的选择性吸附。这可能是由于 MB 的存在会使吸附剂吸附金属的同时捕获 MB，然后 MB 提供更多带负电荷的基团（其结构中的磺酸基团）以促进金属离子与吸附剂之间的静电相互作用，从而为吸附过程提供新的吸附位点并增强金属离子的吸附能力。

此外，FFO@Sil@Chi-DTPA 在共存的不同 MB 浓度下的多金属离子混合溶液中对 Pb(Ⅱ) 的选择性的程度如图 6-25 所示。

MB 浓度为 0～100mg/L 时，所有对 Pb(Ⅱ) 的选择性系数 S_{Pb} 均处于高水平，分别为 73.99%、80.56%、81.00%、79.93%、83.68%和 83.22%。结果表明，随

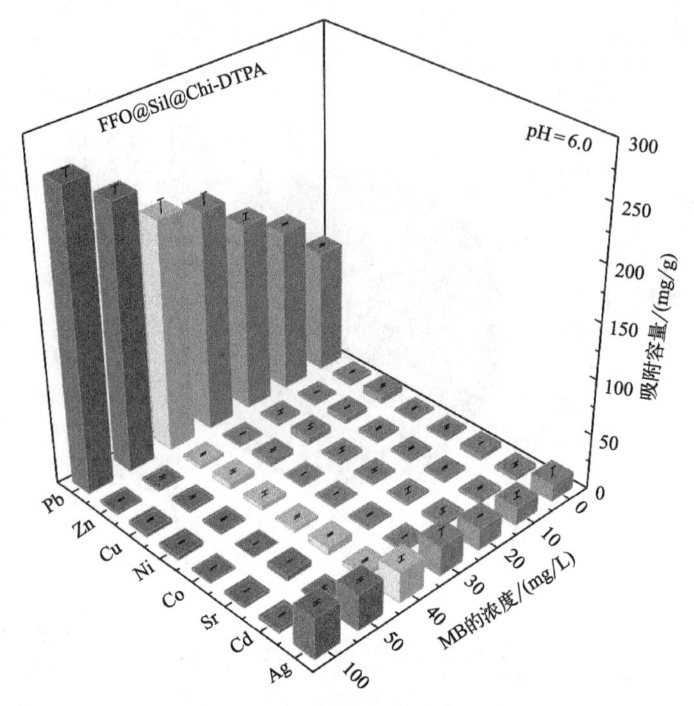

图 6-24　FFO@Sil@Chi-DTPA 在 pH 6.0 时对复合废水中 Pb(Ⅱ) 的吸附性能的研究

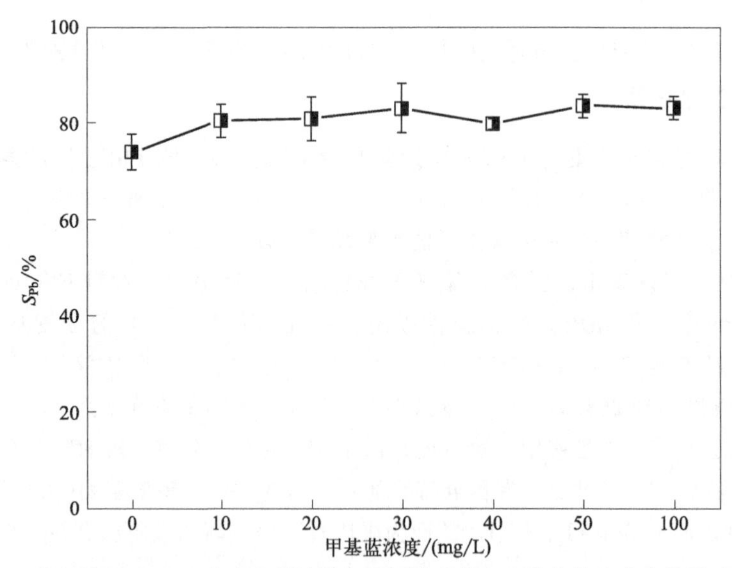

图 6-25　FFO@Sil@Chi-DTPA 在多离子溶液与不同浓度的 MB 共存的废水中的铅选择性（S_{Pb}）

着 MB 浓度的增加，FFO@Sil@Chi-DTPA 对所有金属离子的容量也有所增加，对 Pb(Ⅱ) 的选择性吸附保持在较高水平。因此，在二元污染物体系研究中，分别研究了共存 MB 浓度为 20mg/L 和 50mg/L 时吸附剂对铅离子吸附的影响。

6.3.3.2 二元污染物体系中同时去除 Pb(Ⅱ) 和 MB 的研究

考虑吸附剂对污染物的去除效率和金属离子的沉淀，在 pH 6.0、25℃的条件下研究吸附剂 FFO@Sil@Chi-DTPA 在 Pb(Ⅱ)-MB 二元体系对 Pb(Ⅱ) 和 MB 的去除性能。首先，研究了不同浓度的 Pb(Ⅱ) 共存时对吸附剂 FFO@Sil@Chi-DTPA 吸附 MB 的影响。从图 6-26 可以看出，铅离子的加入可以促进吸附剂对 MB 的吸附。当没有共存 Pb(Ⅱ) 时，FFO@Sil@Chi-DTPA 对 MB 的吸附容量为 413.32mg/g，随着 Pb(Ⅱ) 浓度增加到 20mg/L，吸附剂对 MB 的吸附容量逐渐增加到最大值 436.15mg/g。因此，在后续的二元污染物体系研究中，研究了当共存 Pb(Ⅱ) 浓度分别为 10mg/L 和 20mg/L 时，FFO@Sil@Chi-DTPA 对 MB 吸附的影响。

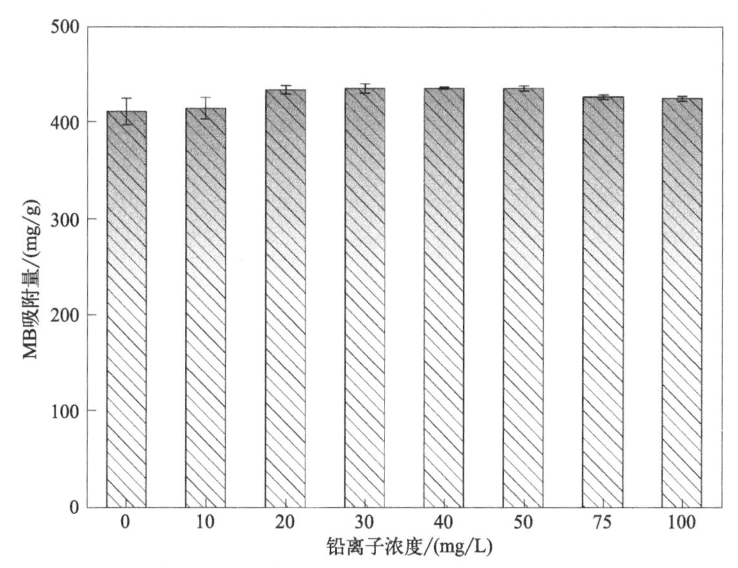

图 6-26 不同浓度 Pb(Ⅱ) 存在时对 FFO@Sil@Chi-DTPA 吸附 MB 的影响

从图 6-27(a) 可以看出，在 Pb-MB 二元污染物体系中吸附剂 FFO@Sil@Chi-DTPA 对 Pb(Ⅱ) 的吸附能力高于其在单一污染物的体系，并且随着共存 MB 的浓度的增加而增加。

当共存的 MB 浓度分别从 0 增加到 20mg/L 和 50mg/L 时，其对 Pb(Ⅱ) 的最大吸附容量从 259.45mg/g 分别增加到了 345.81mg/g 和 389.22mg/g。这可能是因为在 Pb(Ⅱ) 和 MB 的二元混合体系中，质子化的氨基优先与 MB 分子中的基团—SO_3^- 相互作用。

MB 分子中有 3 个—SO_3^- 基团，当 MB 被吸附剂吸附时，多余的—SO_3^- 基团被引入吸附剂中，将增强吸附剂对铅离子的吸附。另外，FFO@Sil@Chi-DTPA 吸附剂本身通过酰胺化反应引入的羧基官能团和 Pb(Ⅱ) 之间存在强相互作用，壳聚糖骨架上的氨基官能团也有利于 Pb(Ⅱ) 的去除。所以 MB 存在时会带来额外的活性官能团增强吸附剂对 Pb(Ⅱ) 的吸附作用。同样，MB 的吸附容量也随着共存 Pb(Ⅱ) 浓度

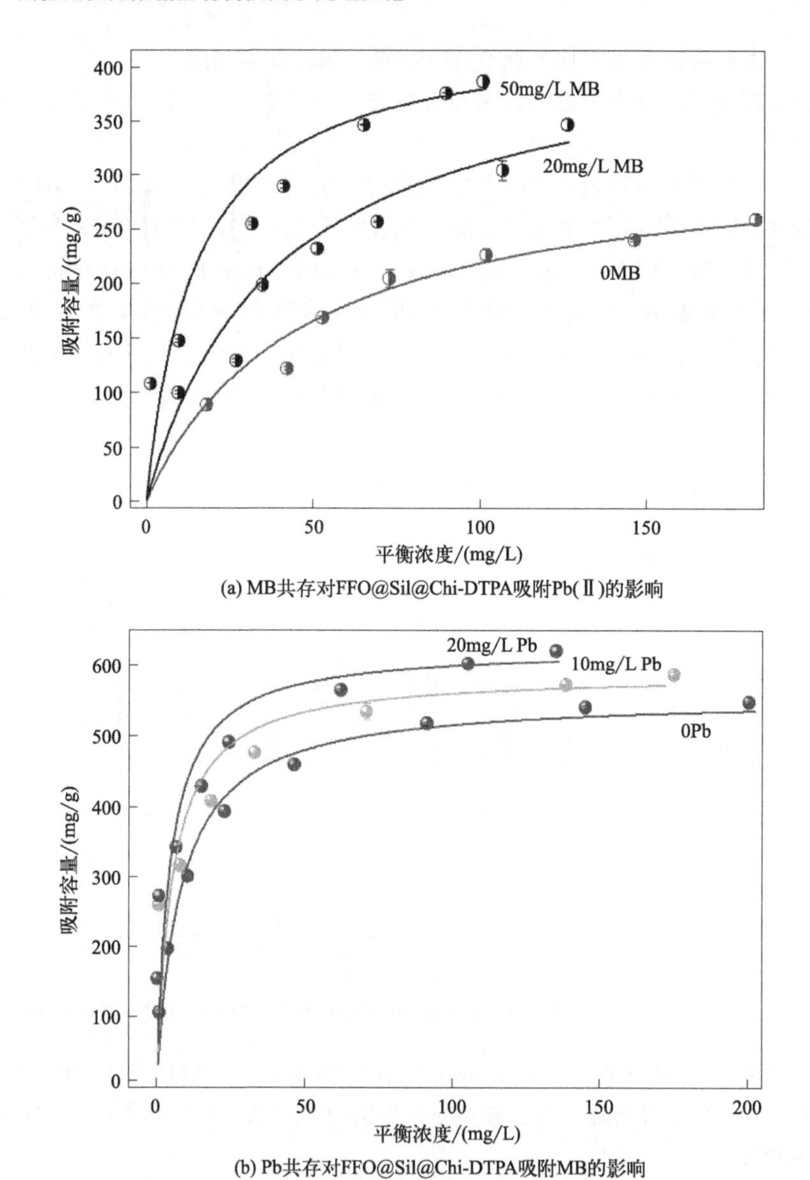

图 6-27 0、20mg/L 和 50mg/L 的 MB 存在时对 FFO@Sil@Chi-DTPA 吸附不同初始浓度的 Pb(Ⅱ) 的影响以及 0、10mg/L 和 20mg/L 的 Pb(Ⅱ) 存在时对 FFO@Sil@Chi-DTPA 吸附不同初始浓度的 MB 的影响

的增加而增加。当共存的 Pb(Ⅱ) 浓度从 0 增加到 10mg/L、20mg/L 时，吸附剂 FFO@Sil@Chi-DTPA 对 MB 的最大吸附容量从 575.55mg/g 分别增加到 598.24mg/g 和 625.00mg/g。这一结果可能归因于吸附过程中涉及的多个反应。

吸附在吸附剂表面的 Pb(Ⅱ) 可能充当阳离子桥并通过静电吸引增强 MB 的吸附。另一种机制可能是 MB 在水相中与 Pb(Ⅱ) 形成络合物，然后染料-金属络合物吸附在 FFO@Sil@Chi-DTPA 的表面。

上述结果表明在二元污染系统中吸附剂 FFO@Sil@Chi-DTPA 表现出对 Pb(Ⅱ)和 MB 之间的协同效应。共存的 Pb(Ⅱ)有利于 MB 的去除，MB 的存在显著增强了 Pb(Ⅱ)的吸附能力。表 6-4 中总结了各种吸附剂对金属和有机物的吸附能力以及有机物的存在对吸附金属离子的影响。

表 6-4 FFO@Sil@Chi-DTPA 与各种吸附剂对金属和有机物的吸附能力比较以及在有机物存在时对金属离子吸附性能的影响

吸附剂	重金属污染物		有机污染物		有机物对重金属的相互作用
	类型	吸附容量/(mg/g)	类型	吸附容量/(mg/g)	
超级交联树脂	Cu(Ⅱ)	1.46	酸性黑 1	702.80	协同去除
磁性氧化石墨烯	Cd(Ⅱ)	234	四环素	252	微小影响
	As(Ⅴ)	14			抑制
易改性木质素磺酸酯	Pb(Ⅱ)	64.9	亚甲基蓝	132.6	拮抗作用
活性炭	Cu(Ⅱ)	26.8	酸性蓝 80	173.0	协同作用
EDTA 修饰的 β-环糊精/壳聚糖	Pb(Ⅱ)	114.8	酸性红 73	754.6	—
磁性氧化石墨烯纳米复合材料	Cd(Ⅱ)	91.29	亚甲基蓝	64.23	抑制吸附
	Zn(Ⅱ)	3.4	橙色 G	20.85	协同吸附
$Ca(PO_3)_2$-改性碳	Cd(Ⅱ)	8.0	酸性蓝 25	156.25	协同吸附
	Ni(Ⅱ)	5.0			
纳米级 MIC	As(Ⅴ)	111.17	酸性橙 7	156.52	微小影响
	Cr(Ⅵ)	125.28			
聚乙烯醇/壳聚糖复合材料	Cu(Ⅱ)	193.39	孔雀石绿	380.65	竞争
层次分明的透辉石球状体	Cd(Ⅱ)	984.5	刚果红	89.0	增强
疏水交联的聚齐聚物/阴离子树脂	Hg(Ⅱ)	31.5	亚甲基蓝	14.9	显著的效率
一种新型功能化树脂	Cr(Ⅵ)	16	甲基橙	—	同时捕获
EDTA-交联的 β-环糊精	Cu(Ⅱ)	79.42	番红 O	102.16	协同作用
磁性聚多巴胺双功能材料	Cu(Ⅱ)	75.01	甲基橙	624.89	增强
			刚果红	584.56	
β-环糊精-交联聚合物吸附剂	Cd(Ⅱ)	117	罗丹明 B	336	协同作用
			刚果红	1062	显著的促进
PANI@PS	Cr(Ⅵ)		亚甲基蓝	27.5	协同去除
壳聚糖-蒙脱石水凝胶	Cu(Ⅱ)	132.74	硝酰肼黄	144.41	协同去除
FFO@Sil@Chi	Ag(Ⅰ)	114.93	甲基蓝	185.19	协同效应和
FFO@Sil@Chi-DTPA	Pb(Ⅱ)	259.45	甲基蓝	555.56	增强选择性

6.3.3.3 协同吸附的机理探讨

为了证实吸附剂 FFO@Sil@Chi-DTPA 成功地捕获了 MB 和 Pb(Ⅱ)，首先对吸附污染物前后的吸附剂进行了 EDS 的能谱表征，结果如图 6-28 所示。

吸附污染物之前，FFO@Sil@Chi-DTPA 的主要组成元素是 C、N、O、Fe 和 Si。相比之下，在单一污染物体系中吸附 Pb(或 MB) 后，从 FFO@Sil@Chi-DTPA＋Pb 中观察到 Pb 的特征元素峰，FFO@Sil@Chi-DTPA＋MB 中观察到 S 的特征元素峰。在二元污染物体系中同时吸附 Pb 和 MB 后，Pb 和 S 元素一起出现在 FFO@Sil@Chi-DTPA＋Pb＋MB 的 EDS 谱中。这种结果说明吸附剂吸附污染物之后表面存在 MB 分子和 Pb(Ⅱ)，证明 FFO@Sil@Chi-DTPA 不仅可以有效地吸附单一污染物系统中的 Pb(Ⅱ) 和 MB，还可以同时去除复杂系统中的金属和有机染料。

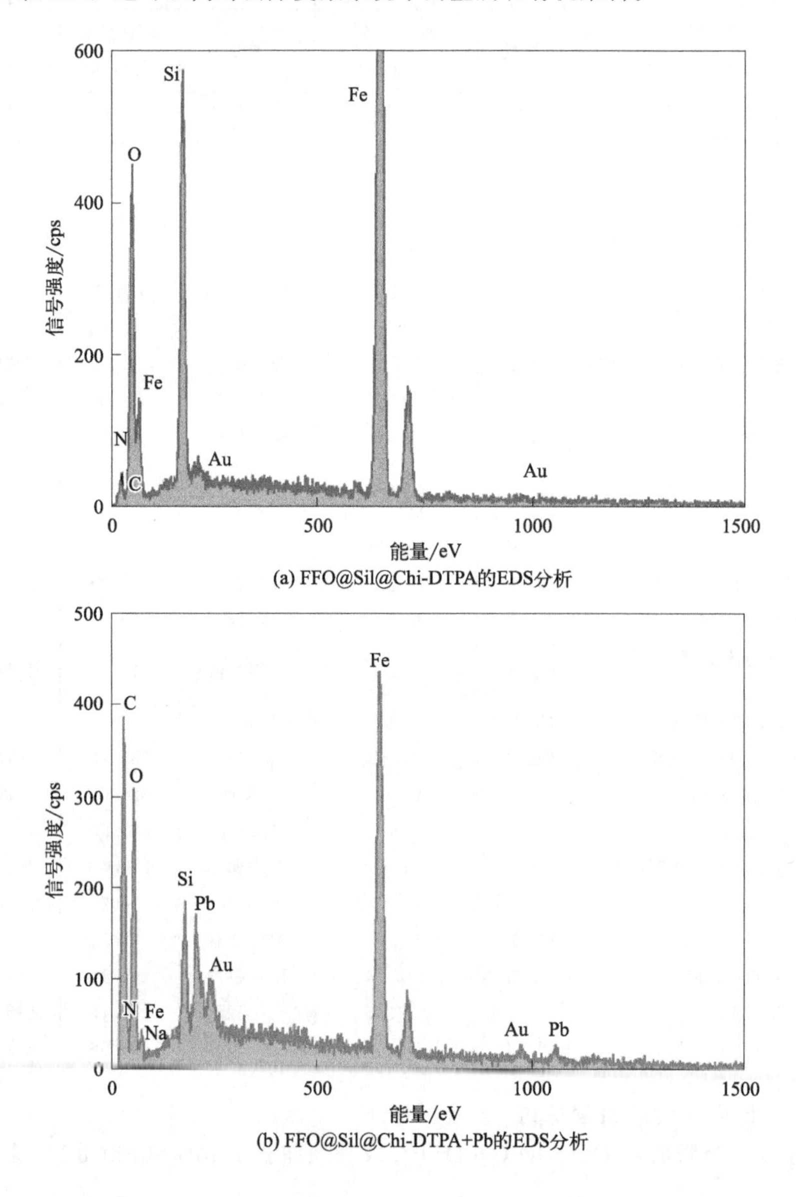

(a) FFO@Sil@Chi-DTPA的EDS分析

(b) FFO@Sil@Chi-DTPA+Pb的EDS分析

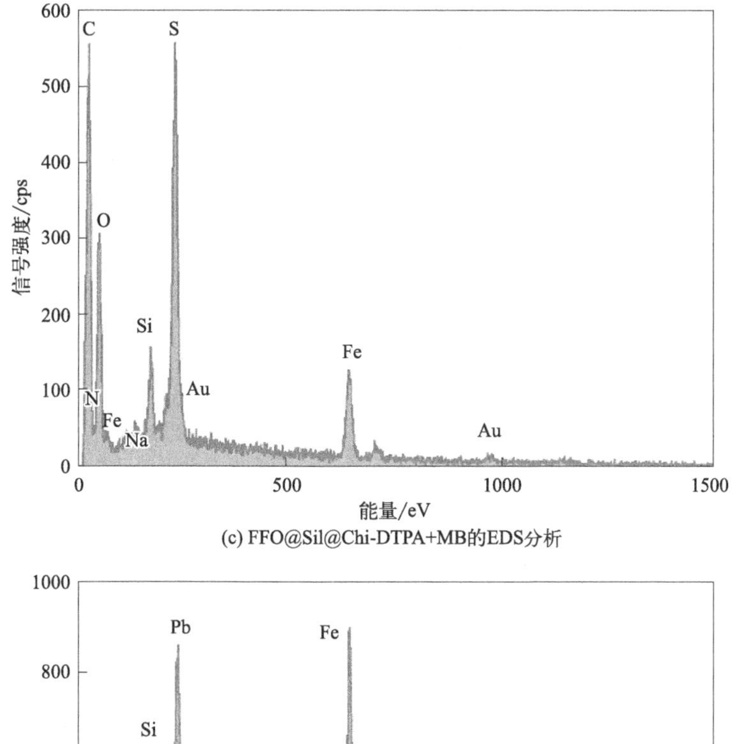

(c) FFO@Sil@Chi-DTPA+MB的EDS分析

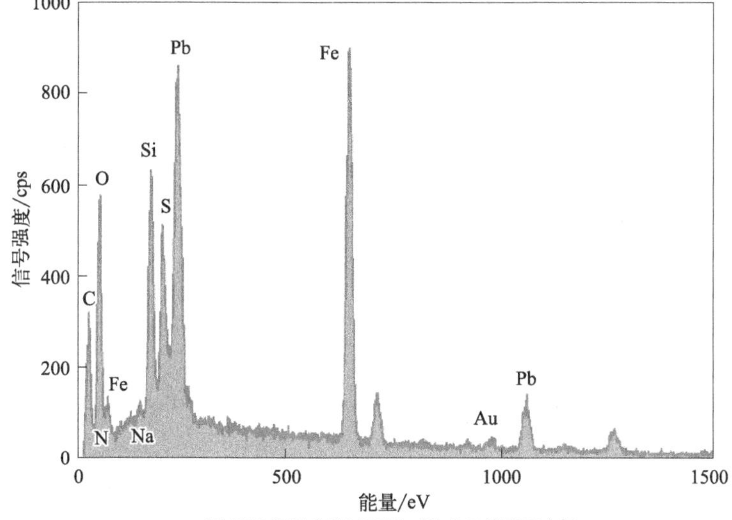

(d) FFO@Sil@Chi-DTPA+Pb+MB的EDS分析

图 6-28　FFO@Sil@Chi-DTPA 及吸附 Pb(Ⅱ)、MB、同时吸附 Pb(Ⅱ) 和 MB 后(d) 的 EDS 谱图

为了确定吸附剂 FFO@Sil@Chi-DTPA 对 MB 和 Pb(Ⅱ) 的吸附机理，对吸附污染物前后的样品进行了 FTIR 光谱和 XPS 光谱分析，结果如图 6-29 所示。

吸附 MB 后，在 FFO@Sil@Chi-DTPA＋MB 和 FFO@Sil@Chi-DTPA＋Pb＋MB 的 FTIR 光谱中观察到 MB 中芳香环的伸缩振动并在 1600cm^{-1} 处出现了一个新峰，表明 MB 成功吸附到吸附剂表面。吸附 Pb(Ⅱ) 后，FFO@Sil@Chi-DTPA＋Pb 和 FFO@Sil@Chi-DTPA＋Pb＋MB 的 FTIR 光谱中 824.33cm^{-1} 处的新峰归属于 Pb—O，表明 FFO@Sil@Chi-DTPA 成功获取了一定量的污染物，XPS 分析进一步证明了这一

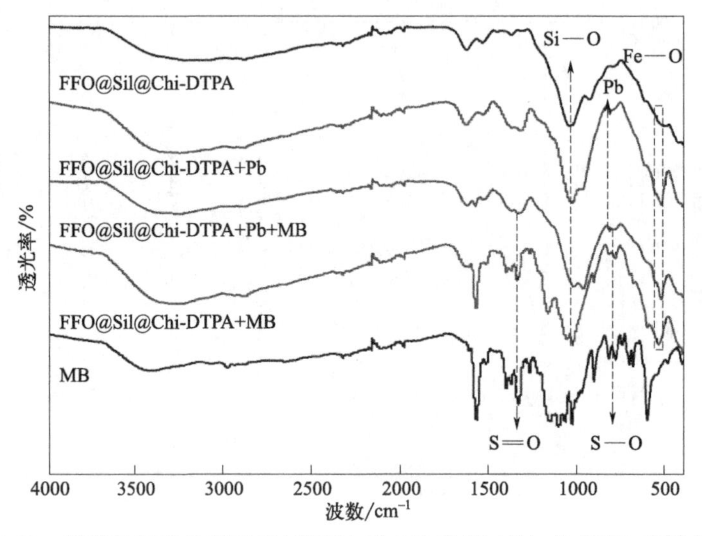

图 6-29 吸附剂 FFO@Sil@Chi-DTPA 对 MB 和 Pb(Ⅱ) 的 FTIR 光谱分析

点（图 6-30）。在同时吸附 Pb(Ⅱ) 和 MB 后，FFO@Sil@Chi-DTPA 光谱中 1632.47cm^{-1} 处的 C═O 伸缩振动表现出明显的位移，在 FFO@Sil@Chi-DTPA＋Pb 上移动至 1627.66cm^{-1} 处，在 FFO@Sil@Chi-DTPA＋MB 上移动至 1617.74cm^{-1}，FFO@Sil@Chi-DTPA＋Pb＋MB 上则位移至 1626.33cm^{-1}。这些变化表明吸附剂表面的羧基官能团参与了 Pb(Ⅱ) 和 MB 的吸附。

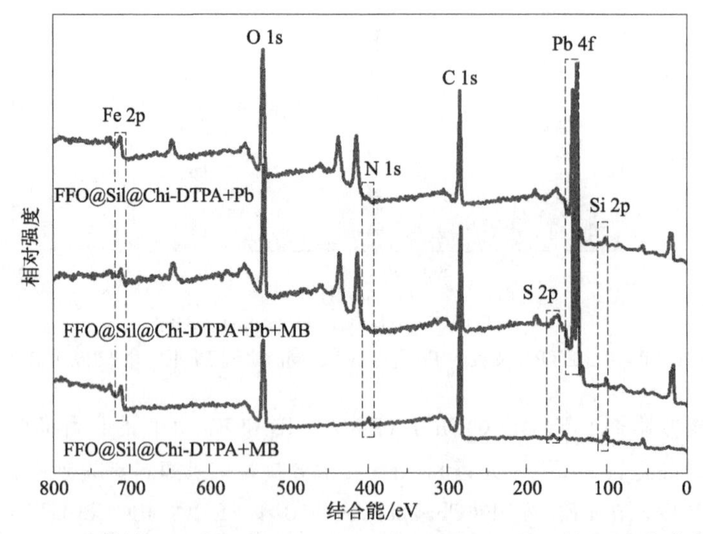

图 6-30 吸附剂 FFO@Sil@Chi-DTPA 对 MB 和 Pb(Ⅱ) 的 XPS 光谱分析

MB 被吸附后，FFO@Sil@Chi-DTPA＋MB 和 FFO@Sil@Chi-DTPA＋Pb＋MB 上 MB 中 S═O 键的振动峰从 1376.00cm^{-1} 分别移至 1376.68cm^{-1} 和 1374.57cm^{-1}，S—O 的伸缩振动峰从 793.97cm^{-1} 分别移至 793.17cm^{-1} 和 800.76cm^{-1}，证明 MB

的—SO_3^- 基团参与了二元体系中吸附剂对 Pb(Ⅱ) 的吸附作用。

FFO@Sil@Chi-DTPA 吸附污染物前后的 XPS 全谱图也表明 Pb(Ⅱ) 和 MB 被成功吸附。在吸附污染物后的 XPS 光谱中（图 6-30），Pb 4f 的峰出现在了 FFO@Sil@Chi-DTPA＋Pb 和 FFO@Sil@Chi-DTPA＋Pb＋MB 中，S 2p 的峰出现在 FFO@Sil@Chi-DTPA＋MB 和 FFO@Sil@Chi-DTPA＋Pb＋MB 中，表明污染物被成功吸附在吸附剂上。

FFO@Sil@Chi-DTPA＋Pb 和 FFO@Sil@Chi-DTPA＋Pb＋MB 的 Pb 4f 的高分辨率 XPS 光谱以及 FFO@Sil@Chi-DTPA＋MB 和 FFO@Sil@Chi-DTPA＋Pb＋MB 的 S 2p 的高分辨率光谱显示在图 6-31 中。

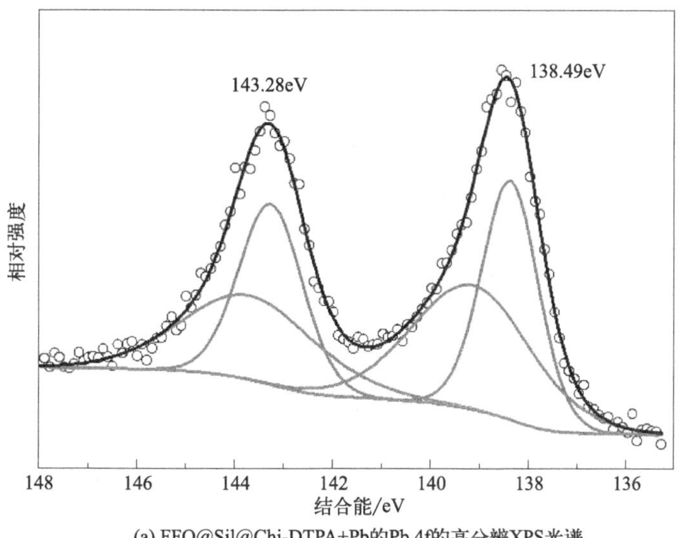

(a) FFO@Sil@Chi-DTPA+Pb的Pb 4f的高分辨XPS光谱

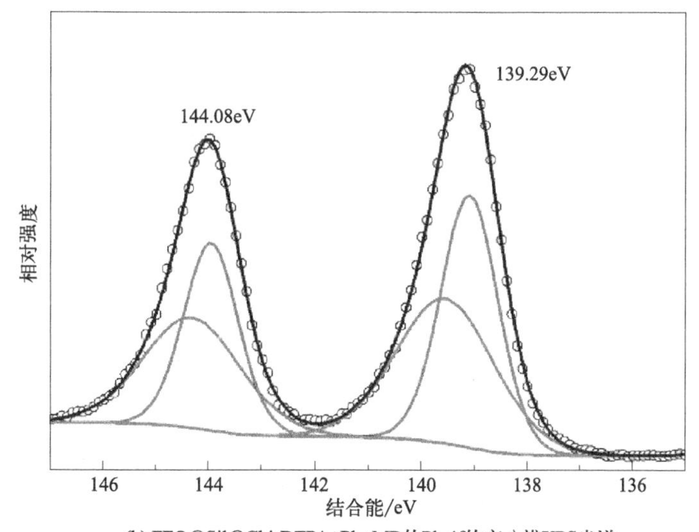

(b) FFO@Sil@Chi-DTPA+Pb+MB的Pb 4f的高分辨XPS光谱

图 6-31

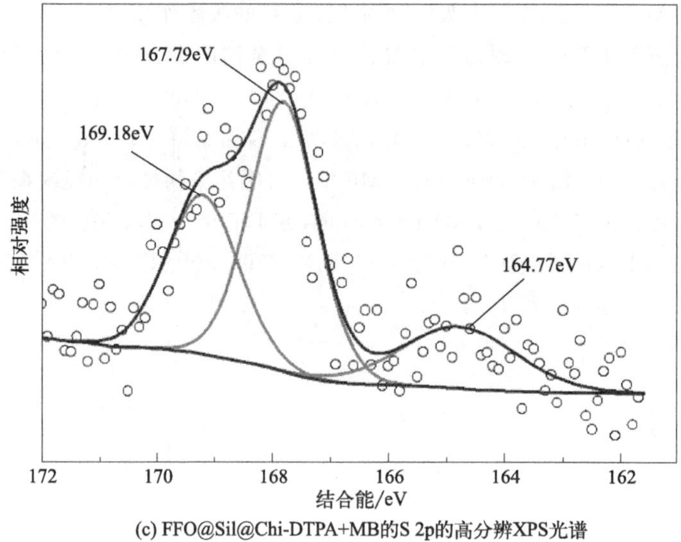

(c) FFO@Sil@Chi-DTPA+MB的S 2p的高分辨XPS光谱

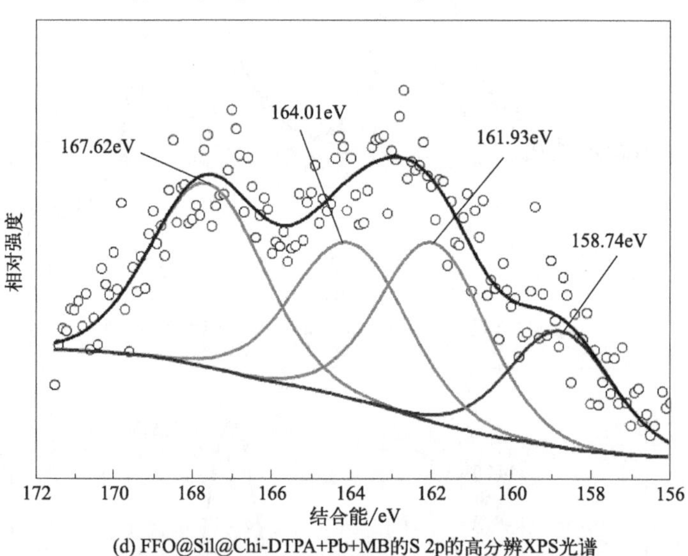

(d) FFO@Sil@Chi-DTPA+Pb+MB的S 2p的高分辨XPS光谱

图 6-31 FFO@Sil@Chi-DTPA＋Pb 和 FFO@Sil@Chi-DTPA＋Pb＋MB 的 Pb 4f 的高分辨率 XPS 光谱以及 FFO@Sil@Chi-DTPA＋MB 和 FFO@Sil@Chi-DTPA＋Pb＋MB 的 S 2p 的高分辨率 XPS 光谱

从图中可以看出，在 FFO@Sil@Chi-DTPA＋Pb 的光谱中，143.28、138.49eV 处的峰分别属于 Pb(Ⅱ) 的 Pb $4f_{5/2}$ 和 Pb $4f_{7/2}$。在 Pb-MB 体系中，FFO@Sil@Chi-DTPA＋Pb＋MB 谱中 Pb 4f 峰的结合能向高能量移动了 0.80eV，表明 MB 参与了 FFO@Sil@Chi-DTPA 对二元污染物系统中 Pb 的吸附。同样，在 MB 的单一污染物系统中，FFO@Sil@Chi-DTPA＋MB 的 S 2p XPS 光谱分别在 169.18eV、167.79eV 和 164.77eV 处包含三个分别属于 S═O、S—O 和 S—C 的峰。在 MB-Pb 体系中，这

些峰都向低能方向移动，并在 158.70eV 处出现了一个新的峰，这可能是由于—SO_3^-和 Pb(Ⅱ) 之间形成了新的键。

根据以上分析和实验结果可以看出，在二元体系中，Pb(Ⅱ) 和 MB 都可以相互加强吸附剂对彼此的吸附作用。

为了更详细地研究吸附过程的机理，对吸附剂 FFO@Sil@Chi-DTPA 吸附污染物前后 O 1s 和 N 1s 的高分辨率 XPS 光谱进行了分析探讨。

在图 6-32(a) 中，FFO@Sil@Chi-DTPA 的 O 1s 光谱有四个不同的峰，其结合能分别为 533.57eV（分配给 Fe-O）、532.70eV（分配给 C═O）、531.87eV（分配给 C—O）

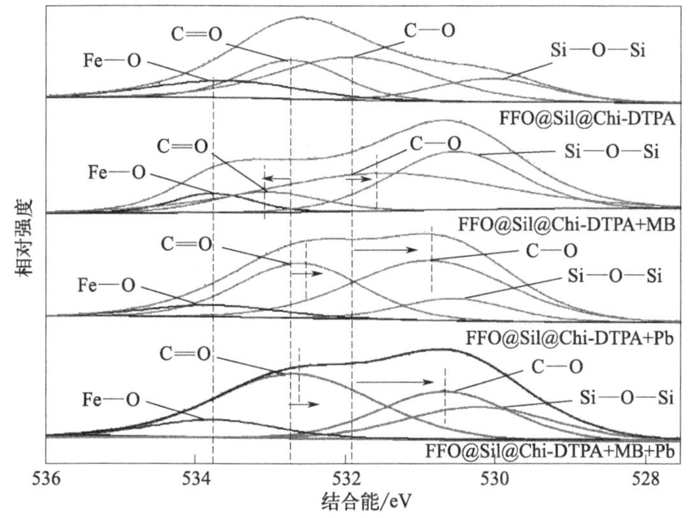

(a) FFO@Sil@Chi-DTPA吸附污染物前后O 1s的高分辨XPS分析

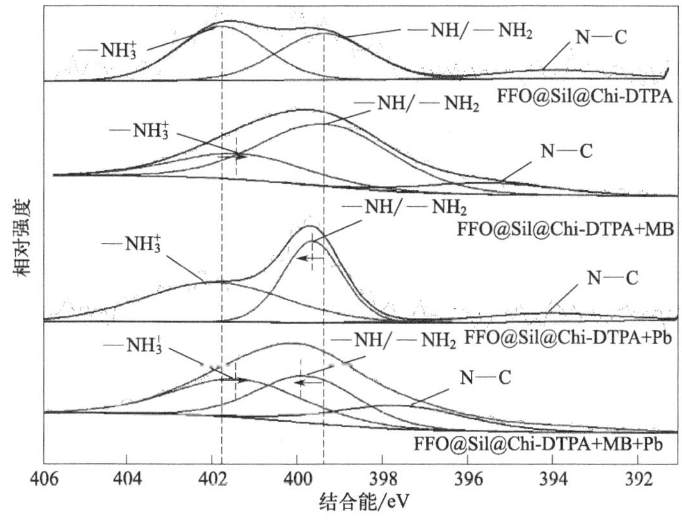

(b) FFO@Sil@Chi-DTPA吸附污染物前后N 1s的高分辨XPS分析

图 6-32　吸附剂吸附污染物前后的 O 1s 和 N 1s 的高分辨率 XPS 光谱分析

和 530.05eV（分配给 Si—O—Si）。吸附 Pb(Ⅱ) 后，C═O 和 C—O 中 O 原子的结合能发生了变化，表明这些基团参与了吸附反应。对于负载 MB 的吸附剂，观察到 O═C—O 的结合能发生变化，表明该基团与 MB 分子中带正电荷的氨基相互作用。

对于图 6-32(b) 中的 N 1 s 光谱，观察到有三个单独的峰，它们被分别分配给 N—C（394.03eV）、—NH/—NH_2（399.40eV）和—NH_3^+（401.80eV）。在吸附 Pb(Ⅱ) 后，峰—NH/—NH_2 移动到更高的结合能位置，因为 N 和 Pb(Ⅱ) 之间共享的电子对键占据了最初属于 N 原子的孤对电子。吸收 MB 后，观察到—NH_3^+ 的运动（401.80～401.48eV），可以证实吸附剂表面的外部活性位点与 MB 分子之间存在静电引力。

根据上述分析结果，在单一污染物体系中，Pb(Ⅱ)（或 MB）可以通过 Pb(Ⅱ) 离子（或 MB）与 FFO@Sil@Chi-DTPA 通过吸附剂表面的—COO^-、—OH 和—NH_2 基团形成共价络合物吸附在 FFO@Sil@Chi-DTPA 上。在二元污染物体系中，Pb(Ⅱ) 和 MB 的存在会增强吸附剂对彼此的吸收能力。所提出的协同机制主要通过以下方式实现：首先，Pb(Ⅱ) 通过静电引力与羧基结合，通过氢键与羟基结合，并通过络合作用与氨基配位；其次，MB 吸附到吸附剂表面可以产生新的特定吸附位点（MB 分子中的磺酸基团）以增强 Pb(Ⅱ) 吸附；最后，吸附在吸附剂表面的 Pb(Ⅱ) 也可以作为阳离子桥，通过静电引力增强 MB 的吸附。

基于上述结果，提出了一种同时去除 Pb(Ⅱ) 和 MB 的机制，如图 6-33 所示。

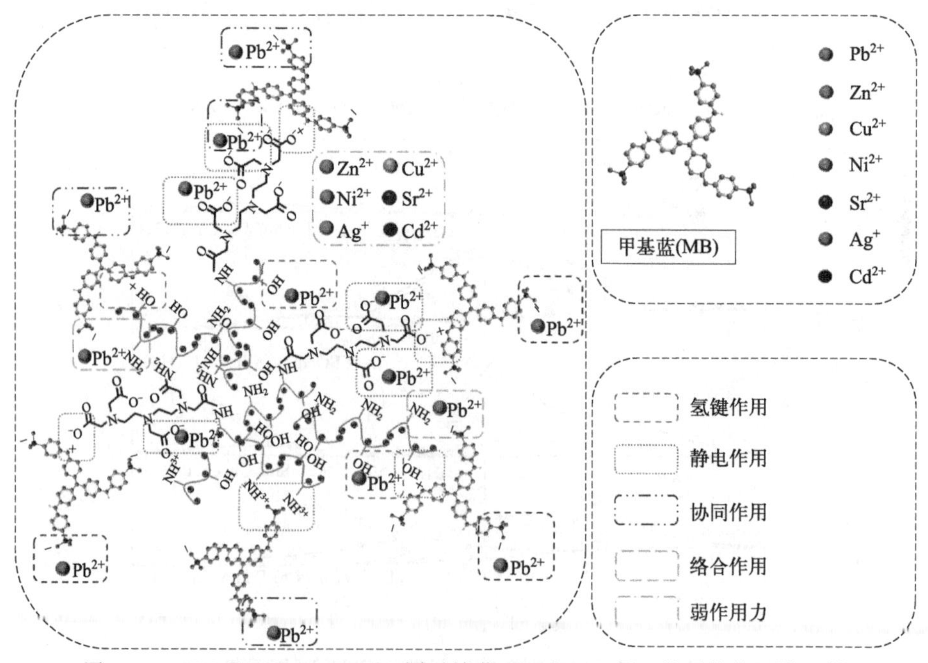

图 6-33 FFO@Sil@Chi-DTPA 同时捕获 MB 和 Pb(Ⅱ) 的可能的吸附机制

6.4 本章小结

本章选取 FFO@Sil@Chi 和 FFO@Sil@Chi-DTPA 作为研究吸附剂，首先研究了它们对甲基蓝染料分子（MB）的吸附效果；其次，对在 MB 共存的情况下吸附剂 FFO@Sil@Chi 对多金属离子混合溶液中 Ag(Ⅰ) 的选择性吸附情况和该吸附剂在 MB 和 Ag(Ⅰ) 共存的二元污染体系中的吸附性能进行了研究；类似地，对吸附剂 FFO@Sil@Chi-DTPA 在 MB 共存的多金属离子混合废水中的 Pb(Ⅱ) 的选择性吸附情况以及 MB 与 Pb(Ⅱ) 共存的二元污染体系的吸附性能也进行了探究。主要的结论如下。

① 吸附剂 FFO@Sil@Chi 和 FFO@Sil@Chi-DTPA 对 MB 的吸附在 pH 10.0 时达到吸附容量的最大差值分别为 157.64mg/g 和 315.11mg/g。吸附平衡在吸附开始后的 180min 时达到，并且吸附的过程遵循拟二级动力学模型，表明是一个化学吸附过程。Langmuir 等温吸附模型可以更好地描述吸附剂 FFO@Sil@Chi 和 FFO@Sil@Chi-DTPA 对 MB 的吸附过程，说明对 MB 的吸附是单层吸附，最大吸附容量分别为 181.37mg/g 和 546.73mg/g。热力学研究表明 MB 在吸附剂表面的吸附是一个吸热自发的过程。离子强度吸附实验表明盐离子作用增加了 MB 染料分子的二聚化作用导致吸附剂对 MB 的吸附容量的增加。吸附 MB 后的吸附剂能通过无水乙醇实现解吸，具有较好的循环使用性能。

② MB 与多金属离子共存的混合废水中通过阴离子的协同作用增强了吸附剂 FFO@Sil@Chi 对 Ag(Ⅰ) 的选择性吸附。这可能是因为吸附剂在吸附 Ag(Ⅰ) 的同时捕获了 MB，并且 MB 结构中的磺酸官能团为金属离子提供了额外的活性位点，磺酸基中的 S 原子上存在自由孤对电子与银配位形成相应的配合物，有利于去除溶液中的银离子。在 Ag-MB 的二元污染物体系中，MB 的存在增强了 Ag(Ⅰ) 在 [Ag(Ⅰ)+MB] 体系中的吸附作用，而 MB 的去除几乎不受 Ag(Ⅰ) 存在的影响。

③ 吸附剂 FFO@Sil@Chi-DTPA 对 MB 与多金属离子共存的复合废水中的 Pb(Ⅱ) 具有高效的选择性，并通过 MB 的增强作用促进了吸附剂对 Pb(Ⅱ) 的选择性吸附。这可能是由于 MB 的存在会使得吸附剂吸附金属的同时捕获 MB，同时 MB 提供更多带负电荷的基团以促进 Pb(Ⅱ) 与吸附剂之间的静电相互作用，从而为吸附过程提供新的吸附位点并增强 Pb(Ⅱ) 的吸附能力。在 Pb-MB 的二元污染物体系中，Pb(Ⅱ) 和 MB 的存在会增强吸附剂对彼此的吸附能力。

主要的协同机制为：首先，Pb(Ⅱ) 通过静电引力与吸附剂表面的羧基结合，通过氢键与羟基结合，并通过络合与氨基配位；然后，MB 吸附到吸附剂表面可以产生新的特定活性位点（MB 分子中的磺酸基团）以增强 Pb(Ⅱ) 吸附；吸附在吸附剂表面的 Pb(Ⅱ) 也可以作为阳离子桥，通过静电引力增强 MB 的吸附。

第7章 结论与展望

7.1 主要结论

基于对传统吸附剂分离困难的改进，本书研究了磁性吸附剂对水中污染物的去除。针对磁性吸附剂在酸性条件下磁核易遭到破坏，造成磁性能降低和带来二次污染的问题，研究中对磁核进行了二氧化硅惰性涂层的包覆。

由于重金属污染对水体安全构成的威胁，本书研究了在多种金属离子共存的污染废水中磁性吸附剂对金属离子的选择性分离性能，并通过分析相关的实验结果和吸附剂的各种表征结果，探究了磁性吸附剂对金属离子的去除机理。本书还研究了在多金属离子与染料废水共存的复合废水中吸附剂对重金属离子的选择性吸附性能，同时对金属-染料构成的二元污染体系进行了系统的研究，这对保护水资源和人类社会可持续发展具有重要的现实意义。本书研究的主要结论如下。

① 研究中通过Stöber法对磁核（Fe_3O_4）进行了二氧化硅的包覆得到磁性材料Fe_3O_4@SiO_2，通过反相乳液交联法制备了磁性壳聚糖材料（FFO@Chi和FFO@Sil@Chi）。采用磷酸化对磁性壳聚糖进行了表面功能化改性，成功制备了磷酸化改性的吸附剂（FC-P和FSC-P）、采用自由基聚合法成功制备了阴离子聚合物改性的磁性可回收吸附剂PMC和PMSC、采用DTPA功能化改性成功制备了磁性吸附剂FFO@Chi-DTPA和FFO@Sil@Chi-DTPA。

通过各种表征测试，对所制备的吸附剂的形貌结构、化学成分、晶形结构、热稳定性以及磁性性能进行了全面的分析。磁性吸附剂所具备的良好的磁响应性使得它们可以在外加磁场的情况下，从水溶液中快速分离出来，提高了吸附剂的分离效率。

② 磁性壳聚糖吸附剂（FFO@Chi和FFO@Sil@Chi）实现了对多金属离子混合废水中Ag(Ⅰ)的高效选择性吸附。磷酸化改性磁性壳聚糖吸附剂FC-P和FSC-P、

阴离子聚合物改性的磁性吸附剂 PMC 和 PMSC、酰胺化改性的磁性壳聚糖吸附剂 FFO@Chi-DTPA 和 FFO@Sil@Chi-DTPA 都表现出了对多金属离子混合溶液中 Pb(Ⅱ) 的高选择性吸附，这实现了功能化改性前后选择性吸附金属离子类型的转变。在染料甲基蓝（MB）和多种金属离子共存的废水中，MB 的共存增强了 FFO@Sil@Chi 对复合废水中 Ag(Ⅰ) 的选择性吸附作用，类似地，也增强了吸附剂 FFO@Sil@Chi-DTPA 对 Pb(Ⅱ) 的选择性吸附。

在二元污染物［Ag(Ⅰ)+MB］体系中，MB 的存在增强了吸附剂对 FFO@Sil@Chi 对 Ag(Ⅰ) 的吸附容量，存在协同吸附作用，同时也吸附了溶液中的 MB。同样地，在 Pb(Ⅱ)+MB 的二元污染物体系中，吸附剂 FFO@Sil@Chi-DTPA 表现出对 Pb(Ⅱ) 和 MB 之间的协同效应，共存的 Pb(Ⅱ) 有利于 MB 的去除，MB 的共存显著增强了吸附剂对 Pb(Ⅱ) 的吸附能力。

③ 研究了不同的初始溶液 pH 值对吸附剂吸附性能的影响。在多金属离子混合体系中，随着 pH 值的增加，磁性壳聚糖吸附剂（FFO@Chi 和 FFO@Sil@Chi）、磷酸化改性磁性壳聚糖吸附剂（FC-P 和 FSC-P）、阴离子聚合物改性的磁性吸附剂（PMC 和 PMSC）以及 DTPA 功能化磁性壳聚糖吸附剂（FFO@Chi-DTPA 和 FFO@Sil@Chi-DTPA）对多金属离子混合溶液中的各个金属离子都增加，并在 pH 6.0 时达到最大吸附容量。FFO@Chi 和 FFO@Sil@Chi 表现出对 Ag(Ⅰ) 的高选择性，其选择性吸附容量分别为 86.14mg/g 和 85.86mg/g；FC-P 和 FSC-P 表现出对 Pb(Ⅱ) 的高选择性，其选择性吸附容量分别为 69.0mg/g 和 75.4mg/g；PMSC 对 Pb(Ⅱ) 表现出很高的选择性，其选择性吸附量为 84.63mg/g；以及 FFO@Chi-DTPA 和 FFO@Sil@Chi-DTPA 表现出对 Pb(Ⅱ) 的高选择性，其选择性吸附容量分别为 104.62mg/g 和 107.71mg/g。

在单污染物（金属离子或染料）系统中，吸附剂对金属离子的去除也随着 pH 值的增加而逐渐增加，此外，对甲基蓝分子的吸附随着 pH 值的增加而降低，吸附剂具有明显的 pH 响应性。酸处理实验还表明，对磁核进行二氧化硅惰性涂层包裹之后的吸附剂的耐酸性得到了明显的提升。

④ 接触时间对吸附剂吸附性能的影响研究结果表明，FFO@Sil@Chi 对 Ag(Ⅰ) 的吸附量在前 60min 内迅速增加，然后随着时间的逐渐增加吸附速率减慢，最终在 200min 达到初步平衡。FSC-P 对 Pb(Ⅱ) 的吸附量在最初 15min 内快速增加，随着时间的增加吸附剂的吸附容量显著增加，直到反应 90min 时吸附达到初步平衡。PMSC 对 Pb(Ⅱ) 的吸收是一个吸热和自发过程。

吸附动力学结果也表明，PMSC 对 Pb(Ⅱ) 的捕获可以在 100min 内达到平衡。FFO@Sil@Chi-DTPA 在吸附反应的前 10min 内可以捕获超过 80% 的 Pb(Ⅱ)，随着时间的增加吸附率逐渐降低，最终可以在 90min 内达到平衡吸附剂的平衡。FFO@Sil@Chi-DTPA 和 FFO@Sil@Chi 对 MB 的吸附在接近 180min 时达到吸附平衡。拟二级动力学模型能够更好地拟合上述的吸附过程，说明吸附过程的限速步骤为化学吸附。

⑤ Langmuir 等温吸附模型能够更好地描述各个吸附剂对污染物的吸附过程，说明目标污染物在吸附剂的表面发生的是单层吸附。在25℃时，拟合计算得到 FFO@Sil@Chi 对 Ag(Ⅰ) 的最大吸附容量为114.93mg/g；FSC-P 对 Pb(Ⅱ) 的最大吸附容量为212.8mg/g；FFO@Sil@Chi-DTPA 对 Pb(Ⅱ) 的最大吸附容量为322.58mg/g。PMSC 对 Pb(Ⅱ) 的吸附过程可以更好地用 Langmuir 等温线模型来拟合，最大吸附量可以达到111.12mg/g，远远高于 MSC 的吸收量（52.68mg/g）。FFO@Sil@Chi 和 FFO@Sil@Chi-DTPA MB 的最大吸附容量分别为185.19 和 555.55mg/g。

⑥ 通过 EDS、FTIR、XPS 的表征结果对磁性壳聚糖及其功能化改性吸附剂去除污染物的机理进行了分析。在单一污染物体系中，FFO@Sil@Chi 通过表面的官能团（—OH 和—NH_2 基团）与 Ag(Ⅰ) 形成共价金属络合物从而捕获银离子达到去除的目的。FSC-P 吸附 Pb(Ⅱ) 的机制是吸附剂表面的磷酸基和氨基官能团与 Pb(Ⅱ) 络合，以实现对水中 Pb(Ⅱ) 的去除。PMSC 吸附 Pb(Ⅱ) 的机理主要由吸附剂表面的活性羧基、磺酸基和氨基官能团的络合、离子交换和静电作用控制。Pb(Ⅱ) 可以通过与吸附剂 FFO@Sil@Chi-DTPA 表面的活性官能团（静电引力与—COO^- 结合，氢键与羟基结合和络合与氨基配位）形成共价金属络合物吸附在吸附剂上，以达到去除 Pb(Ⅱ) 的目的。

FFO@Sil@Chi 和 FFO@Sil@Chi-DTPA 对 MB 的吸附主要是通过吸附剂表面的氨基基团/羧基基团与染料的静电作用和离子交换实现的。在二元污染物体系中，MB 的存在增强了 Ag(Ⅰ) 在共吸附体系中吸附剂 FFO@Sil@Chi 上的吸附作用，而 MB 的去除几乎不受 Ag(Ⅰ) 存在的影响。这是因为 MB 分子中的磺酸基与溶液中的银离子相互作用，达到增强吸附的效果。类似地，Pb(Ⅱ) 和 MB 的共存增强了 FFO@Sil@Chi-DTPA 对彼此的吸附能力。这主要是 Pb(Ⅱ) 首先通过静电引力与吸附剂表面的羧基结合，通过氢键与羟基结合，并通过络合与氨基配位；然后，MB 吸附到吸附剂表面可以产生新的特定活性位点（MB 分子中的磺酸基团）以增强 Pb(Ⅱ) 吸附；吸附在吸附剂表面的 Pb(Ⅱ) 也可以作为阳离子桥，通过静电引力增强 MB 的吸附。

7.2 展望

本书在研究中制备了具有不同官能团的磁性壳聚糖吸附剂用于去除水中的重金属离子和染料。书中对合成的吸附剂的形貌结构、基团成分、晶形结构、热稳定性以及磁性性能进行了全面的表征分析，系统地研究了吸附剂对目标污染物的吸附性能以及作用机理。但是由于时间、能力和学识有限，对这一课题的研究尚不完善，后期研究有待进一步加强。针对现有的研究成果，可在以下三方面完善和深入研究。

① 本书的研究仅在一种条件下制备磁性壳聚糖，后期的实验可以开展单因素控制变量法探讨吸附剂合成的最佳条件；此外，壳聚糖的交联反应也仅采用戊二醛作为交联剂，但此种方法会消耗壳聚糖表面的氨基官能团，影响后期功能化接枝的效率，

因此在后期的研究中，可以进一步研究其他交联剂对合成吸附剂的性能的影响。

② 本书主要研究了自制吸附剂对重金属离子和染料的吸附效果，后期研究可以开展磁性壳聚糖基吸附剂对其他有机污染物（例如：抗生素等）的去除性能的研究，尤其可以重点开展在多元污染物体系中，吸附剂对某一类污染物的选择性去除的研究。

③ 本书中吸附剂去除目标污染物性能的研究主要停留在实验室模拟废水阶段，后续可进一步开展对实际废水（电镀废水、纺织厂废水等）的研究。

参考文献

[1] Ahad S，Bashir A，Manzoor T，et al. Exploring the ion exchange and separation capabilities of thermally stable acrylamide zirconium（Ⅳ sulphosalicylate（AaZrSs）composite material [J]. RSC Advances，2016，6（42）：35914-35927.

[2] Bashir A，Ahad S，Pandith A H. Soft template assisted synthesis of zirconium resorcinol phosphate nanocomposite material for the uptake of heavy-metal ions [J]. Industrial and Engineering Chemistry Research，2016，55（17）：4820-4829.

[3] Rengaraj S，Yeon K H，Moon S H. Removal of chromium from water and wastewater by ion exchange resins [J]. Journal of Hazardous Materials，2001，87（1-3）：273-287.

[4] Joseph J，Radhakrishnan R C，Johnson J K，et al. Ion-exchange mediated removal of cationic dye-stuffs from water using ammonium phosphomolybdate [J]. Materials Chemistry and Physics，2020，242：122488.

[5] 何利斌，徐文露，顾平，等. 单级超低压反渗透膜工艺处理模拟放射性锶废水 [J]. 中国给水排水，2021，37（9）：5-9.

[6] Kavaiya A R，Raval H D. Highly selective and antifouling reverse osmosis membrane by crosslinkers induced surface modification [J]. Environmental Technology，2021：1-12.

[7] Pino L，Vargas C，Schwarz A，et al. Influence of operating conditions on the removal of metals and sulfate from copper acidmine drainage by nanofiltration [J]. Chemical Engineering Journal，2018，345：114-125.

[8] Jiang C，Chen H，Zhang Y，et al. Complexation Electrodialysis as a general method to simultaneously treat wastewaters with metal and organic matter [J]. Chemical Engineering Journal，2018，348：952-959.

[9] 陈婷. 多糖型微生物絮凝剂去除水中重金属离子的效能及机制 [D]. 哈尔滨：哈尔滨工业大学，2017.

[10] 何江，王新伟，李朝生，等. 黄河包头段水-沉积物系统中重金属的污染特征 [J]. 环境科学学报，2003，23（1）：53-57.

[11] 贾振邦，梁涛. 香港河流重金属污染及潜在生态危害研究 [J]. 北京大学学报（自然科学版），1997，33（4）：484-492.

[12] 王玉杰. 我国水环境重金属污染现状及检测技术研究 [J]. 科学视界，2015，34：69-70.

[13] 贺志鹏，宋金明，张乃星，等. 南黄海表层海水重金属的变化特征及影响因素 [J]. 环境科学，2008，29（5）：1153-1162.

[14] 徐继刚，王雷，肖海洋，等. 我国水环境重金属污染现状及检测技术进展 [J]. 环境科学导刊，2010，29（5）：104-108.

[15] 曹红英，梁涛，王立军，等. 近海潮间带水体及沉积物中重金属的含量及分布特征 [J]. 环境科学，2006，27（1）：126-131.

[16] 贺心然，付永硕，柳然. 连云港市河流表层沉积物中重金属污染及潜在生态危害 [J]. 淮海工学院学报（自然科学版），2007，16（1）：2-5.

[17] Desa A L，Hairom N H H，Ng L Y，et al. Industrial textile wastewater treatment via membrane photocatalytic reactor（MPR）in the presence of ZnO-PEG nanoparticles and tight ultrafiltration [J]. Journal of Water Process Engineering，2019，31：100872.

[18] Nyobe D，Ye J，Tang B，et al. Build-up of a continuous flow pre-coated dynamic membrane filter to treat diluted textile wastewater and identify its dynamic membrane fouling [J]. Journal of Environmental Management，2019，252（100）：109647.

[19] Mirbagheri S A, Hosseini S N. Pilot plant investigation on petrochemical wastewater treatment for the removal of copper and chromium with the objective of reuse [J]. Desalination, 2005, 171 (1): 85-93.

[20] Peligro F R, Pavlovic I, Rojas R, et al. Removal of heavy metals from simulated wastewater by in situ formation of layered double hydroxides [J]. Chemical Engineering Journal, 2016, 306: 1035-1040.

[21] Wu R. Removal of heavy metal ions from industrial wastewater based on chemical precipitation method [J]. Ekoloji, 2019, 28 (107): 2443-2452.

[22] 杨海，黄新，林子增，等. 离子交换法处理重金属废水的研究进展 [J]. 应用化工，2019，48 (7): 1675-1680.

[23] Silva J F A, Graça N S, Ribeiro A M, et al. Electrocoagulation process for the removal of co-existent fluoride, arsenic and iron from contaminated drinking water [J]. Separation and Purification Technology, 2018, 197: 237-243.

[24] Zazou H, Afanga H, Akhouairi S, et al. Treatment of textile industry wastewater by electrocoagulation coupled with electrochemical advanced oxidation process [J]. Journal of Water Process Engineering, 2019, 28: 214-221.

[25] Shetti N P, Malode S J, Malladi R S, et al. Electrochemical detection and degradation of textile dye Congo red at graphene oxide modified electrode [J]. Microchemical Journal, 2019, 146: 387-392.

[26] Mezine Z, Kadri A, Hamadou L, et al. Electrodeposition of copper oxides (Cu_xO_y) from acetate bath [J]. Journal of Electroanalytical Chemistry, 2018, 817: 36-47.

[27] Semerci N, Kunt B, Calli B. Phosphorus recovery from sewage sludge ash with bioleaching and electrodialysis [J]. International Biodeterioration and Biodegradation, 2019, 144: 104739.

[28] Kirkelund G M, Magro C, Guedes P, et al. Electrodialytic removal of heavy metals and chloride from municipal solid waste incineration fly ash and air pollution control residue in suspension - Test of a new two compartment experimental cell [J]. Electrochimica Acta, 2015, 181: 73-81.

[29] Dos Santos C S L, Miranda Reis M H, Cardoso V L, et al. Electrodialysis for removal of chromium (Ⅵ) from effluent: Analysis of concentrated solution saturation [J]. Journal of Environmental Chemical Engineering, 2019, 7 (5): 103380.

[30] Bodagh A, Khoshdast H, Sharafi H, et al. Removal of cadmium (Ⅱ) from aqueous solution by ion flotation using rhamnolipid biosurfactant as an ion collector [J]. Industrial and Engineering Chemistry Research, 2013, 52 (10): 3910-3917.

[31] Al-Obaidi F I A. Removal of copper ion from waste water by flotation [J]. Journal of Engineering, 2011, 17 (6): 1483-1491.

[32] Taseidifar M, Makavipour F, Pashley R M, et al. Removal of heavy metal ions from water using ion flotation [J]. Environmental Technology and Innovation, 2017, 8: 182-190.

[33] Hoseinian F S, Irannajad M, Nooshabadi A J. Ion flotation for removal of Ni(Ⅱ) and Zn(Ⅱ) ions from wastewaters [J]. International Journal of Mineral Processing, 2015, 143: 131-137.

[34] Shakir K, Elkafrawy A F, Ghoneimy H F, et al. Removal of rhodamine B (a basic dye) and thoron (an acidic dye) from dilute aqueous solutions and wastewater simulants by ion flotation [J]. Water Research, 2010, 44 (5): 1449-1461.

[35] 张柏豪，方舟，陈新军，等. 海洋无脊椎动物重金属富集研究进展 [J]. 生态毒理学报，2021: 1-16.

[36] Chai M, Li R, Gong Y, et al. Bioaccessibility-corrected health risk of heavy metal exposure via shellfish consumption in coastal region of China [J]. Environmental Pollution, 2021, 273: 116529.

[37] Kumari M，Tripathi B D. Efficiency of Phragmites australis and Typha latifolia for heavy metal removal from wastewater [J]. Ecotoxicology and Environmental Safety，2015，112：80-86.

[38] Wang X，Cheng X，Sun D，et al. Fate and transformation of naphthylaminesulfonic azo dye Reactive Black 5 during wastewater treatment process [J]. Environmental Science and Pollution Research，2014，21 (8)：5713-5723.

[39] Al-Malack M H，Al-Attas O G，Basaleh A A. Competitive adsorption of Pb^{2+} and Cd^{2+} onto activated carbon produced from municipal organic solid waste [J]. Desalination and Water Treatment，2017，60：310-318.

[40] Kheddo A，Rhyman L，Elzagheid M I，et al. Adsorption of synthetic dyed wastewater using activated carbon from rice husk [J]. SN Applied Sciences，2020，2 (12)：1-14.

[41] Robati D，Rajabi M，Moradi O，et al. Kinetics and thermodynamics of malachite green dye adsorption from aqueous solutions on graphene oxide and reduced graphene oxide [J]. Journal of Molecular Liquids，2016，214：259-263.

[42] Stafiej A，Pyrzynska K. Adsorption of heavy metal ions with carbon nanotubes [J]. Separation and Purification Technology，2007，58 (1)：49-52.

[43] Liu D，Zhu Y，Li Z，et al. Chitin nanofibrils for rapid and efficient removal of metal ions from water system [J]. Carbohydrate Polymers，2013，98 (1)：483-489.

[44] Mishra A K，Arockiadoss T，Ramaprabhu S. Study of removal of azo dye by functionalized multi walled carbon nanotubes [J]. Chemical Engineering Journal，2010，162 (3)：1026-1034.

[45] 廖晓峰，钟静萍，陈云嫩，等. 功能化凹凸棒吸附材料的制备及其对重金属废水中 Pb^{2+} 的吸附行为 [J]. 环境科学，2021：2-5.

[46] Largo F，Haounati R，Akhouairi S，et al. Adsorptive removal of both cationic and anionic dyes by using sepiolite claymineral as adsorbent：Experimental and molecular dynamic simulation studies [J]. Journal of Molecular Liquids，2020，318：114247.

[47] Meghedi D，Masoud B. The removal of Cr(Ⅲ) and Co(Ⅱ) ions from aqueous solution by two mechanisms using a new sorbent (alumina nanoparticles immobilized zeolite) - Equilibrium，kinetic and thermodynamic studies [J]. Journal of Molecular Liquids，2015，209：246-257.

[48] Rad L R，Momeni A，Ghazani B F，et al. Removal of Ni^{2+} and Cd^{2+} ions from aqueous solutions using electrospun PVA/zeolite nanofibrous adsorbent [J]. Chemical Engineering Journal，2014，256：119-127.

[49] Alver E，Metin A. Anionic dye removal from aqueous solutions using modified zeolite：Adsorption kinetics and isotherm studies [J]. Chemical Engineering Journal，2012，200-202：59-67.

[50] Sinha A，Pant K，Khare S. Studies on mercury bioremediation by alginate immobilized mercury tolerant Bacillus cereus cells [J]. International Biodeterioration and Biodegradation，2012，71：1-8.

[51] Nguyen T，Fu C，Juang R. Biosorption and biodegradation of a sulfur dye in high-strength dyeing wastewater by Acidithiobacillus thiooxidans [J]. Journal of Environmental Management，2016，182：265-271.

[52] Romera E，González F，Ballester A，et al. Comparative study of biosorption of heavy metals using different types of algae [J]. Bioresource Technology，2007，98 (17)：3344-3353.

[53] Kołodyńska D，Krukowska J，Thomas P. Comparison of sorption and desorption studies of heavy metal ions from biochar and commercial active carbon [J]. Chemical Engineering Journal，2017，307：353-363.

[54] Montalvo S，Cahn I，Borja R，et al. Use of solid residue from thermal power plant (fly ash) for enhancing sewage sludge anaerobic digestion：Influence of fly ash particle size [J]. Bioresource Technol-

ogy, 2017, 244: 416-422.

[55] Koukouzas N, Vasilatos C, Itskos G, et al. Removal of heavy metals from wastewater using CFB-coal fly ash zeolitic materials [J]. Journal of Hazardous Materials, 2010, 173 (1-3): 581-588.

[56] Li C, Zhou H, Wang S, et al. Highly efficient $Cr_2O_7^{2-}$ removal of a 3D metal-organic framework fabricated by tandem single-crystal to single-crystal transformations from a 1D coordination array [J]. Chemical Communications, 2017, 53 (66): 9206-9209.

[57] Sikora E, Hajdu V, Muránszky G, et al. Application of ion-exchange resin beads to produce magnetic adsorbents [J]. Chemical Papers, 2021, 75 (3): 1187-1195.

[58] Xiong Z, Zheng H, Hu Y, et al. Selective adsorption of Congo red and Cu(Ⅱ) from complex wastewater by core-shell structured magnetic carbon@zeolitic imidazolate frameworks-8 nanocomposites [J]. Separation and Purification Technology, 2021, 277: 119053.

[59] Peng Q, Guo J, Zhang Q, et al. Unique lead adsorption behavior of activated hydroxyl group in two-dimensional titanium carbide [J]. Journal of the American Chemical Society, 2014, 136 (11): 4113-4116.

[60] Ying Y, Liu Y, Wang X, et al. Two-dimensional titanium carbide for efficiently reductive removal of highly toxic chromium (Ⅵ) from water [J]. ACS Applied Materials and Interfaces, 2015, 7 (3): 1795-1803.

[61] Shahzad A, Rasool K, Miran W, et al. Two-dimensional $Ti_3C_2T_x$ MXene nanosheets for efficient copper removal from water [J]. ACS Sustainable Chemistry and Engineering, 2017, 5 (12): 11481-11488.

[62] Zhang W, Zhang P, Tian W, et al. Alkali treated $Ti_3C_2T_x$ MXenes and their dye adsorption performance [J]. Materials Chemistry and Physics, 2018, 206: 270-276.

[63] Xiao G, Wang Y, Xu S, et al. Superior adsorption performance of graphitic carbon nitride nanosheets for both cationic and anionic heavy metals from wastewater [J]. Chinese Journal of Chemical Engineering, 2019, 27 (2): 305-313.

[64] Shen C, Chen C, Wen T, et al. Superior adsorption capacity of g-C_3N_4 for heavy metal ions from aqueous solutions [J]. Journal of Colloid and Interface Science, 2015, 456: 7-14.

[65] Zhang Y, Zhou Z, Shen Y, et al. Reversible assembly of graphitic carbon nitride 3D network for highly selective dyes absorption and regeneration [J]. ACS Nano, 2016, 10: 9036-9043.

[66] Jadhav S V, Bringas E, Yadav G D, et al. Arsenic and fluoride contaminated groundwaters: A review of current technologies for contaminants removal [J]. Journal of Environmental Management, 2015, 162: 306-325.

[67] Li W, Cao C Y, Wu L Y, et al. Superb fluoride and arsenic removal performance of highly ordered mesoporous aluminas [J]. Journal of Hazardous Materials, 2011, 198: 143-150.

[68] Engates K E, Shipley H J. Adsorption of Pb, Cd, Cu, Zn, and Ni to titanium dioxide nanoparticles: Effect of particle size, solid concentration, and exhaustion [J]. Environmental Science and Pollution Research, 2011, 18 (3): 386-395.

[69] Xiong C, Wang W, Tan F, et al. Investigation on the efficiency and mechanism of Cd(Ⅱ) and Pb(Ⅱ) removal from aqueous solutions using MgO nanoparticles [J]. Journal of Hazardous Materials, 2015, 299: 664-674.

[70] Hasanzadeh R, Moghadam P N, Bahri-Laleh N, et al. Effective removal of toxic metal ions from aqueous solutions: 2-Bifunctional magnetic nanocomposite base on novel reactive PGMA-MAn copolymer@Fe_3O_4 nanoparticles [J]. Journal of Colloid and Interface Science, 2017, 490: 727-746.

[71] Zheng X, Zheng H, Zhao R, et al. Sulfonic acid-modified polyacrylamide magnetic composite with wide pH

applicability for efficient removal of cationic dyes [J]. Journal of Molecular Liquids, 2020, 319: 114161.

[72] Verma M, Tyagi I, Chandra R, et al. Adsorptive removal of Pb(Ⅱ) ions from aqueous solution using CuO nanoparticles synthesized by sputtering method [J]. Journal of Molecular Liquids, 2017, 225: 936-944.

[73] Belachew N, Tadesse A, Kahsay M H, et al. Synthesis of amino acid functionalized Fe_3O_4 nanoparticles for adsorptive removal of Rhodamine B [J]. Applied Water Science, 2021, 11 (2): 1-9.

[74] Abdolmaleki A, Mallakpour S, Borandeh S. Efficient heavy metal ion removal by triazinyl-β-cyclodextrin functionalized iron nanoparticles [J]. RSC Advances, 2015, 5 (110): 90602-90608.

[75] Ge F, Li M M, Ye H, et al. Effective removal of heavy metal ions Cd^{2+}, Zn^{2+}, Pb^{2+}, Cu^{2+} from aqueous solution by polymer-modified magnetic nanoparticles [J]. Journal of Hazardous Materials, 2012 (211-212): 366-372.

[76] Song Y B, Lv S N, Cheng C J, et al. Fast and highly-efficient removal of methylene blue from aqueous solution by poly (styrenesulfonic acid-co-maleic acid) -sodium-modified magnetic colloidal nanocrystal clusters [J]. Applied Surface Science, 2015, 324: 854-863.

[77] Tan Y, Chen M, Hao Y. High efficient removal of Pb(Ⅱ) by amino-functionalized Fe_3O_4 magnetic nano-particles [J]. Chemical Engineering Journal, 2012, 191: 104-111.

[78] Gao J, He Y, Zhao X, et al. Single step synthesis of amine-functionalized mesoporous magnetite nanoparticles and their application for copper ions removal from aqueous solution [J]. Journal of Colloid and Interface Science, 2016, 481: 220-228.

[79] Zhang X, Zhang P, Wu Z, et al. Adsorption of methylene blue onto humic acid-coated Fe_3O_4 nanoparticles [J]. Colloids and Surfaces A: Physicochemical and Engineering Aspects, 2013, 435: 85-90.

[80] Danesh N, Hosseini M, Ghorbani M, et al. Fabrication, characterization and physical properties of a novel magnetite graphene oxide/Lauric acid nanoparticles modified by ethylenediaminetetraacetic acid and its applications as an adsorbent for the removal of Pb(Ⅱ) ions [J]. Synthetic Metals, 2016, 220: 508-523.

[81] Othman N H, Alias N H, Shahruddin M Z, et al. Adsorption kinetics of methylene blue dyes onto magnetic graphene oxide [J]. Journal of Environmental Chemical Engineering, 2018, 6 (2): 2803-2811.

[82] Liu X, Tian J, Li Y, et al. Enhanced dyes adsorption from wastewater via Fe_3O_4 nanoparticles functionalized activated carbon [J]. Journal of Hazardous Materials, 2019, 373: 397-407.

[83] Xu P, Zeng G M, Huang D L, et al. Fabrication of reduced glutathione functionalized iron oxide nanoparticles for magnetic removal of Pb(Ⅱ) from wastewater [J]. Journal of the Taiwan Institute of Chemical Engineers, 2017, 71: 165-173.

[84] Mokadem Z, Mekki S, Saïdi-Besbes S, et al. Triazole containing magnetic core-silica shell nanoparticles for Pb^{2+}, Cu^{2+} and Zn^{2+} removal [J]. Arabian Journal of Chemistry, 2017, 10 (8): 1039-1051.

[85] Girginova P I, Daniel-da-Silva A L, Lopes C B, et al. Silica coated magnetite particles for magnetic removal of Hg^{2+} from water [J]. Journal of Colloid and Interface Science, 2010, 345 (2): 234-240.

[86] Islam M S, Choi W S, Nam B, et al. Needle-like iron oxide@$CaCO_3$ adsorbents for ultrafast removal of anionic and cationic heavy metal ions [J]. Chemical Engineering Journal, 2017, 307: 208-219.

[87] Pal P, Pal A. Dye removal using waste beads: Efficient utilization of surface-modified chitosan beads generated after lead adsorption process [J]. Journal of Water Process Engineering, 2019, 31: 100882.

[88] Zhou L, Wang Y, Liu Z, et al. Characteristics of equilibrium, kinetics studies for adsorption of Hg(Ⅱ), Cu(Ⅱ), and Ni(Ⅱ) ions by thiourea-modified magnetic chitosan microspheres [J]. Journal of Hazardous Materials, 2009, 161 (2-3): 995-1002.